내 방에서 떠나는 우주여행

하

내 방에서 떠나는 우주여행 하 - 우주여행 가이드 편

발행일   2022년 12월 28일

지은이   윤영은
펴낸이   손형국
펴낸곳   (주)북랩
편집인   선일영   **편집**   정두철, 배진용, 김현아, 류휘석, 김가람
디자인   이현수, 김민하, 김영주, 안유경, 한수희   **제작**   박기성, 황동현, 구성우, 권태련
마케팅   김회란, 박진관
출판등록 2004. 12. 1(제2012-000051호)
주소   서울특별시 금천구 가산디지털 1로 168, 우림라이온스밸리 B동 B113~114호, C동 B101호
홈페이지 www.book.co.kr
전화번호 (02)2026-5777   **팩스**   (02)3159-9637

ISBN   979-11-6836-629-9 04440 (종이책)   979-11-6836-630-5 05440 (전자책)
            979-11-6836-626-8 04440 (세트)

(주)북랩 성공출판의 파트너

북랩 홈페이지와 패밀리 사이트에서 다양한 출판 솔루션을 만나 보세요!

홈페이지 book.co.kr   •   **블로그** blog.naver.com/essaybook   •   **출판문의** book@book.co.kr

---

작가 연락처 문의 ▶ ask.book.co.kr

작가 연락처는 개인정보이므로 북랩에서 알려드릴 수 없습니다.

내 방에서 떠나는 우주여행 하

우주여행
가이드 편

윤영은 지음

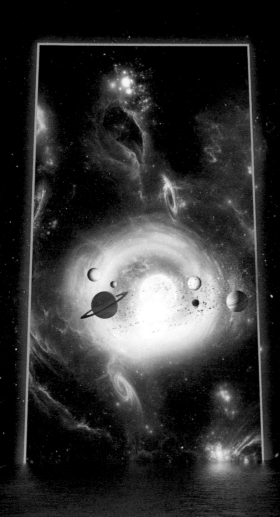

누구나 한 대씩 가지고 있는 상상력이라는 이름의 우주선
그것을 타고 저 멀리 미지의 세계를 향해 떠나다

북랩

출처: ESA/Hubble

약 7,500광년 떨어져 있는 카리나 성운의 모습. 거대한 성운 뒤로 다양하게 분출되는 색상으로 인하여 마치 하나의 몽환적인 예술 작품을 보는 것과 같은 느낌을 준다.

이러한 성운의 모습은 지금도 조금씩 변하고 있다. 이 세상에 존재하는 모든 성운은 같은 것이 없을 뿐만 아니라 단 한순간도 결코 같은 모습은 보여주지 않는다. 지금 당신이 바라보는 성운은 이 거대한 우주 공간에서, 그리고 태초부터 이어져온 장구한 시간과 또 앞으로 이어져갈 미래 속에서도 유일무이한 모습이다.

우주 공간에 아무렇지 않은 듯 펼쳐져 있는 성운의 모습은 그렇게 모두가 자연이 빚어내는 역동적이고 아름다운 예술 작품이다.

이 아름다운 우주는 지금도 이러한 방식으로 우리의 방문을 기다리고 있다. 지금 당장 우주여행을 떠나보는 것은 어떨까? 필요한 것은 아무것도 없다. 단지 마음을 편안하게 해주는 은은한 음악과 함께 따뜻한 커피 한잔이면 충분하다. 내 방에서 떠나는 우주여행은 그렇게 시작된다.

목차 ✦

제2장 빛이란 무엇인가?

제3장 숨겨진 비밀

하

제 4 장
아름다운 우주

텍사스 오스틴의 어느 한적한 주택가에서. 미국 생활을 뒤로하고 돌아왔을 때 가장 생각나던 것은 집 밖으로만 나서면 볼 수 있었던, 눈부시도록 파란 하늘이었다. 하늘의 깊고 청명한 파란색이 주는 묘한 안정감은 어쩌면 자연 속에서 오랜 세월 동안 빚어져 만들어진 우리에게 자연스럽게 심어진 본능에서 비롯된 것일지도 모르겠다. 하지만 최근 이런 푸르른 하늘을 볼 수 있는 날이 점점 줄어들고 있음을 피부로 느끼게 된다. 화석연료를 발견한 지 불과 이백여 년 만에 인류는 하늘의 색깔을 회색빛으로 바꾸어가고 있다. 그리고 그렇게 잿빛으로 변한 하늘을 볼 때마다 우리 후손들에게 왠지 모를 죄책감이 들곤 한다. 그리고 그러한 감정들은 나로 하여금 소심하지만 일회용품을 최대한 줄이려고 하는 마음으로 자극이 되곤 한다.

환경보존은 이제 더 이상 선택의 문제가 아니다. 그것은 이제 인류 생존의 문제가 되어가고 있다고, 자연은 여러 가지 형태로 우리에게 경고를 보내고 있다. 우리의 후손들이 아름다운 환경 속에서 저 머나먼 우주로의 여정을 이어가게 하기 위하여 우리의 작은 손길을 보태보는 것은 어떨까.

❶
자연이 주는 경고

어릴 때 나는 서울의 변두리 한쪽 구석에 살고 있었다. 어렸을 때의 기억은 항상 아름다워 보이는 법이지만, 특히 밤하늘에 반짝이던 별들이 꽤 많이 보였던 것으로 기억한다. 지금은 그때보다 서울에서 더 멀리 떨어져 있는, 경기도의 어느 한 변방에 살고 있지만 밤하늘을 아름답게 장식해주던 별빛을 보기는 오히려 쉽지 않다. 지속된 개발로 인하여 밤에 우리 주변이 너무 밝아진 것도 있지만 하늘의 공기 오염이 훨씬 심해진 것도 우리로부터 밤하늘의 별을 빼앗아 간 주범 중의 하나일 것이다. 밤하늘뿐만 아니라 근래에는 낮에도 미세먼지로 인하여 푸르른 하늘을 감상하기 쉽지 않으니 참으로 안타깝다는 생각이 들 뿐이다. 우리나라에서 88올림픽이 열리던 시절 나는 중학생이었다. 대한민국 역사상 최초의 올림픽 개최였기 때문에 온 국민이 많은 관심을 가지고 있었고 나도 흥미롭게 올림픽을 시청했다. 이렇게 TV를 보고 있으면 가끔 올림픽 홍보 관련 방송이 나오곤 했는데, 그중에는 한국을 처음 방문해본 외국인들이 우리의 푸른 하늘을 보고 매우 아름답다고 감탄한다는 내용도 있었다. 당시에 나는 그게 무슨 말인지 이해를 하지 못했다. 하늘은 어느 곳에서나 당연히 푸른 것인데, 그 외국인들이 살고 있는 그곳에서는 하늘이 노란색이기라도 하다는 것인가? 너무나도 이해가 가지 않았던 당시 외국인들의 인터뷰는 그래서 오랜 시간 각인이 되어 나의 기억 속에 자리 잡고 있었다. 그리고 산업이 발전하고 우리의 환경이 더 심하게 오염되고 나서야 나는 오래전 TV에 나왔던 당시 외국인들의 인터뷰 기억이 소환되며 과거 그들의 말을 완전히 실감하며 살아가고 있다. 푸른 하늘 밑에 살고 있으나 실제 푸른 하늘을 보기 힘든 지금 우리의 상황을 보면서 말이다.

언제부터인가 나에게는 새로운 습관이 생겼다. 그것은 아침에 일어나면 제일 먼저 미세먼지 수치를 보여주는 앱을 통해서 그날의 미세먼지 지수를 확인하는 것이다. 미세먼지 상황을 보고서 그날 집의 창문을 열어 환기를 시킬지, 혹은 아침에 마스크를 쓰고 출근할지 등을 결정하기 위해서이다. 그리고 어느새인가 우리 집 방의 한구석에는 공기청정기가 자리를 차지하고 쉼 없이 돌아가고 있다. 우리가 아무런 의식 없이 자연에 방출했던 그 오염물질들이 이제 우리에게 무서운 모습으로 다시 되돌아오면서 우리의 생활습관조차 변화시키고 있는 것이다. 이것이 우리 인류가 이 거대한 우주에 하나밖에 없을지도 모르는 아름다운 지구를 보호해야 하는 직접적인 이유이다. 우리는 자연이 우리에게 주는 이러한 경고를 결코 무시해서는 안 된다. 내 몸이 보내는 건강상의 이상 신호를 계속 무시하다 보면 만성으로 병이 악화되어 결코 돌이킬 수 없는 지경에 빠지는 것처럼, 우리 지구도 어느 순간에는 그 한계를 드러내고 우리 인류에게 회복하기 어려운 파멸의 신호를 보낼 수도 있기 때문이다. 지구의 유구한 역사에 비하면 인간의 삶은 '찰나'와 같다. 지구의 나이를 1년으로 가정해본다면 인간은 단지 약 0.5초를 살다가 갈 뿐이다. 0.5초라고 하면 단 한 번의 눈 깜박임조차도 되지 않는 짧은 시간이다. 그런데 이 짧은 시간 동안 인류는 자신의 수명 내에 지구 기온의 변화를 체감할 정도로 우리의 환경을 급속하게 변화시키고 있다. 우리가 생활하고 있는 봄, 여름, 가을, 겨울 1년이라는 시간의 길이를 한번 생각해보라. 1년의 시간 중 1초도 되지 않는 시간에 기온의 변화를 느낄 수 있을 정도로 지구의 환경이 급속하게 변하고 있다. 이렇게 급격한 환경의 변화가 계속된다면 앞으로 다가올 미래에는 어떤 상황이 발생하게 될 것인가? 아마 오래지 않아 인류는 절멸의 길로 들어서게 될 것이라는 것을 어렵지 않게 유추할 수 있다. 따라서 우리는 지구가 보내고 있는 이러한 급격한 환경 변화에 대한 경고를 잘 받아들여야 한다. 지구의 환경을 지키기 위해 노력하는 것이 곧 우리의 몸을 돌보는 것과 같음을 결코 잊어서는 안 될 것이다.

도시에서도 날씨 좋은 맑은 밤하늘에 하늘을 올려다보면 빛나는 아름다운 별들을 많이 볼 수 있던 때가 있었다. 이런 이야기를 할 때마다 나는 현재 수도권에 사는 어린아이들이 이런 이야기를 이해할 수 없을지도 모른다는 생각에 가끔 우울해지곤 한다. 수도권의 한 변방에서 살고 있는 내가 가끔 밤하늘을 올려다볼 때도 여기저기에서 아름답게 반짝이고 있는 별들은 거의 보이지 않는다. 듬성듬성 희미하게 보이는 별은 나에게 어떤 감흥도 전달해주지 못한다. 어쩌면 우리의 후손들은 일부 섬 지역 오지를 제외하고는 지구상에서 육안으로는 은하수를 보지 못할지도 모르겠다. 이미 우리나라에서도 한적한 시골을 제외하고는 육안으로 은하수를 관찰하기는 쉽지 않기 때문이다. 따라서 이제 은하수는 사진으로만 볼 수 있는, 과거의 유물이 되어버릴지도 모른다. 45억 년 동안 지구 위에서 매일 밤마다 펼쳐졌던 별빛의 빛나는 향연이, 인류가 화석연료를 본격적으로 사용하게 된 지 불과 200여 년 만에 끝나게 될 위기를 맞고 있는 것이다. 이런 생각을 할 때마다 인류가 이뤄놓은 눈부신 발전의 이면에 가려진 부정적인 효과들이 미래에 얼마나 치명적인 결과물로 다시 인류에게 돌아올지 걱정이 된다. 백 년도 못 사는 인류가 천 년을 걱정한다는 이야기로 위로하기에는 이 급격한 변화의 속도가 도를 넘은 것 같은 느낌이다. 늦었지만 지금부터라도 우리는 우리의 후손을 위하여 천 년을 걱정해야 되는 시점이라는 생각이 든다.

밤하늘의 별을 이야기하면 혹시 공감이 가지 않을 사람들을 위하여 허블 망원경으로 찍은 우리 우주의 사진을 잠시 감상해보자. 광활한 검은색 바탕을 배경으로 촘촘하게 박혀 있는 빛들 하나하나가 모두 우리 태양과 같은 별들이다. 그 하나하나의 별들은 또한 우리의 태양계처럼 자신만의 행성들을 거느리며 우주 공간에 고유의 영역 표시를 하고 있을 것이다. 또한 각자의 태양계에 속한 각 행성들조차 주변에 달과 같은 위성들을 거느리며, 각자의 독특한 궤도를 그리며 운동을 하고 있을 것이다. 밤하늘에서 우리가 바라보는 빛 하나에는 수많은 행성들과 그들의 위성, 그리고 오랜 시간의 역사가 담겨 있다. 어쩌면 이름 모를 어느 행성에서는 불을 뿜는 화산과 산성비로 가득 찬, 생명의 흔적이 없는 혼돈으로 가득한 세상이 펼쳐지고 있을 수도 있으며 또 다른 행성에서는 울창한 정글 아래 공룡들이 무리를 지어 다니고 있을 수도 있다. 그리고 어느 행성에서는 우리와 닮은 유인원들이 아프리카와 같은 초원에서 맹수의 추격을 피해 달아나고 있을 수도 있으며, 혹은 우리보다 훨씬 문명이 발달한 생명체가 또 다른 문명을 찾기 위한 여정을 하고 있을 수도 있다. 생명이 존재하건 혹은 존재하지 않건, 저 별들 하나하나는 모두 그들 나름의 생태계를 가지고 발전하며 진화하고 있는 것이다. 각자의 별들에 속해 있는 모든 행성들의 운명은 자신들의 중심에 있는 별들에 의해서 결정된다. 그리고 우리에게 모두 똑같은 반짝임으로만 보이는 별들은 자신들만의 행성들과 위성들을 거느리며 생각보다 다양한 모습을 하고 있다. 지금 나사 혹은 허블 우주 망원경 홈페이지에 접속하여 우주 공간에 펼쳐져 있는 이러한 별들의 향연을 한번 감상해보자. 그리고 이 여정이 끝나갈 때쯤 같은 사진을 찬찬히 보면서 느끼는 감흥을 한번 비교해보자. 얼마 지나지 않아 당신은 저 우주 공간 속에 그동안 숨겨져 있던, 인생 최고의 여행지를 발견하는 경험을 하게 될지도 모른다.

출처: ESA/Hubble & NASA

　우리의 맨눈으로 볼 수 있는 가장 가까운 별인 켄타우루스자리 알파별 A, B. 지구로부터 약 4.3광년 정도의 거리에 있는 이 두 별은 쌍성계를 이루어 서로의 질량 중심점을 기준으로 약 80년 주기로 공전하고 있으며, 크기는 태양보다 약간 더 큰 A별과 작은 B별로 이루어져 있다. 실제로 우리와 가장 가까이 있는 별은 약 4.2광년 떨어져 있는 프록시마 센타우리다. 하지만 이 별은 매우 작은 적색 왜성으로, 질량이 태양의 1/8에 불과하고 크기도 목성보다 조금 더 큰 정도이다. 따라서 이 두 별보다 훨씬 작고 어둡게 보인다(이런 이유로 1915년이 되어서야 우리에게 발견되었다).

　여기서 이야기하고 싶은 것은, 이렇게 우리와 가장 가까운 별을 인류가 가지고 있는 가장 성능이 좋은 망원경으로 보더라도 이와 같이 단순히 빛나는 점으로밖에는 보이지 않는다는 것이다. 이것은 망원경의 성능이 떨어져서가 아니다. 우리 태양을 제외하면 다른 별까지의 거리가 그만큼 멀리 있다는 것을 의미한다. 따라서 성능 좋은 천체 망원경을 구입해서 저 우주 공간의 별을 관찰하려는 꿈은 잠시 접어두는 것이 좋겠다. 우주는 별 하나하나를 감상하는 것이 아니라, 별들의 무리와 성운 그리고 이들로 구성되어 있는 은하가 보여주는 아름다움을 바라보는 것이다.

시리우스

태양

유니버스 샌드박스 시뮬레이션

　밤하늘에서 가장 밝게 빛나는 별은 무엇일까? 밤하늘의 별들 중에서 가장 밝게 보이는 별은 시리우스다. 시리우스는 우리로부터 약 8.6광년 떨어져 있으며, 질량은 태양의 약 2배이고 크기는 1.7배 정도이다. 태양보다 큰 질량을 가지고 있으므로 당연히 발산하는 에너지가 훨씬 크다. 따라서 엄청나게 높은 온도를 발산하기에 푸른색으로 보인다. 이렇게 뜨거운 별에서 생존하기 위해서는 생명체 생존이 가능한 행성이 있다면 시리우스로부터 상당한 거리를 두고 위치해야 할 것이다. 거대한 시리우스 옆에서 빛나는 우리 태양은 작고 초라하게 보이기까지 한다. 하지만 시리우스도 크기로만 보면 이 우주 속에서 결코 명함을 내밀 정도가 아니다. 이제 여러분은 그 거대한 우주로의 여정을 필자와 함께하게 될 것이다.

❷
아름다운 별빛

아쉽게도 우리 주변의 환경은 조금씩 오염되어가고 있지만, 아직도 비교적 깨끗한 환경을 유지하고 있는 곳들이 있다. 주로 개발이 덜 된 지역이거나 인간의 발길이 별로 닿지 않는 곳이 바로 그곳이다. 그런 면에서 보면 아메리카 대륙은 축복을 받은 곳이라고 할 수 있다. 거대한 대륙의 면적에 비하여 인류의 손길이 본격적으로 미치기 시작한 것이 콜럼버스의 신대륙 발견 이후 고작 500여 년이 흘렀을 뿐이기 때문이다. 그래서 고도로 발전된 문명에 비해서 아직까지는 상대적으로 자연의 깨끗함이 유지되고 있는지도 모르겠다. 미국에 거주하고 있을 때 나는 휴가를 갈 기회가 생기면 도시 관광보다는 자연 관광을 선호하였다. 물론 당시에는 아이들이 어렸기 때문에 걸어서 여기저기를 돌아다녀야 하는 도시 관광이 힘든 것도 있었지만 무엇보다도 자연 속에서 낮에는 광대한 대지의 자연에 감탄할 수 있고 밤에는 아름다운 은하수 별빛을 감상할 수 있었기 때문이다. 따라서 나는 여행 일정을 잡기에 앞서서 구글에서 제공하는 'Star Gazing 지수'라는 것을 활용하였는데, 그것은 달의 크기(밝기)와 구름의 양을 종합적으로 분석해서 별 보기가 얼마나 좋은 정도인지를 나타내주는 정보였다. 따라서 이 지수가 높은 날을 휴가 날짜로 선택하여 일정을 잡게 되면 휴가지에서 밤에 펼쳐진 별들의 향연을 제대로 만끽할 수 있었다.

중국이 세계의 공장이 되면서 지리상으로 세계의 공장 주변에 위치해 있는 우리는 이로 인한 피해를 상당히 받고 있다. 사실 미국의 입장에서 보면 오염물질을 배출하는 공장을 지구 건너편으로 이전시킨 셈이지만, 우리 입장에서는 주거지 주변에 거대한 공장이 들어서 있는 셈이다. 미국뿐만이 아니다. 전 세계에서 중국산 제품을 쓰지 않으면 생활 자체가 안 된다는 말이 있을 정도로 중국은 이미 전 세계의 공장이 되었다. 특히 선진국들을 중심으로 제조 과정에서 발생하게 되는 오염물질 배출 규제가 강화되는 상황에서 이런 물품의 생산지가 중국을 비롯한 개발도상국가로 이전되는 현상은 더욱 가속화되고 있다. 중국의 오염물질 배출을 두둔하고 싶은 생각은 결코 없지만 이런 점들을 생각해본다면 선진국들 또한 지금의 상황으로부터 결코 자유로울 수 없을 것이다. 이것이 지금도 중국산 제품을 풍요롭게 사용하고 있는 상태에서 중국이 단순히 오염물질을 많이 배출한다고 하여 중국을 거리낌 없이 비난할 수 없는 이유이다. 아무튼 미국도 이 덕분인지, 아니면 국토의 면적이 커서인지 아직까지 미국의 국립공원 한가운데에서 캠핑을 하면 밤하늘에 우리 머리 위로 쏟아지는 듯한 은하수를 감상할 수가 있다. 그중에서도 내가 여행 중 가장 아름다운 은하수를 감상할 수 있었던 곳은 그랜드티톤 국립공원(옐로우스톤 국립공원 아래 위치) 안에 위치한 호수 앞에 있던 어느 이름 모를 작은 캠핑장에서였다. 밤하늘에서 셀 수도 없이 반짝이는 별빛 하나하나가 마치 눈꽃처럼 잔잔한 호수의 물가 위에 내려앉아 하늘뿐만 아니라 땅조차도 아름답게 빛나던 모습은 지금도 잘 잊히지가 않는다. 이제 잠시 여러분들을 이 은하수의 별빛 아래로 초대해보려고 한다. 여러분들은 지금 사방이 산으로 둘러싸여 있는 나지막한 언덕 위에 올라와 있다. 달빛도 잘 보이지 않는 어두운 환경이지만 아래를 내려다보면 잔잔한 호숫가에 간간이 비쳐 보이는 숲의 나무들과 그 나무들 사이로 하늘의 수많은 불빛들이 일렁거리는 모습이 보일 듯, 안 보일 듯 호수의 표면 위에 비친다. 고개를 들어 하늘을 보니 하늘 공간을 가로지르는 진한 은하수를 중심으로 눈부시게 빛나는 별들의 향연이 아름답게 펼쳐지고 있다. 우리는 지금 지구라는 우주선을 타고 우주의 한 중심에서 저 우주의 아름다운 모습을 감상하고 있다. 이것이 우리들의 눈에 보이는 바로 지금 우리 우주의 모습이다.

밤하늘의 감상 포인트는 별들의 무리를 보는 것이다

모두 알고 있겠지만 한 번 더 짚고 넘어갈 것은, 우리가 '별'이라고 부르는 것은 스스로 빛을 발하는 태양과 같은 항성만을 이야기한다. 지구처럼 태양 주위를 공전하는 천체를 행성이라 하는데, 이러한 행성들은 스스로 빛을 낼 수가 없기 때문에 거리가 조금만 멀어져도 우리 눈에는 거의 보이지 않는다. 인류가 만들어낸 어떠한 광학 망원경으로도 태양계 바깥에 존재하는 다른 항성이나 그의 주변에 있는 행성을 직접 세밀하게 관측하는 것은 불가능하다. 우리와 가장 가까운 별인 프록시마 센타우리도 지구로부터 4.2광년(약 39조 7,354억㎞)이나 떨어져 있기 때문이다. 이 정도 거리에서는 단순히 행성에 반사된 빛이 관측이 가능할 정도로 충분하게 지구까지 도달하는 것은 불가능하다. 그래서 천문학자들은 이렇게 멀리 떨어져 있는 행성의 존재를 찾기 위해 주변 항성의 움직임 혹은 행성이 항성 주위를 공전하면서 항성을 가리게 될 때 변하는 항성의 밝기 변화 등 간접적인 방법을 사용하고 있다. 그러므로 혹시나 아주 좋은 고성능의 망원경을 사서 태양계 외의 다른 행성을 관측할 것을 계획하고 있었다면 아쉽지만 그 돈을 다른 곳에 활용할 계획을 세우는 것이 좋을 것이다.

행성뿐만 아니라 스스로 빛을 내는 항성조차도 이렇게 먼 거리에서는 그냥 조금 더 밝은 점으로 보일 뿐이다. 그래서 거대한 망원경을 통하여 하늘의 별들을 관측하면 무엇인가 근사한 것이 보일 것이라고 기대하는 사람들이 실제 천체 망원경에 비친 관측 결과를 보고는 큰 실망을 하기도 한다. 하지만 별들의 모습 하나하나에 집중하지 말고 밤하늘의 시야를 조금만 더 넓게 보면 이런 것에 실망할 필요는 없다는 것을 즉시 깨닫게 된다. 진정한 우주의 아름다움은 별 하나하나를 자세하게 관찰하는 것에서 나오는 것이 아니라, 수많은 별들의 무리와 함께 배경을 이루고 있는 주변의 성운 등을 함께 관측하는 것에 있기 때문이다.

그렇다. 우리가 우주를 감상하는 방식은 각각의 개별적인 별들이나 행성을 관찰하는 것에 있지 않다. 별들과 행성은 자신이 가진 질량과 항성으로부터의 거리에 의해 자신들의 모습이 거의 결정된다. 따라서 대부분 그 모습이 대동소이하다는 이야기다. 그런데 다행히도 우리의 태양과 다른 행성들의 모습은 가까운 거리로 인하여 우리 지구 주변에서도 상대적으로 아주 자세하게 관찰이 가능하다. 따라서 우리 태양계의 항성과 행성들의 모습을 잘 관찰하면 저 멀리 떠 있는 별들의 주변이 어떤 모습일지 미루어 짐작할 수 있고, 실제 그들의 모습도 이와 크게 다르지 않을 것이다. 따라서 우리 주변에 존재하는 태양과 행성, 그리고 그 위성들의 모습을 잘 알고 있으면 저 멀리 보이는 반짝이는 별 주변이 어떠한 모습일 것이라는 것도 어느 정도는 미루어 짐작해볼 수 있는 것이다. 그런 의미에서 이제 우리는 우리 태양계 주변을 세밀히 관찰해보게 될 것이다. 그것이 저 밤하늘의 별들을 바라볼 때 당신이 가질 수 있는 생각의 폭을 크게 확장시켜줄 것이다.

또한 이러한 별들이 모이면서 서로에게 중력의 영향을 미치면서 만들어낸 아름다운 별들의 무리와 이 무리들로 구성된 은하, 또 은하들이 모여 만들어낸 은하단들은 예측 불가능할 정도로 셀 수 없이 다양한 모습을 만들어내고 있다. 우주의 아름다움을 제대로 즐기는 방법은, 바로 별과 주변의 행성들에 대한 지식과 그러한 별들이 모여 있는 우주가 운영이 되는 원리에 대한 세계관을 가지고 셀 수 없이 다양한 모습으로 아름다움을 선사하는 별들의 무리를 관찰하고 즐기는 것에 있는 것이다. 이 우주는 자연이 만들어낸 황홀한 예술 작품 그 자체이며 고맙게도 누구든지 어디에서나 아무런 비용 없이 감상할 수 있는, 살아 있는 예술품이다. 그러면 이제 필자와 함께 고요한 밤 잔잔한 호수가 내려다보이는 언덕에 편안하게 앉아 살아 있는 예술품을 찬찬히 한번 감상해보도록 하자.

밤하늘에서 가장 밝게 빛나는 천체

밤하늘에서 육안으로 보이는 가장 먼 행성은 목성이나 토성 정도이다. 화성과 금성이 육안으로 보인다는 것을 아는 사람은 많은데 목성과 토성도 육안으로 관찰이 잘 된다는 사실을 아는 사람은 의외로 적은 것 같다. 천체들을 관찰할 때 얼마나 우리 눈에 잘 보이는지를 수치로 나타내 주는 지표가 있는데 이를 천체의 겉보기 등급이라고 한다. 겉보기 등급은 실제 그 별이 가진 밝기와는 상관없이 지구에 있는 우리가 관찰할 때 어느 수준으로 밝게 보이는지를 나타내 주는 지표이다. 따라서 밤하늘에서 보이는 별들의 밝기를 직관적으로 이해하는 데 도움이 되는데, 숫자가 작을수록 더 잘 보이는 천체이다. 가령 보름달의 겉보기 등급은 -12.9등급이며, 별들 중 우리에게 가장 익숙한 북두칠성의 중심 북극성은 약 +2.0등급 정도가 된다. 오염이 없고 광해(빛 공해)가 없는, 어둠이 완전히 보장된 지역에서 인간의 눈으로 인식할 수 있는 겉보기 등급 한계는 약 +6.0등급 정도 된다고 한다. 즉, 이보다 낮은 겉보기 등급을 가진 천체는 관측이 가능하다는 이야기다. 목성의 겉보기 등급은 약 -2.9등급으로, 하늘에서 금성(-4.6등급) 다음으로 두 번째로 밝게 보이는 천체이다. 금성이 새벽과 초저녁에만 관찰된다는 사실을 고려하면 사실상 목성은 한밤중에 가장 밝게 관측되는 천체라고도 할 수 있다. 지구로부터 7억 8천만㎞나 떨어져 있음에도, 목성이 그보다 3배는 가까이 있는 화성보다도 오히려 밝게 보이는 것은 목성이 그만큼 거대하다는 것을 의미한다.

그러면 밤하늘에서 행성 이외에 가장 밝게 보이는 진짜 별은 무엇일까? 태양 이외에 하늘에서 가장 밝게 보이는 별은 겉보기 등급이 약 -1.5등급인 시리우스이다. 이 정도의 밝기면 오염이 심해져 있는 요즘 하늘에서도 육안으로 관찰이 되는, 몇 안 되는 별들 중 하나이다. 지구로부터 약 8.6광년 떨어져 있는 시리우스는 모든 별들 중 지구로부터 2번째로 가까운 별이며 태양보다는 약 1.7배 크다. 시리우스는 태어난 지 약 2억 년밖에 되지 않은 젊은 별이며, 근처에 또 다른 항성을 가지고 있는 쌍성계이다. 지구로 치면 하늘에 떠 있는 태양이 2개인 셈이다. 사실 이 우주에는 이러한 쌍성계가 단 1개의 태양을 가진 항성계보다도 오히려 더 흔한 것으로 알려져 있다. SF 영화 속에 가끔 등장하여 우리에게 낯설게 보였던, 두 개의 태양이 떠 있는 광경은 사실 우주에서는 오히려 더 일반적인 모습인 것이다.

그러면 우리의 태양과 가장 가까운 별은 무엇일까? 우리의 태양계와 가장 가까이 있는 것으로 알려진 별은 프록시마 센타우리(가장 가까운 별이라는 뜻)로 이 별에서 출발한 빛이 우리에게 오는 데에는 4.2년 걸린다. 프록시마는 우리와 가장 가까운 별임에도 불구하고 크기가 작고 물리적으로 멀리 떨어진 거리로 인하여 밝기는 매우 미미해서 우리의 육안으로는 잘 보이지 않는다. 앞서 등장하였던 시리우스가 프록시마보다 더 먼 거리임에도 우리에게 잘 보이는 것은 그 별의 크기와 발산하는 빛이 이보다 훨씬 밝기 때문이다. 따라서 지금 실제로 밤하늘에서 보이는 대부분의 별들은 프록시마보다 훨씬 멀리 떨어져 있으며, 그럼에도 불구하고 더 잘 관찰되는 이유는 그들이 훨씬 크고 밝기 때문이다. 따라서 밤하늘을 장식해주고 있는 거의 대부분의 별들은 보통 우리의 태양보다 훨씬 거대하고 밝은 별들이라고 볼 수 있다. 우리에게는 미미한 반짝거림으로 보이지만 이들 중에는 우리 태양계 내의 행성들을 모두 삼키고도 남을 정도의 크기를 가진 별들도 있으니, 그들이 거느린 행성계 또한 우리보다 훨씬 거대하다. 이 정도로 거대한 항성계에서는 여러 개의 빛나는 태양이 존재하는 것이 결코 낯설지 않은 모습일 것이다.

과거를 직접 보여주는 타임머신

여기에서 한 가지 짚고 넘어가야 할 것은, 밤하늘을 올려다볼 때 보이는 저 너머의 별빛은 그들의 과거의 모습이 지금 우리의 눈에 보이는 것이다. 우리가 알고 있듯이 우리 눈에 보이는 것은 관찰하는 대상으로부터 반사된 빛이 우리 눈의 망막에 상을 비추기 때문이다. 즉, 무엇인가를 보기 위해서는 빛이 눈에 도달하는 시간이 필요하다. 저기 덩그렇게 떠 있는 달은 약 1.5초 전의 모습이며, 낮에 그렇게 강렬하게 내리쬐며 우리를 힘들게 했던 태양은 약 8분 전의 모습이다. 그럴 리는 없겠지만 태양이 어떤 이유로 갑자기 없어진다고 하더라도 약 8분간은 변함없이 우리에게 강렬한 빛을 비추고 있을 것이다. 따라서 태양이 없어져도 우리는 8분 후에야 그 사실을 알아차릴 수 있다.

이렇게 우리가 관찰하는 별들과의 거리가 멀어질수록 우리는 그것의 과거 모습을 보고 있는 셈이다. 지구와 태양의 거리가 상당하

긴 하지만 이 우주의 규모에서 보면 그야말로 모래알도 안 되는 거리이다. 앞서 태양에서 가장 가까운 별인 프록시마라는 별에서 나온 빛은 약 4.2년의 시간을 여행하여 지금 우리 눈에 비치고 있다. 즉, 지금 우리들의 망막에 비치고 있는 밤하늘의 저 별빛들은 '지금'의 별빛이 아니라 오랜 시간을 여행해서 이제야 우리 눈에 들어온, '과거'의 별빛인 것이다. 우리에게 가장 잘 알려져 있으며 우주에 관심이 없는 사람도 한 번씩은 들어봤을 법한 안드로메다 은하는 약 230만 광년 떨어져 있다. 상당히 먼 거리이긴 하지만 은하 중에서 안드로메다 은하는 우리 은하와 매우 가까운 거리에 있는 편이며 최소한 2,000억 개 이상의 별들로 이루어져 있기 때문에 육안으로도 관찰이 될 만큼 밝고 거대하다. 만약 안드로메다 은하 어디엔가 문명인이 살고 있고 그가 우리 지구를 보고 있다면, 그 문명인의 눈에는 유전학적으로 인류 최초의 기원이라고 알려져 있는 오스트랄로피테쿠스가 출현하여 굶주린 가족을 위하여 드넓은 초원에서 사냥을 하고 있는 모습이 보일 것이다. 따라서 우리 또한 그만큼 까마득히 먼 과거의 안드로메다 은하의 모습을 보고 있는 것이다.

이것은 지금 우리의 머리 위에서 밝게 빛나는 별들은 지금 현재 별들의 모습이 아닌 것을 의미한다. 어떤 별은 수천 년 전의 모습이며, 어떤 별은 수만 년 전의 모습이다. 그리고 어떤 별은 현재 밝은 깜박임을 아름답게 보여주고 있지만 실제로는 수억 년 전에 이미 사멸하고 없는 상태일 수도 있다. 즉, 우리는 지금 하늘에서 온 우주의 별들의 과거를 거리에 따라 시간대별 파노라마로 바로 눈앞에서 감상하고 있다. 밤하늘에 보이는 저 아름다운 별빛들은 모두 하나하나가 바로 과거를 볼 수 있는 타임머신인 것이다.

우리가 과거의 지구 환경이 어떠했는지를 알고 싶다면, 그 시대의 화석이나 혹은 땅속에 봉인되어 있는 지층을 연구해야 한다. 혹은 어떤 시대에 일어났던 역사적 사건을 연구하기 위해서는 역사적 장소를 조사하여 유물을 발굴하거나 혹은 이를 토대로 연구한 서적을 찾아서 문자로써 과거의 흔적을 유추해보는 등의 방법이 있을 것이다. 물론 이런 방법들도 효율적이고 꽤 믿을 만하겠지만 이 모든 방법은 과거의 모습을 추측하는 간접적인 방법일 뿐이다. 왜 우리는 과거를 알기 위하여 이러한 간접적인 방법을 사용할 수밖에 없을까? 우리는 그 이유를 너무나도 잘 알고 있다. 우리는 한번 지나간 과거를 단 1초라도 다시는 직접 볼 수 없기 때문이다. 우리가 과거를 접할 수 있는 방법은 과거에 남겨진 흔적을 찾아내거나 당시에 작성된 자료를 뒤져보면서 당시의 상황을 추정하는 것밖에 없다. 한때 동양은 물론이고 서양까지 영역을 확장하며 넓은 지역을 호령하였던 징기스칸의 무적 부대를 현재 우리의 눈으로 볼 수는 없다. 과거에 징기스칸의 부대가 머물고 지나간 지역의 흔적과 유적을 조사하며 그때의 생활상을 거꾸로 추측할 수 있을 뿐이다. 하지만 우리가 우주의 과거가 어떠했는지를 연구할 때는 이런 간접적인 방법을 쓸 필요가 없다. 우주의 과거가 어떠했는지 알고 싶다면 우리는 망원경을 통하여 하늘을 올려다보기만 하면 된다. 이러한 방법으로 우리는 과거 우주의 모습을 직접 우리 눈으로 확인할 수 있다. 더 과거의 모습이 궁금하다면 단지 망원경을 더 먼 곳을 향하여 돌리기만 하면 된다. 지구 궤도를 돌고 있는 허블 망원경을 활용하면 우리는 우주가 태어난 거의 초창기의 모습조차도 직접 눈으로 확인할 수 있다. 우주는 이렇게 우리에게 자신이 자라고 성장해온, 장대한 과거의 역사를 아름다운 파노라마로 우리 눈앞에서 직접 보여주고 있다. 프록시마나 시리우스처럼 가까이에 있는 어떤 별은 불과 몇 년 전의 모습을 보여주기도 하고 우리로부터 거리가 먼 어떤 별은 수천만 년, 수억 년 전의 모습을 보여주기도 한다. 우리는 작게는 몇 년 전부터 길게는 수억 년의 과거를 바로 우리 눈앞에서 보고 있다.

필자는 이런 생각을 가지고 밤하늘을 바라볼 때마다 너무나 신기하고 때로는 소스라치게 놀라기도 한다. 우리가 바라보고 있는 저 밤하늘에는 우주의 과거와 현재가 모두 동시에 각인이 되어 있기 때문이다. 우리는 우리가 걸어온 우주의 과거를 지금 눈앞에서 보고 있다. 저기 밤하늘에서 저렇게 밝게 빛나고 있는 별이 지금은 그 운명을 다하고 힘없이 꺼져버렸을 수도 있다. 그 별의 소멸과 함께 주변의 행성에 혹시 있었을지도 모르는 생명체도 절멸의 길을 걸었을 것이다. 언젠가는 이와 마찬가지로 꺼지게 될 태양도, 그 자신의 생명이 다한 이후 한참의 시간이 지난 이후에도 저 우주 너머 누군가의 눈에는 영겁의 세월 동안 한참을 타오르는 것으로 보일 것이다.

이렇듯 신비하고, 아름다움을 간직하고 있는 우주는 그럼 어떻게 만들어졌을까? 이것은 우리는 과연 어디로부터 온 것인가에 대한 질문과도 같다. 우리가 알고 있는 지식이 충분하지 않을 때 과학은 철학이 된다. 그리고 철학으로부터 도출된 생각들이 후에 과학으로 증명되는 경우도 많이 있다. 따라서 과학은 이러한 철학적 질문으로부터 출발한다고도 할 수 있을 것이다. 우리는 이제 이 우주가 어떻게 태어났고 지금에 이르게 되었는지에 대한 여정을 떠나려고 한다. 그 과정에서 우리는 이 우주가 앞으로는 어떻게 될 것인가 하는, 우주의 운명에 대한 것도 자연스럽게 알 수 있게 될 것이다. 지금까지 우리는 아리스토텔레스에서 뉴턴, 아인슈타인에 이르기까지 진리의 바다를 항해하기 위해 인류가 노력했던 여정을 거치면서 본격적으로 우주로의 여정에 대한 만반의 준비를 마쳤다. 이제는 한껏 즐기는 마음으로 본격적인 우주에 대한 여정을 출발해보도록 하자.

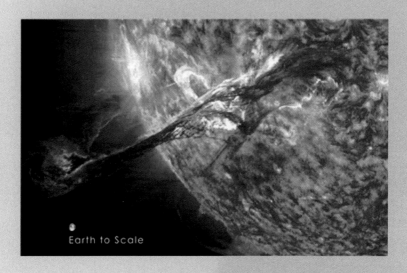

Earth to Scale

출처: NASA/SDO/AIA

2012년에 촬영된 태양의 플레어. 8월 31일 정오에서 다음 날 새벽 1시 45분까지 지속되었다. 코로나 아랫부분에 지구가 표현되어 있다. 이 플레어가 얼마나 거대한 것인지를 잘 보여준다. 이 불기둥은 지구 크기의 행성 정도는 우습게 증발시켜버릴 것이다. 우리에게 매일 아침 떠올라 고요한 모습만을 보여주고 있는 태양의 표면은 이렇게 항상 엄청난 폭발로 요동치고 있다. 이런 거대한 에너지 방출이 있기에 오늘도 우리가 태양의 따스함을 느낄 수가 있는 것이다.

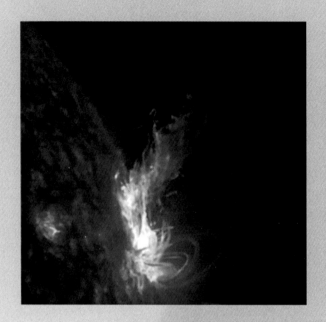

출처: ESA/Hubble

　태양의 표면에서 플레어가 형성되는 모습. 2017년 4월 3일 촬영된 이 플레어는 깃털 모양의 플라스마를 방출하고 있다. 이와 같은 태양의 플라스마 형태로의 질량 방출은 태양을 둘러싸고 있는 코로나가 우주 공간으로 플라스마 질량을 방출하는 것과도 관련이 있는 것으로 알려져 있다.

출처: ESA/Hubble

약 7,000광년 정도 거리에 있는 독수리 성운의 창조의 기둥. 허블 망원경으로 촬영된 성운 중에서 별이 탄생하는 모습을 가장 역동적으로 보여주는 사진 중의 하나이다. 여러 가지 빛깔로 빛나는 가스 구름 중에서 어두운 영역이 가스 구름의 밀도가 높은 영역이며 이곳에서 별들이 태어나고 있다. 가스 성운은 별들의 요람으로, 별들이 태어날 수 있도록 재료를 제공해주며 이 거대한 가스 성운 속에서 수많은 별들이 태어난다.

성운의 어두운 구름은 시간이 지남에 따라 별들이 방출하는 복사에 의해 침식되면서 그 형태와 모양이 조금씩 변하게 된다. 이러한 성운의 모양 변화에 대한 연구는 별들이 어떻게 생성되는지에 대한 연구의 단초가 될 수 있다. 1995년 허블 우주 망원경으로 찍은 이 사진을 지속적으로 추적 관찰함으로써 시간에 따른 기둥의 변화를 통하여 성운과 별들의 탄생을 연구하는 데 귀중한 자료로 많이 활용하고 있다.

미국 애리조나 주에 위치한 Meteor Crater. 분화구의 중앙에 운석이 충돌하여 거대한 상흔을 남겼다. 약 5만 년 전에 지구에 충돌한 운석으로 인한 거대한 분화구의 흔적이 지구상에서 가장 잘 보존되어 있는 곳이다. 과거 원시 지구에서는 수많은 화산 활동과 함께 소행성들의 강력한 충돌이 수시로 일어나고 있었으며 그 결과 지구 표면은 이러한 화구들로 가득 차 있었다. 격동의 시기는 끝났지만 가끔은 소행성 충돌이 지구상의 생명을 절멸로 이끌기도 했는데 6,500만 년 전 공룡의 갑작스러운 멸종도 이로 인한 것이라는 것이 정설로 믿어지고 있다. 영화 '아마겟돈'에서 묘사된 지구와 소행성 충돌의 위기가 그저 허황된 이야기만은 아닌 것이다. 우리가 저 우주에 대한 관심을 꾸준히 가져야 하는 또 다른 이유이다.

운석이 충돌한 중심 부위를 관찰하기 위한 목적으로 설치되어 있는 망원경으로 땅이 아닌 하늘을 바라보고 있는 큰딸. 7살 꼬마의 눈에 망원경을 통하여 비친 모습은 무엇이었을까?

❸
우리의 고향, 태양계

머나먼 우주로의 여행을 떠나기 전에 우리가 살고 있는 태양계부터 먼저 돌아보는 것이 순서일 것이다. 태양계에는 모두 8개의 행성이 태양을 중심으로 공전을 하고 있다. 수성, 금성, 지구, 화성, 목성, 토성, 천왕성, 해왕성이 그것이다. 한때는 명왕성까지 포함해서 총 9개의 행성이 태양계에 포함되어 있었으나, 명왕성의 궤도가 다른 행성들과 차이가 많이 나고(태양계 원반에서 상하로 약간 이탈해 있다) 그 크기가 태양계 밖의 다른 왜소 행성들과 뚜렷하게 구분되기 어려울 정도로 충분히 크지 않았기 때문에 2006년 국제천문학연맹의 투표를 통하여 공식적으로 행성의 지위를 잃고 '왜소 행성'으로 분류되었다(왜소 행성이란 명왕성처럼 태양 주변을 공전하고 있지만 그 크기가 충분치 않아 행성으로 불리기 어려운 천체를 말한다. 명왕성 이외에도 그 궤도 바깥에서 많은 왜소 행성들이 지금도 발견되고 있다). 그래서 현재는 공식적으로 태양계는 모두 8개의 행성으로 이루어져 있는 것으로 된 것이다. 이 8개의 행성은 중앙의 거대한 질량을 가진 태양이 만들어낸 휘어진 시공간을 따라 끊임없이 시공간을 변형시키며 태양 주위를 공전하고 있다. 태양계의 모습을 거리를 무시하고 크기만을 기준으로 태양과 함께 모든 행성들을 나열해본다면 우리가 사는 지구는 매우 작고 초라하게까지 느껴진다. 태양계 내에서조차 이렇게 작은 존재감을 가진 지구이지만, 그 작은 지구 위에 터를 잡고 있는 우리는 저 커다란 우주를 상상하며 우주 너머 끝까지의 여행에 도전하는 거대한 존재로 성장해 있다. 그런 의미에서 우리는 충분히 자부심을 가질 만하다.

별을 만들어내는 씨앗

태양과 그 주변 행성들이 어떻게 만들어지게 되었는지를 알아보기 위해서도 태양계의 주인공인 태양이 어떻게 만들어졌는지를 먼저 알아봐야 한다. 꽃과 열매가 만들어지기 위해서는 생명을 잉태하고 있는 씨앗이 필요한 것처럼, 태양과 같이 스스로 빛나는 별이 만들어지기 위해서는 아주 작은 별의 씨앗들이 필요하다. 아무것도 없을 것 같은 저 칠흑 같은 검은 우주 공간에도 아주 작은 입자들이 떠돌아다닌다. 이러한 입자들이 조금씩 모이면서 한곳에 뭉쳐져 있으면 마치 구름과도 같이 뿌연 형태로 보이게 되는데 이런 것을 별의 구름이라고 하여 '성운'이라고 한다. 보잘것없고 아주 작은, 미세먼지와도 같은 이러한 가스 성운들은 외부에서 보면 우리의 시야를 흐리는 불편하고 거추장스러운 부산물처럼 보일지도 모른다. 하지만 우리 주변에서 보잘것없이 보이는 작은 꽃가루가 어느 순간에 시원한 그늘을 만들어주는 커다란 아름드리나무로 성장하듯이, 이렇게 초라하게 보이는 성운들이 모여 새로운 별을 탄생하는 씨앗으로의 역할을 하게 된다. 태양이 만들어지기 이전에 우리 주변은 이러한 가스 성운들로 가득 차 있었던 것으로 보인다.

요동치던 수소가 서로 융합되는 순간 별이 탄생한다

우리의 태양계도 이러한 가스 성운들로부터 시작되었다. 이렇게 작은 입자의 가스 성운들이 서로 모이기 시작하면서 서로의 중력에 이끌려 마치 눈사람을 만들 때처럼 뭉치고 뭉치면서 점차 커지게 된다. 최근의 연구 결과에 따르면 태양계 주변에서 어느 거대한 초신성의 폭발이 있었고, 여기에서 방출된 어마어마한 물질들과 충격파가 주변에 산재해 있던 성운들을 자극하여 태양계 형성이 보다 쉽게 이루어지도록 여건을 조성해줬을 것이라는 주장이 설득력을 얻고 있다. 이렇게 작은 입자로 되어 있는 가스 성운들이 서로 뭉쳐지는 과정이 지속되면서 중심에 핵을 가지고 회전하는 거대한 원반 모양의 형태가 생긴 것으로 추측된다.

이러한 원반의 중심부는 지속적으로 몰려드는 성운 먼지와 입자들로 인하여 서로 간에 온도, 압력, 밀도가 점차 높아지게 되면서 마찰열로 인하여 외부에서 보면 마치 불타오르는 모습처럼 보이게 된다. 하지만 중심부의 온도와 압력이 아직 핵융합 반응이 일어나기에 충분치 않은 상태에서는 이는 별이 아닌 단순히 타고 있는 물질 덩어리에 불과하다. 따라서 별이 만들어지기 전인 초기 태양계의 중심은 지금의 태양과는 비교할 수 없을 정도로 어둡고 작은 상태였을 것이다. 여기에 주변의 가스 성운들이 태양계 중심의 중력으로 인하여 더욱 모여들게 되고 태양계 중심부의 온도와 압력이 지속적으로 증가하게 된다. 그러면 모여든 입자 중 가장 흔하고 작으며 가벼운 수소 원자가, 높아진 열로 인하여 요동치게 된다. 여기에 지속적으로 몰려든 수많은 성운 및 가스 입자들로 인하여 원반 중심의 내부는 중력 또한 엄청나게 높아진 상태가 된다.

이렇게 높은 에너지로 격렬하게 요동치는 수소 원자는 높아진 중력에 의하여 점점 더 작은 공간에서 요동을 칠 수밖에 없을 것이다. 그러다가 온도와 압력이 더욱 증가하며 특정 조건을 넘어서면서 결국 요동치던 수소 원자들이 서로 뭉쳐지면서 헬륨 원자로 융합되는 현상이 발생하게 된다. 우리는 이를 수소의 핵과 핵이 융합하는 반응이라고 하여 핵융합 반응이라고 한다. 이렇게 내부에서 핵융합 현상이 일어나게 되면 중심부에서 발생하는 핵융합 반응으로 인하여 엄청난 폭발력(척력)이 외부로 발생하게 된다. 하지만 이런 엄청난 폭발력에도 불구하고 별이 갑자기 폭발하거나 하는 일은 일어나지 않는다. 태양이 핵융합을 일으킬 정도로 압력이 상승되었다는 이야기는 뭉쳐진 가스 및 성운 입자들의 질량이 충분히 증가되었다는 것을 의미하기 때문이다. 따라서 이렇게 커진 질량으로 인하여 태양 중심 방향으로 엄청난 중력(인력)이 작용하게 된다. 이렇게 되면 중심부에서 핵융합에 의해 터져나오는 폭발력(척력)과 태양의 무게에 의하여 발생하는 중력(인력)이 균형을 이루면서 더 이상 커지지도 않고 반대로 작아지지도 않는, 안정적인 형태를 유지할 수 있게 되는데 이러한 상태의 천체를 우리는 '별'이라고 부르는 것이다. 우리의 태양 또한 이러한 과정으로 태어나 핵융합에 의한 팽창력과 중력에 의한 인력이 균형을 이루면서 조화가 된 안정적인 모습으로 지금까지 우리에게 안정된 생명의 에너지를 지속적으로 공급하고 있다.

핵융합을 만들어내지 못한 천체

그렇다면 태양 주변의 행성들은 어떻게 만들어진 것일까? 태양 중심으로부터 어느 정도 거리를 유지하고 있어 다행히 태양의 중력에 의하여 흡수되지 않은 태양 주변의 성운들은 각자의 위치에서 서로의 인력에 의해 뭉치면서 작은 소행성들로 만들어지게 된다. 우리 행성들은 지금도 주변의 먼지, 혜성, 소행성들을 찾아 몸집을 키우고 있다. 가끔 발생하는 운석의 충돌이 바로 그것이다. 다만 그 충돌의 빈도가 원시 태양계 시절보다 매우 적을 뿐이다. 초기 행성들은 주변에 풍부하게 돌아다니는 작은 천체들을 흡수하며 자신의 덩치를 키워갔다. 이렇게 초기 원시 태양계에서 무수한 작은 천체들을 흡수하면서 성장하는 행성들의 모습을 타임 랩스(Time Lapse: 저속 촬영하여 정상 속도보다 빨리 재생시켜 보여주는 특수 영상 기법)로 빠르게 돌려서 본다면 그 모습은 마치 거대한 행성 간 핵전쟁이 일어나는 것과 같이 전쟁터를 방불케 했을 것이다.

이렇게 주변의 물질들을 흡수하면서 덩치가 커지게 되면 내부에서 작용하는 중력으로 인하여 크기가 커질수록 그 모양이 조금씩 둥글어지게 된다. 보통 행성의 지름이 800km가 넘어서면 그 모양이 둥글게 되는 것으로 알려져 있다. 이러한 작은 소행성들은 태양만큼 충분한 질량을 끌어모으지 못하였기 때문에 중심부에 핵융합을 일으킬 정도의 충분한 압력과 열에 도달하지 못한다. 따라서 태양처럼 중심의 핵융합 반응이 일어나지 못하게 된다. 그러므로 이렇게 단순히 '타고 있는 덩어리'들은 주변의 가스 성운 등으로부터 지속적인 물질의 공급이 없어지게 되면 표면부터 이내 조금씩 식어버리게 된다. 이렇게 되면 뜨겁게 달아올라서 마치 용암으로 만들어진 것 같던 초기 행성의 표면은 점차 굳어가면서 딱딱한 지표면을 형성하게 된다. 결국 태양과 행성이 만들어지는 과정은 정확하게 동일하며, 단지 자신이 가진 질량이 얼마나 크냐에 의해 태양이 되느냐 혹은 차갑게 식으면서 행성이 되느냐가 결정되는 것이다. 따지고 보면 태양과 행성들은 같은 원리에 의해 만들어졌으나 자신이 가진 질량에 의하여 각각 별이 될 것인지 혹은 행성이 될 것인지 그 운명이 결정되는 것이다.

행성의 뜨거운 심장

이런 냉각의 과정이 지속되면서 오랜 시간이 지나면 크기가 충분치 않은 일부 행성들은 그 표면뿐만 아니라 행성의 중심부까지 완전히 식어버리게 된다. 그렇게 되면 이러한 행성들은 자체의 에너지가 고갈되어버린, 굳어 있는 차가운 행성으로 변하게 된다. 따라서 이런 행성에서는 뜨거운 중심핵의 유동이 없기 때문에 행성 전체를 둘러싸는 중심핵의 회진 운동으로 인하여 발생하는 자기장이 생성되지 못한다. 그러므로 우주에서 쏟아지는 각종 유해한 방사선들을 막아주는 보호막이 만들어지지 못한다. 행성의 중심핵이 차갑게 식어버린 행성에서는 생명체가 살아가기 힘들게 된다는 의미이다. 다행히 지구는 충분한 크기로 인하여 아직도 행성 중심의 핵이 식지 않고 그 따스한 온기를 유지하고 있다. 이렇게 행성에게 온기를 유지하고 있는 핵의 존재는 마치 인간에게 있어서 피의 온기를 온몸에 전달해주는 심장의 그것과 같다. 지구에서는 아직까지 뜨거운 중심의 핵으로 인하여 지각 운동이 일어나고 있으며, 이로 인한 지진과 쓰나미 등의 피해도 상당한 것이 사실이다. 하지만 그렇다고 해서 지구의 심장이 활동을 멈추는 것은 바로 지구상에서 생명체의 완전한 멸종을 의미하는 것일 수도 있다. 따라서 지진은 우리가 뜨거운 심장을 가짐으로 인해서 발생할 수밖에 없는 '필요악'인 셈이다. 누군가 이야기했듯이, 지구는 마치 살아 있는 생명체와도 같다. 그 살아 있다는 증거가 바로 뜨거운 중심핵에 있으며 그 흔적은 지진을 통해 이따금 지표로 표출된다. 행성에 있어서 뜨거운 심장은 바로 자신이 살아 있다는 증거인 것이다.

매우 혼잡했던 원시 태양계

태양계의 중앙에서 태양이 덩치를 키워가면서 핵융합 반응을 통해 본격적으로 스스로 타오르는 '별'의 형태를 갖춰가고 있을 때쯤 태양의 외곽에서는 뭉쳐진 먼지 가스들이 스스로의 중력 작용에 의하여 덩치를 키워가면서 제법 큰 천체들이 만들어지게 되는데 이를 원시 행성이라는 의미로 '미행성'이라고 한다. 태양 주위를 공전하던 이러한 미행성들은 충돌하면서 서로 융합하며 그 덩치를 급속하게 키우게 된다. 지구를 포함하여 지금의 수성, 금성, 화성 등의 행성이 만들어지기까지는 실로 어마어마한 대규모 충돌이 반복되면서 지금의 태양계가 만들어진 것으로 알려져 있다. 실제로 원시 태양계에서는 최소 20여 개의 미행성들이 태양 주위를 돌고 있었으며, 반복되는 충돌로 인하여 지금의 8개 행성들만이 남게 되었다고 한다.

태양계는 초기에 하나의 거대한 먼지구름의 소용돌이로부터 만들어졌다. 그러므로 이런 과정에서 만들어진 행성들의 공전 방향은 모두 같아야 할 것이다. 우리 태양계 대부분 행성들의 공전 방향은 반시계 방향이다. 따라서 이것은 현재 태양계의 행성들이 우주 공간을 떠돌다가 와서 태양의 중력에 의해 우연히 포획된 것이 아니라, 가스 성운들이 모여 뭉쳐지고 뭉쳐져서 한날한시에 태어난 형제들이라는 증거가 되기도 한다. 같은 부모님으로부터 태어난 형제들이 그들의 부모로부터 DNA를 물려받아 서로 닮게 되는 것처럼, 태양 인력의 영향으로부터 거의 동시에 만들어진 태양계의 행성들도 이처럼 같은 부모로부터 태어났다는 것을 보여주는 흔적이 있는 것이다. 간혹 일부 행성의 자전 방향이 달라 마치 미운 오리 새끼처럼 다른 태양계 주변을 떠돌던 행성이 우리 태양계 인력권에 포획되어 한 가족이 되었다는 의심을 받기도 하였다. 하지만 이러한 불규칙성은 원시 태양계가 초기 미행성들과 서로 충돌하며 그 자전 방향까지 반대로 바뀌는 엄청난 격동의 시기가 있었다는 것을 오히려 잘 설명해주는 또 다른 증거로 여겨지고 있다. 태양계의 형제들 중 일부 다른 모습을 가지고 있는 행성들은 엄마가 달랐던 미운 오리 새끼가 아니라, 과거 수많은 미행성들과의 충돌로 인하여 발생한 혼돈의 시기가 있었다는 것을 회상하게 해준다.

이제 우리는 우리가 살아가고 있는 무대인 태양계의 탄생 배경을 조금이나마 이해할 수 있게 되었다. 그러면 우리 주변에 있는, 태양계를 구성하고 있는 우리의 가족들에 대해서 하나씩 자세히 알아가보도록 하자.

태양계의 어머니, 성스러운 태양

태양은 태양계의 중심이며, 모든 행성들을 탄생시키고 어루만져주는 어머니이다. 현생 인류의 직접적인 조상이라고 여겨지는 호모사피엔스의 역사가 시작된 20만 년 전부터, 아니면 그보다 더 오래전부터 인류에게 태양은 경이롭고 성스러운 숭배의 대상이었다. 태양은 매일 아침 어김없이 우리에게 다가와 말할 수 없을 정도의 강렬함으로 만물의 생명에게 밝은 빛을 선사해준다. 그러다가 밤이 되어 태양이 사라진 이후에는 어두움과 추위에 떨며 숨죽여 지내다가, 다음 날 아침에 어김없이 다시 떠오르는 태양을 보며 다시금 감사한 마음과 그것에 대한 경외심을 가지게 된다.

태양은 이러한 강렬함과 성스러움으로 인하여 눈으로는 감히 쳐다볼 수 없을 정도로 밝게 빛나고 있다. 그래서 태초부터 태양의 권위는 이 세상 만물에서 항상 으뜸을 차지할 수 있었던 것이다. 그러면 이러한 태양은 어떻게 저렇게 뜨겁게 타오를 수 있으며, 태양계의 시작과 함께 타올랐던 저 태양은 앞으로도 지금처럼 영원히 타오를 수 있는 것일까? 태양이 저처럼 빛나는 이유는 무엇이며, 또 앞으로 먼 미래에는 어떤 모습이 될 것인가? 그리고 이 우주에는 도대체 얼마나 많은 태양들이 존재하는 것일까? 이러한 수많은 의문들을 가슴에 품고 이제 태양계 여행의 첫 출발지인 태양으로의 여행을 시작해보도록 하자.

태양계의 지존

태양은 우리 태양계가 만들어지는 시점부터 시작되었다. 태양이 태양계의 어머니라고 불리는 것은 결코 과장이 아니다. 우리 행성들은 태양이 만들어지다가 남은 극히 일부의 부산물에 의해 만들어지며 나온 형제들이다. 태양의 크기는 직경 약 139만km이며 이는 약 100만 개의 지구 부피를 합한 것보다도 크다. 하지만 이 정도로 놀라기는 아직 이르다. 크기만큼이나 태양의 질량도 대단하다. 태양의 질량은 태양계에 소속되어 있는 모든 천체들 질량의 99.8%를 차지할 정도로 엄청난 양이다. 태양을 제외하면 지구를 포함한 다른 모든 행성들과 천체들의 질량은 단지 0.2%에 불과하다. 따라서 사실 태양은 태양계의 거의 전부라고 해도 과언이 아닐 정도이다.

이처럼 거대한 질량을 가지고 있는 태양은 자신의 주변 시공간을 변형시켜 지구를 비롯한 모든 행성들을 복속시키며 태양계 내의 모든 천체들로 하여금 자신의 주위를 공전하게 만들고 있다. 태양계 내에서 태양이 차지하는 의미는 절대적 존재 그 자체이다. 그리고 태양 또한 자신의 행성들과 마찬가지로 스스로 회전을 하는 자전 운동을 하고 있다. 태양이 태어나던 당시에도 태양의 씨앗인 성운을 비롯한 모든 것이 회전하고 있는 상태였음을 상기하자. 태양이 이렇게 자전을 하고 있다는 것은 태양에 발생한 흑점이 보이는 주기를 관찰하면 확인이 가능하다. 태양의 자전 주기는 적도 부분은 약 25일, 극지방은 약 35일 정도로 다르다. 즉, 태양의 적도 지역이 더 빨리 회전을 하고 있는데 이는 태양이 지구와 같은 행성과는 달리 가스로 구성되어 있기 때문으로 알려져 있다.

질량을 에너지로 바꾸는 최고의 천연 발전소

태양은 질량 기준으로 수소(71%), 헬륨(28%)이 대부분을 차지하고 있으며 그 밖의 1%는 산소, 탄소, 질소, 철, 우라늄, 네온 등으로 구성되어 있다. 즉, 사실상 태양은 대부분 수소와 헬륨으로 이루어진 거대한 가스 덩어리인 셈이다. 이런 태양의 중심에서는 거대한 질량으로 인하여 중력이 엄청난 압력으로 작용하고 있다. 이로 인하여 중심핵의 온도는 약 1,500만 도로 상상을 초월할 정도로 뜨거우며 중심 기압은 약 2,400억 기압에 달한다. 이렇게 높은 압력과 뜨거운 환경에서 태양 중심부의 수소 원자들은 미친 듯이 요동치며 여기저기로 움직이려고 할 것이다(주전자에서 끓는 물을 생각해보자. 온도가 올라갈수록 주전자의 뚜껑은 격렬하게 요동을 친다. 이는 높은 온도로 인하여 주전자 속 물 분자들의 운동이 매우 활발해지기 때문이다). 하지만 태양의 거대한 질량에 의해 중심에는 엄청나게 높은 중력이 작용하고 있으므로 이들은 멀리 달아나지 못하고 사로잡힌 채 요동치며 주변 수소 원자핵들 간에 격렬하게 충돌을 일으키게 된다.

이 격렬한 혼돈의 과정에서 수많은 수소 원자들의 충돌로 인하여 수소 원자핵이 헬륨 원자로 서로 합쳐지며 융합하게 되는데 이를 핵융합 반응이라고 한다. 이 핵융합 과정에서 융합된 수소 원자들에서 일부 질량의 손실이 발생하게 되는데, 이때 손실된 질량이 모두 에너지로 변환되면서 엄청난 열을 내뿜게 되는 것이다. 이는 핵융합 과정에서 손실된 질량이 조금의 낭비도 없이 모두 순수한 에너지로 전환되는 것이다. 우리는 보통 이야기할 때 태양이 타오른다고 이야기하곤 하는데, 사실 핵융합 반응은 타오르는 것과는 많이 다른 현상이다. 어떤 대상이 불타오르기 위해서는 산소가 있어야 한다. 하지만 태양 중심핵에는 산소가 거의 없다. 따라서 핵융합으로 인한 폭발은 우리가 주변에서 일상적으로 경험하는, 산소를 매개로 한 연소 작용과는 완전히 다르다. 이것은 엄청나게 거대한 온도와 압력에 의한 수소 원자들의 핵융합 반응에 의해 손실된 질량이 에너지의 형태로 그대로 방출되면서 엄청나게 밝은 빛과 뜨거운 에너지를 생산해내는 것이다. 이것이 바로 태양이 그렇게 오랜 시간 동안 뜨겁고 밝게 빛날 수 있는 이유이다. 만약 태양이 산소와 결합하는 일반적인 연소 과정을 통해서 타오르고 있었다면 그 거대한 크기로 인하여 오래 타오르기는 하겠지만 방출하는 빛은 지금보다 훨씬 어두웠을 것이며 수명도 길어야 100만 년을 넘기지 못했을 것이다. 그러나 오늘 아침 우리의 눈을 밝혀주었던 태양은 약 45억 년 전부터 지구를 그렇게 밝혀주었으며, 앞으로도 지금까지 지내온 시간만큼 자신의 밝은 모습을 유지하게 될 것이다. 별은 그 자체가 이 세상에서 가장 효율이 높은 방법으로 에너지를 만드는 천연 발전소인 것이다.

엄청난 시련과 역경을 딛고 우리에게 도달하는 광자

그렇다면 이렇게 태양의 중심에서 만들어진 빛 에너지는 어떻게 우리의 눈까지 전달될까? 태양의 중심핵에서 만들어지는 에너지가 방출되는 과정을 간단히 살펴보자. 태양의 핵융합 반응에 의하여 방출되는 에너지는 광자(입자라고 생각할 수 있지만 파동의 성질도 가지고 있음)의 형태로 배출된다. 지름 약 10만km 정도로 추정되는 태양의 핵에서는 맹렬한 핵융합 반응에 의하여 많은 양의 광자가 뿜어져 나온다. 지구의 직경이 약 1.3만km이므로 태양의 중심에 존재하는 핵만 별도로 보더라도 지구가 약 1,000개 들어갈 정도로 거대하다. 이렇게 핵으로부터 만들어진 광자들은 약 40만km에 달하는, 열이 직접 전달되는 복사층을 거쳐 태양의 대류층으로 전달이 된다. 이렇게 대류층으로 전달된 광자는 핵의 중심에서 얻은 에너지를 바탕으로 달궈진 상태이기 때문에 대류층 내에서 뜨거워진 상승류를 만들면서 태양의 표면으로 올라가 비로소 태양 바깥으로 탈출하게 된다.

이것이 비로소 태양의 중심핵으로부터 생성된 광자가 태양의 표면 밖으로 나올 수 있게 되는 순간인 것이다. 매일 아침마다 밝은 빛과 함께 우리를 깨워주는 태양의 광자는 불과 8분 남짓이면 태양 표면으로부터 우리 눈에 들어오게 된다. 하지만 매일 아침 내 방문의 유리창을 통과하여 내 얼굴 위에 쏟아졌던 그 광자가 그렇게 쉽게 태양의 중심핵을 탈출하여 나에게 도착할 수 있었던 것은 아니다. 태양의 중심핵으로부터 광자가 탈출하여 나에게 도달하기 위해서는 보통 수만 년에서 수십만 년 이상의 시간이 소요된다. 왜냐하면 태양의 중심핵에는 태양의 질량으로 엄청난 중력이 작용하여 상상을 초월하는 밀도로 수소와 헬륨 원자들이 밀집해 있기 때문이다. 이렇게 원자들이 밀집해 있는 탓에 태양 중심에서 생성된 광자는 서로의 셀 수 없는 빈번한 충돌로 인하여 태양 중심으로부터 탈출하는 것에 방해를 받기 때문이다. 태양의 중심은 마치 놀이동산에 있는 수많은 입자들의 범퍼카장이나 마찬가지이다. 놀이동산의 범퍼카는 우리가 평상시 타고 다니는 자동차처럼 앞으로 잘 나아가지 못한다. 조금만 앞으로 가려고 하면 여기저기에서 충돌해 오는 또 다른 범퍼카에 의하여 요동을 치게 되고 열심히 앞으로 나아가려고 해도 결국은 거의 제자리를 맴돌고 있는 자신을 발견하게 된다.

태양 중심의 광자도 이러한 과정을 수만 혹은 수십만 년 동안 거친 이후에야 비로소 태양을 탈출할 수 있게 되는 것이다. 그렇다.

오늘 아침 우리 눈에 들어온 광자는 단지 8분만에 우리에게 도달할 수 있었던 것이 아니다. 태양의 핵융합 반응에 의하여 태어난 광자는 그가 태어난 이후 수십만 년의 세월을 거치는 동안 수없는 충돌을 겪으며 힘든 고난의 길을 통과하여 마침내 우리에게 올 수 있었던 것이다. 생각해보라! 지금 하늘에서 내려와 내 손 위로 내려앉고 있는 광자들은 인류가 존재하기도 전에 만들어졌던 바로 그 광자일 수도 있다! 태양을 출발하여 엄청난 속도로 우리에게 다가오지만 사실 광자의 이러한 여정은 엄청나게 험난한 과정이었음을 생각해보면 놀라울 따름이다. 하지만 우리는 태양 내부에서 벌어지는 이러한 치열한 상황을 보지 못한 채 단지 태양을 벗어난 광자가 8분 만에 도달하는 광경을 바라보며 그 먼 거리를 짧은 시간에 아무런 어려움 없이 주파하는 그들의 빠르기에 감탄하기만 한다. 이것은 흡사 발레리나 강수진 씨가 무대에서 펼치는 황홀하고 아름다운 몸짓에 감탄을 하지만 그러한 공연을 보여주기 위하여 오랜 시간 노력했던 그녀의 상처 입은 발을 우리는 보지 못하는 것과 같다. 살아가면서 우리는 우리에게 보여지는 어떤 사람이, 어떤 성과가, 어떤 결실이 매우 부러워 보일 때가 있다. 우리는 그들이 가지고 있는 것들에 놀라는 한편, 그들이 누리고 있는 것들을 부러워하게 된다. 하지만 그들이 그러한 놀라운 결과물들을 성취하기 위하여 노력했던, 숨겨진 힘겨운 과정들이 있었음을 놓쳐서는 안 된다. 따라서 우리들 앞에 놓인, 눈에 보이는 결과물들은 우리에게 동기를 부여해주는 자극제로만 활용하고 진정으로 느끼고 배워야 할 것은 그들이 목표를 향해 묵묵히 그리고 성실하게 걸어왔던 노력의 과정임을 잊어서는 안 될 것이다.

격렬하게 요동치고 있는 용광로

태양의 중심 온도는 약 1,500만 도임에 반하여 표면 온도는 약 6,000도 정도이다. 이처럼 높은 온도를 가진 천체임에도 멀리서 얼핏 보이는 태양은 조용히 항상 같은 모습으로 그 자리에서 수줍게 타오르는 것처럼 보인다. 하지만 실제 태양의 표면을 가까이에서 보면 이와는 달리 매 순간 격렬하게 반응하며 폭발하는 에너지로 가득 차 있다. 태양은 수시로 그 얼굴을 바꾸고 있는 성난 용광로와도 같은 것이다. 태양의 표면을 확대해서 보면 마치 쌀알과도 같은 무늬로 가득 차 있는 것이 보인다. 이것은 중심에서 만들어진 에너지가 대류층을 거쳐 표면으로 올라왔다가 다시 내려가는 현상에 의하여 자연적으로 만들어지는 기하학적인 패턴이다. 밝은 부분은 내부에서 막 올라오고 있는 뜨거운 에너지이며, 표면에서 에너지를 잃고 온도가 떨어지면서 다시 태양 속으로 들어가는 부분은 주변보다 검게 보인다. 이렇게 태양의 표면은 뜨거운 물질의 상승류와 하강류로 가득 찬, 매우 역동적인 모습을 보여준다.

뿐만 아니라 이러한 뜨거운 물질이 간헐적으로 태양의 표면을 벗어나 우주 공간으로 방출되는 경우도 발생하는데 가장 눈에 띄는 것은 홍염과 플레어이다. 마치 불타는 깃털처럼 보이는 홍염과 플레어의 격렬한 불꽃은 그 규모 또한 거대하여 지구에서도 관찰이 가능할 정도이다. 따라서 이러한 현상들은 뜨겁고 강렬한 에너지를 방출하고 있는 태양의 역동적인 모습을 가장 잘 대변해준다고 할 수 있다. 홍염과 플레어는 외관상으로는 비슷하게 보이기도 하지만 사실 발생 원리와 지속 시간은 서로 상당히 다른 특징을 보여준다. 일단 홍염과 플레어는 모두 흑점 주변에서 발생한다. 흑점은 태양의 강한 자기장에 의하여 핵에서 발생된 에너지가 대류에 의해 표면까지 원활하게 잘 전달이 되지 못하는 지역이 발생하면서 마치 검은색 점처럼 보이는 현상이다. 완벽한 원리로 운영되고 있는 것과 같은 천연 발전소인 태양에게도 이런 결함들이 존재하고 있다. 흑점은 태양 내부에서의 에너지 전달 방법인 대류가 방해를 받는 영역이기 때문에 주변보다는 약간 온도가 낮은 영역인 것이다. 하지만 이름과는 달리 흑점이 실제 검은색은 아니다. 사실은 흑점도 상당한 밝기를 내고 있으나 주변의 밝기보다는 상대적으로 어둡기 때문에 마치 검은 것처럼 보이는 일종의 착시 현상이다.

홍염은 이러한 흑점 부근에서 대류하는 높은 에너지의 가스 물질들이 태양의 표면 바깥으로 분출하면서 발생하는 현상이다. 홍염은 태양의 표층으로부터 코로나 영역까지 때로는 수십만km까지 솟구치며 분출하는 장관을 만들어내기도 하는데, 이렇게 거대한 한 줄기의 홍염은 지구를 몇 개 삼키고도 남을 정도이다. 홍염의 온도는 수천~수만 도에 이르며, 한번 발생된 홍염은 수일~수주까지 상당히 긴 시간 동안 지속된다. 반면 플레어는 그 이름처럼 흑점에서 갑자기 발생하는 폭발 현상이다. 흑점이 발생한 영역에서는 태양의 자기장에 의하여 대류가 방해를 받게 되는데 그럼에도 불구하고 태양 내부에서 지속적으로 에너지가 발생하고 있어 대류를 방해하는 자기장에 대항하여 일부 영역에서 그 에너지가 방출되지 못하고 계속 쌓이게 된다. 그러다가 자기장이 약해진 어느 지점이 발생하면 그 지점에서 억눌러져 있던 응축된 에너지가 한꺼번에 폭발하면서 외부로 분출이 되는 것이다. 이렇게 플레어는 응축된 에너지의 순간적인 발산이기 때문에 홍염보다 훨씬 높은 온도를 나타내는데 보통 수백만~수천만 도에 이를 정도이다. 태양의 표면 온도가 약 6,500도에 불과한 것을 상기해보면 플레어가 일시적으로 방출하는 에너지가 얼마나 높은 것인지 조금이나마 가늠할 수 있다. 대신 이러한 플레어는 순간적인 폭발 현상이므로 지속 시간 또한 수초~수십 분 정도에 불과하다. 플레어 현상으로 인하여 순간적으로 뿜어져 나오는 에너지는 매우 크지만, 지속 시간은 반대로 매우 짧은 것이다.

태양 표면에서 발생하는 이러한 강력한 에너지 분출은 지구에까지 도달하여 전파 장애를 일으키면서 각종 전자 장비에 영향을 주기도 한다. 또한 태양으로부터 분출되는 대전된 입자들이 극지방 주변에서 지구 자기장의 영향을 받아 대기로 진입하면서 공기 입자들과 충돌하여 아름다운 오로라를 일으키기도 한다. 이렇게 홍염과 플레어는 현재 태양의 표면이 결코 고요하지 않고 격렬한 요동의 현장이라는 것을 잘 보여주는 현상으로, 태양으로부터 1억 5천만㎞ 떨어져 있는 지금의 우리에게도 영향을 미치고 있다. 홍염과 플레어는 주로 흑점 주변에서 발생하기 때문에 학자들은 태양의 흑점을 연구하면서 이러한 현상들이 언제 발생하게 될지를 예측하고 있다.

태양계 밖을 벗어난 인류의 흔적

태양의 표면을 벗어나면 바깥쪽에는 흐릿한 태양의 대기층인 채층과 태양 주위를 감싸고 있는 코로나가 존재한다. 이들은 평상시에는 우리 눈에 잘 보이지 않지만 일식 때 특수 망원경이나 검은색으로 코팅된 유리 등을 이용하면 관찰이 가능하다. 흥미로운 것은 태양의 표면 온도가 6,000도에 불과한데 반해 태양 외부에 존재하는 코로나의 온도는 오히려 100만 도 이상으로 엄청나게 높다는 것이다. 태양 대기의 온도가 왜 이렇게 높은지는 여러 가지 학설로 이야기되고 있으나 아직까지 명확하게 설명이 되지는 않고 있다. 코로나는 대부분 아치 모양으로 태양의 둘레에 머무르게 되지만 가끔은 우주 공간으로 방출되는데, 이를 태양풍이라고 하며 그 속도는 초속 약 800㎞에 달하여 이는 약 1초 만에 한반도에 해당하는 거리를 지나가는 것과 같은 엄청난 속도이다.

이렇게 방출된 태양풍은 태양계의 가장 끝 행성인 해왕성을 넘어서까지 전달이 된다. 태양으로부터 약 46억㎞ 떨어져 있는 해왕성도 그 양이 미미하기는 하지만 어머니 같은 태양의 따스한 온기를 조금이나마 느끼고 있는 것이다. 따라서 태양계의 정의를 태양풍이 영향을 미치는 거리 내로 정의하기도 한다. 태양풍이 미치는 범위는 '헬리오스 피어'라고 부르는데 이 범위는 해왕성을 훨씬 뛰어넘어 먼 거리까지 미친다. 1970년대에 발사되었던 보이저 1호가 2012년 이 태양풍이 미치는 범위를 넘어서면서 명실상부하게 태양계를 최초로 벗어나게 된 인공물로 기록되었는데 이때 당시 보이저 1호의 위치는 태양으로부터 약 220억㎞ 떨어져 있었다. 태양으로부터 지구까지의 거리가 약 1.5억㎞임을 고려하면 단 하나의 태양에 의하여 영향을 받는 태양계의 범위는 태양과 지구 사이 거리의 약 150배 가까이 된다는 것을 알 수 있다.

이처럼 태양계는 태양을 중심으로 형성된 하나의 생태계이며, 이 태양계 내에서 태양의 존재는 절대적이다. 우리가 살고 있는 지구도 태양과 함께 형성되었으며, 앞으로 태양의 운명이 다할 때 지구상 생명의 불씨도 같이 꺼지게 될 것이다.

태양계를 이해할수록
밤하늘로의 우주여행이 풍성해지는 이유

우리는 지금까지 태양계의 주인공인 태양에 대한 이야기를 하였다. 우리가 매일 아침마다 별다른 감흥 없이 만나고 있는 태양은 사실 생각보다 역동적이며 우리의 예상을 뛰어넘는 수준의 거대한 에너지를 지금도 끊임없이 방출하며 태양계의 행성들에게 따뜻한 온기를 전달해주고 있다. 태양이 선사시대 이전부터 인간들의 숭배를 받아온 것은 결코 우연이 아니었다. 우리가 태양에 대하여 알아가면 알아갈수록 그가 가진 능력과 신비스러움의 크기는 오히려 더욱 커지고 있다. 그러면 이러한 태양의 온기 아래 이끌리고 있는 태양계의 행성들에 대하여 간단하게 알아보도록 하자.

이 우주는 우리의 태양과 같은 수많은 별들과 그 별들에 의하여 만들어진 생태계를 이루는 수많은 행성들로 구성되어 있다. 그러므로 우리의 태양계를 알아가는 여정은 바로 서 멀리서 빛나는 또 다른 항성계들을 알아가는 과정이기도 하다. 이 과정을 통해서 우리는 하나의 별을 바라볼 때 그 별들 또한 어떠한 행성들과 어떠한 역사를 가지고 있을지에 대해 상상의 나래를 펼쳐볼 수가 있게 될 것이다. 이러한 것들이 결국은 밤하늘로부터 보여지는 별빛들에 대한 상상의 우주여행에서 느껴지는 감정들을 풍부하게 만들어준다. 이것이 우리가 태양계의 모습을 잘 알고 있으면 알고 있을수록 우리가 상상의 우주여행에서 느낄 수 있는 감성이 더욱 풍부해질 수 있는 이유이다. 따라서 어린 시절부터 익숙하게 들어온 우리 태양계의 행성들이긴 하지만 곳곳에 생각 이상의 재미를 선사해주는 관광 포인트들이 있으므로 저 넓은 우주로 나아가기 전에 찬찬히 우리 주변을 둘러보는 가벼운 마음으로 산책을 떠나보도록 하자.

서로 다른 느낌을 주는 지구의 두 가지 모습

가장 먼저 이야기할 행성은 바로 우리가 살고 있는 지구이다. 오랜 시간 동안 인류는 지구에 살면서도 우리 지구라는 행성이 어떤 모습을 하고 있는지 직접 보지 못하였다. 우리가 우리 자신을 바라볼 수 있게 된 것은 20세기 후반에 들어서였다. 인공위성을 통하여 지구 밖 우주에서 바라보는 지구의 모습은 더할 나위 없이 아름다운 옥빛 진주 모습을 하고 있었다. 따라서 지구는 꼭 우리가 살고 있는 공간이기 때문이 아니라 이 근처를 지나가는 모든 생명의 이목을 끌 수 있을 정도로 매혹적인 모습이었다. 이렇게 가까이에서 관찰한 아름다운 지구의 모습뿐만 아니라, 칼 세이건의 저서 『창백한 푸른 점』에 등장하는, 머나먼 우주 공간에서 촬영되어 너무나도 평범해 보이며 심지어 초라해 보이기까지 하는 지구의 모습도 또 다른 의미의 감동을 선사해준다. 그러므로 서로 다른 느낌을 주는 지구의 모습을 잠시 감상해보도록 하자.

출처: NASA

먼저 아름다운 지구를 가까운 우주로 나아가 바라본 모습이다. 어두운 우주 공간을 배경으로 마치 진주처럼 빛나는 지구는 그야말로 너무나 아름다운 모습이다. 이 우주에 우리와 같은 지구가 하나만 존재한다면 그것은 엄청난 공간의 낭비라는 표현이 있다. 우주가 얼마나 거대한지를 상상해보면 생명체가 존재하는 행성이 우리 지구 하나만 존재할 리는 없다는 의미이다. 이러한 말에 격하게 공감하면서도 이렇게나 아름다운 모습을 하고 있는 천체를 바라보고 있노라면 이토록 아름다운 천체는 이 세상에서 우리 지구 말고는 절대 존재할 리가 없을 것이라는 생각이 들기도 한다.

다음은 이와는 달리 아주 먼 거리에서 지구를 촬영한 사진이다. 1990년 태양계의 가장자리인 명왕성 근처에서 방향을 돌려 촬영된 한 장의 사진이 지구로 전송되었다. 그리고 이 사진을 본 칼 세이건의 감상평은 정말 필자에게도 가슴 깊은 큰 울림으로 다가왔다. 그동안 우리가 세상의 전부라고 생각했던 지구는 이 사진에서 화면의 아주 작은 픽셀 하나의 크기보다도 작게 찍혀 있었다. 인류가 탄생한 이후 지금까지 걸어왔던 기쁨과 슬픔, 그리고 축복과 저주, 정복과 평화를 비롯한 모든 것이 그 작은 점에 모두 담겨 있었다. 한없이 크게 보였던 우리의 생활 무대인 지구가 우주 공간에서 바라보면 얼마나 초라하게 보이는지를 잘 표현한 그의 감상평은 이제 우주여행을 시작하려는 여러분께 많은 의미를 전달해줄 것이다. 혹시 아직 읽어보지 않으신 분들은 꼭 한번은 읽어보실 것을 추천드린다.

출처: 『코스모스』(칼 세이건), 창백한 푸른 점

61억㎞ 거리에서 보이저 1호가 촬영한 지구의 사진이다. 태양 반사광 속에 있는, 파란색 동그라미 속 희미한 점이 지구이다. NASA 보이저 계획에 참여한 칼 세이건 박사가 명왕성 탐사를 마치는 시점에서 렌즈를 지구 방향으로 돌려 촬영할 것을 건의하여 촬영되었다. 사실 칼 세이건 박사가 이 제안을 처음 한 것은 보이저호가 토성을 지나고 있던 시점이었다. 하지만 보이저호의 카메라를 태양 방향으로 돌려 예정에 없었던 지구를 촬영한다는 것은 크나큰 모험이었다. 자칫 지구로 카메라를 돌리는 과정에서 강렬한 태양에 의하여 카메라나 각종 센서에 이상이 생기면 태양계 끝으로의 여정을 목표로 하는 보이저호 프로젝트 전체에 차질이 발생할 수도 있었기 때문이다. 그래서 칼 세이건의 이러한 제안은 보이저호가 태양계의 가장 바깥쪽 행성인 명왕성을 지나가는 시점에서야 실행에 옮겨지게 된다.

보잘것없을 것이라고 생각되었던 저 먼 우주 공간으로부터 촬영된 이 사진 한 장은 이 세상의 전부라고 여겨졌던 지구의 모습이 조금만 떨어진 우주 공간에서는 실제 어떻게 보여지고 있는지를 만인에게 깨닫게 해주면서 전 세계의 많은 사람들에게 돈으로는 결코 환산할 수 없는 강렬한 영감을 주었다. 꺼질 듯이 창백하게 빛나는 저 작은 푸른 점 안에서 우리의 모든 과거와 현재 일상이 오늘도 진행되고 있으며, 우리의 미래 또한 이 작은 점 안에서 모두 다 이뤄지게 될 것이다.

여러 가지 대상을 촬영한 수많은 사진들 중에서 가까이에서 찍은 사진과 멀리서 찍은 사진이 이렇게 다른 의미를 느끼게 해주는 대상이 또 있을까? 이렇게 서로 다른 거리에서 찍은 지구의 사진은 우리에게 지구에 살아가는 하나의 구성원으로서 가슴 깊은 울림을 선사해준다.

지구 탄생 이후 37억 년이라는 시간

봄기운이 완연한 어느 따뜻한 봄날에 싱그러운 봄기운을 가슴 깊이 호흡하면서 찬찬히 우리 주변을 둘러보자. 우리가 살고 있는 현재의 지구는 짙은 푸르름으로 싸여 있으며 활기찬 생명으로 가득 차 있다. 하지만 우리의 지구가 태어났을 때부터 이렇게 생명으로 가득 차 있는 행성은 아니었다. 태양계 형성 초기에는 앞서 이야기했던 것처럼 소행성과의 충돌이 빈번하게 발생하며 뜨거운 용암의 바다가 지구 전체에 솟구치고 있던, 무시무시한 곳이었다. 생명체가 잉태되기 위해서는 반드시 액체 상태의 물이 필요하다. 하지만 이 시기의 지구에서는 높은 온도로 인하여 물은 사정없이 끓어서 곧 증발이 되어버렸다. 지구의 표면에서 물이 액체 상태로 유지될 수 있었던 것은 수많은 천체들과의 충돌이 점차 줄어들면서 지구의 표면이 충분히 식게 되었던, 지금으로부터 약 38억 년 전 정도이다. 액체 상태의 물의 존재는 곧 생명체가 탄생하여 생존할 수 있는 환경을 만들어줬다. 이러한 환경에서 어떤 이유인지 모르지만 세포 단위의 생명체가 출현하게 된 것은 약 37억 년 전 정도로 여겨진다. 액체 상태의 물에서 생명의 기원이 만들어지는 데 걸린 시간이 약 1억 년인 셈이다.

이 정도의 시간도 상상을 뛰어넘는 영겁의 시간임에는 틀림없지만 그로부터 인류와 같은 고등동물로까지의 진화가 37억 년이나 걸린 것을 생각해본다면 가혹했던 지구 초기 환경에서 1억 년이라는 시간 후에 생명의 기원이 발생한 것은 정말 기적과도 같은 행운이라고 봐야 할 것이다. 물론 생명의 기원이 출현한 이후 지금과 같이 고등동물로 가득 찬 세상이 되기까지 지구가 평탄한 길만을 걸어온 것은 아니었다. 연구 결과에 따르면 약 25억 년 전과 6억 년 전쯤에는 지구 전체가 완전히 동결되는 이른바 '지구 동결' 상태를 겪은 것으로 여겨진다. 만약 이때 지구 주위를 여행하던 우주인이 우리의 지구를 보았다면 얼음으로 가득 차서 생명체가 살 수 없는, 순백색의 척박한 지구의 모습을 보고 스쳐 지나갔을 것이다. 이러한 지구 동결 상태에서는 지구상 생명체의 거의 80~90%가 사라졌을 것으로 보고 있다. 지구 동결뿐만 아니라 외부로부터의 운석 충돌과 같은 급격한 환경 변화로 인하여 지구는 여러 번의 생명체 절멸 위기를 경험하게 된다. 지금 우리의 지구는 이러한 오랜 기간 동안의 혹독한 시련을 거쳐서 현재 생명의 번영을 누리고 있는 것이다.

한때 완전 동결 상태였던 지구의 모습(유니버스 샌드박스 시뮬레이션)

지표면에 풍부한 물을 가지고 있던 지구의 환경은 생명체를 잉태하기에 아주 좋은 환경이었다. 몇 번의 절멸 위기를 겪기는 했지만 생명의 뿌리는 멈추지 않고 오랜 시간 동안 진화를 계속해나갔다. 하지만 이러한 진화는 물이 존재하는 바닷속이라는 공간의 한계를 가지고 있었다. 녹조류가 진화하면서 본격적으로 육지에 육상 식물로 진출하게 되었던 것은 약 5억 년 전으로 여겨진다. 이렇게 광합성을 하는 생명체가 바다뿐만 아니라 육지에도 폭넓게 확산이 되면서 지구의 대기 중 산소의 농도는 점차 증가하게 되었으며, 이것은 다양한 고등 생명체들이 본격적으로 출현할 수 있게 되는 계기가 된다. 이렇게 육상에 처음으로 녹조류가 진출을 하며 본격적인 생명체의 시대로 전환된 것은 불과 5억 년 전의 일이다. 지구의 나이가 45억 년임을 감안하면 이렇게 푸르른 대지와 생명을 가진 것은 비교적 최근에 일어난 일임을 알 수 있다. 생명의 기원인 세포들이 분열을 할 때 그 개수가 기하급수로 늘어나게 되듯이, 지금의 이렇게 많은 생명체들의 종류는 지구 전체의 일생을 놓고 보면 비교적 최근에 그 종이 다양하게 기하급수로 늘어나게 된 것이다.

지금까지 간단하게 살펴본 지구의 발전 과정을 돌이켜보면 행성에서 고등 생명체가 탄생하기까지의 과정은 결코 쉬운 과정이 아닌 것임을 알 수 있다. 지금의 우리가 있기까지 지구는 셀 수 없이 많은 시련과 위기를 겪어온 것이다. 그렇기 때문에 우리 우주가 아무리 끝없이 거대하다고 하더라도 우리와 같은 고등 생명체가 이우주 어디엔가 확실히 존재한다고 단정하기는 어려운 것이다. 한번 생각을 해보자. 뒤에서 알게 되겠지만 이 우주의 나이는 약 138억 년 정도이다. 그런데 지구에서 생명의 기원이 만들어진 이후 우리와 같은 고등 생명체로 진화하기 위해서는 약 37억 년의 시간이 걸렸다. 우리는 가까스로 여러 번의 생명체 절멸의 위기를 넘겨왔지만, 혹시라도 이 위기를 극복하지 못한 행성은 안타깝게도 모든 생명체가 절멸의 길을 걷게 되었을 것이다. 그리고 138억 년이라는 우리 우주의 역사를 고려했을 때, 이렇게 완전히 절멸이 된 생명체가 새롭게 태어나 다시 우리와 같은 고등 생명체로 진화하기까지는 우주 창조 이후 단지 약 3번 정도만의 기회만 주어졌을 뿐이다 (우주의 나이 138억 년을 고등 생명체가 만들어지는 데 걸렸던 시간 37억 년으로 나누어보자). 이것은 우주에서 생명체로 가득 찬 지구라는 존재가 가지는 중요성을 우리에게 다시 한번 일깨워준다.

달은 한때 지구의 일부였다

우리에게나 언제나 같은 면만을 보여주고 있는 달. 그래서 일부 음모론자들은 달의 뒤편에는 우주인들의 기지가 존재할 것이라는 주장을 하기도 하였다. 수많은 화구로 덮여 있는 달 표면을 보고 있으면 수많은 충돌로 격동하던 과거 초기 태양계 시절의 혼돈이 생생하게 느껴진다.

지구는 그 자체로 독보적인 아름다움과 함께 다른 행성들과는 차별되는 또 다른 차이점을 가지고 있다. 그것은 바로 지구의 덩치에 어울리지 않게 거대한 위성인 달이다. 태어났을 때부터 항상 그 자리에서 듬직하게 밤하늘을 밝혀주고 있는 달은 사실 크기 면에서 태양계 내에서는 상당히 이례적인 천체이다. 달은 직경 기준으로는 지구의 1/4 수준에 이를 정도로 거대한 크기이다. 지구는 태양계 내의 행성 중 모성 대비 가장 큰 크기의 위성을 보유하고 있는 것이다.

지구 크기의 행성이 처음부터 이처럼 거대한 위성을 보유하기는 쉽지 않았을 것이다. 그렇게 큰 크기의 위성이었다면 애초에 형성 단계부터 중력에 의하여 서로 융합되었을 것이기 때문이다. 학계의 연구에 따르면 달은 지구에 화성 크기 정도의 천체가 충돌하면서 그 충격으로 지구의 일부가 찢겨져 나온 것으로 보고 있다. 이것은 인류가 달에 도착했을 때 달로부터 가지고 온 달 표면 시료를 분석한 결과가 지구 성분과 완전히 동일하다는 것이 밝혀지면서 과학적으로 증명되었다. 달이 만들어질 정도의 거대한 충격은 지구에도 커다란 변화를 주었다. 이 충격으로 인하여 지구 자전의 속도가 빨라졌을 뿐만 아니라 지구 자전축 또한 지금과 같이 23.5도의 기울기를 가지게 된 것으로 여겨진다. 당시 지구에게 있어서 이처럼 화성 크기를 가진 거대한 천체와의 충돌은 상당한 충격이었을 것이다. 하지만 이 충돌로 인하여 우리는 밤하늘을 허전하지 않게 해주는, 우리의 벗과 같은 지금의 달을 가질 수 있게 되었으며 이때 기울어진 자전축으로 인하여 봄, 여름, 가을, 겨울 4계절의 변화를 가질 수 있게 되었다.

유니버스 샌드박스 시뮬레이션

　지구와 달이 충돌하는 장면이다. 끔찍한 비극과 같은 상황이지
만 초기 태양계 시대에는 이와 같은 대규모의 천체 충돌이 드물지
않게 발생하였다.

　만약 원시 태양계 시절 이 거대한 이벤트가 없었다면 우리는 달
이 없는 밋밋한 밤하늘과 계절 변화가 없는 뜨거운 적도와 차가운
극지방만을 가지고 있었을 것이다. 이 시기의 큰 시련이 있었기에
지금의 달과 아름다운 4계절을 가질 수 있게 된 것이다. 아무튼
이런 이유로 초기에 달은 지금보다 훨씬 지구와 가까이 있었다. 따
라서 달이 만들어진 초기에는 밤하늘에 달이 지금보다 몇 배는 더
크게 보이는 장관이 연출되었을 것이다. 이후 달은 조금씩 지구로
부터 거리가 멀어지고 있는데 지금도 1년에 약 3㎝씩 지구로부터
멀어지고 있다. 따라서 약 6억 년 후에는 지금과 같이 달의 그림자
가 태양을 가득 가리는 개기일식을 볼 수 없게 될 것이다. 그리고
이보다 더 많은 영겁의 시간이 흘러간 먼 훗날에는 하늘 위의 다
른 천체들과 쉽게 구분을 할 수 없을 정도로 작게 관찰이 될지도

모른다. 우리의 후손들이 언제나 아무런 조건 없이 밤하늘에서 항상 거대한 아름다움을 선사해주는 달을 언젠가는 볼 수 없을 것이라는 생각을 하게 되면 벌써 무엇인가 서운한 기분이 들게 된다.

천체들을 감상하기 위한 아주 효율적인 도구

우리가 매일 밤 만날 수 있는 달을 한번 자세히 들여다보자. 그리 비싸지 않은 가정용 쌍안경만 있어도 달 표면의 수많은 분화구들을 비교적 자세하게 관찰할 수 있다. 달이 가지고 있는 표면의 이러한 화구들은 모두 소행성이나 운석들의 충돌로 만들어졌다. 태양계 형성 초기에는 지금보다도 엄청난 양의 소행성이나 운석이 태양 주위를 돌고 있었으며, 이로 인한 운석 간의 충돌 또는 행성 간의 충돌이 빈번하게 발생하였다. 달 표면에 나 있는 수많은 화구들은 그 시절의 역사를 그대로 간직한 채 과거에 뜨겁게 타올랐던 당시 혼돈의 현장을 지금의 우리에게 여과 없이 보여주고 있는 것이다. 이렇듯 초기 태양계 형성 과정은 불타오르는 중앙의 태양과 지구 내부에서 일어나는 화산 폭발, 그리고 외부로부터의 운석과 소행성들의 충돌부터 깨지고 폭파되는 행성들로 가득 차 있던 혼란스러운 격동의 시기였다. 하지만 이러한 혹독한 과정을 거치면서 행성들은 지금의 모습으로 성장을 해나간 것이다.

출처: NASA

필자는 가끔 가지고 있는 쌍안경을 활용해서 달의 분화구를 관찰하곤 하는데, 선명한 달의 분화구 흔적 하나하나를 볼 때마다 과거의 격렬했던 충돌의 현장이 고스란히 내 가슴까지 전해지는 것이 느껴진다. 혼돈의 상태를 거치고 태양이 태어난 지 약 45억 년의 세월이 흐른 지금 우리는 생명으로 가득 찬, 한없이 고요해진 어느 한 행성 위에서 차 한잔의 여유로움과 함께 우주의 아름다움을 즐길 수 있게 된 것이다. 큰 비용을 지불하지 않고도 우주의 아름다움을 관찰할 수 있는 방법은 많이 있다. 필자는 15×70 배율의 쌍안경을 보유하고 있는데, 이 쌍안경을 활용하면 달 분화구는 물론이고 목성이 가지고 있는 4개 위성들의 위상 변화까지도 관찰할 수 있다. 뿐만 아니라 안드로메다 은하나 플레이아데스 성단과 같이 별들의 무리를 관찰하기에도 매우 훌륭한 도구이다. 필자는 천체를 관측하는 방법으로 고가의 천체 망원경보다 쌍안경을 추천하는데, 그 이유는 가격이 저렴할 뿐만 아니라 휴대가 간편하고 낮에도 풍경을 감상하는 데 활용할 수 있는 등 장점이 매우 많기 때문이다. 사실 고가의 망원경을 구비한다고 하더라도 우리가 사진첩에서 보아왔던 수준의 해상도를 기대할 수 없을 뿐만 아니라 별들을 관찰하기 위해 찾아가는 과정 또한 쉽지 않기 때문에 실망을 하는 분들도 많이 있다. 따라서 취미 수준에서 밤하늘의 천체를 감상하기 위한 도구인 쌍안경만으로도 충분한 기쁨을 느낄 수 있으므로 생각이 있으신 분들은 한번 도전해보시기를 추천해드린다. 분명 여러분들에게 새로운 즐거움을 가져다줄 것이다.

초기 격동의 흔적을 스스로 치유한 강인한 지구의 복원력

지금은 이런 평화로운 시기를 즐길 수 있게 되었지만 우리 지구도 과거에는 달이나 그 밖의 다른 행성들처럼 엄청나게 많은 운석과 소행성의 충돌을 견디어왔다. 하지만 다른 행성들과는 달리 지구에서는 주변에서 화구의 흔적을 거의 볼 수가 없다. 그것은 지구에는 대기가 존재하여 풍화와 침식작용으로 그 흔적이 조금씩 지워지기도 하지만 가장 큰 이유는 바로 지구의 표면(지각)이 지구 내부의 맨틀에 의하여 대류 운동을 하고 있기 때문이다. 이러한 과정을 통해서 오래된 지각은 지구 내부로 들어가면서 소멸되고 새로운 지각이 태어나고 있으며, 이 과정에서 가끔 응축된 에너지가 한꺼번에 발산되면서 지진이 발생하기도 한다. 우리의 지구에도 태양계 초기 시절에는 수많은 미행성과 운석, 소천체들의 충돌이 빈번하였으며 수많은 상처와 충돌의 흔적을 가지고 있었다. 지구만이 어떤 특별한 대접을 받은 것은 아니었을 것이다. 하지만 지구 중심의 핵과 맨틀의 존재로 인한 지각의 운동으로 인하여 마치 성형수술을 한 듯이 그 아픈 상처를 모두 스스로 치유한 것이다. 지구가 지금의 매끄럽고 아름다운 모습을 가지게 된 것은 지구가 스스로 강인한 회복력을 가졌기 때문이다. 그런데 인류가 화석연료를 발견한 지 불과 200여 년 만에 우리 지구는 그 복원력을 잃을 지도 모르는 심각한 위기에 직면해 있다. 하지만 지금까지 지구가 보여줬던 자연의 복원력은 우리에게 아직도 늦지 않았음을 알려주고 있다. 그리고 이렇게 강인한 지구의 자연 치유력이 아직 존재하기 때문에 이미 많이 상처받은 지구가 다시 건강해질 수도 있다는 믿음을 가질 수 있다. 이것이 자연을 보호하는 우리의 노력이 앞으로도 지속 되어야 하는 이유이기도 한 것이다.

작지만 단단한 육체를 가지고 있는 태양의 전령

수성은 태양과 가장 가까이 있는 행성이다. 태양과 매우 가까이 있기 때문에 낮에는 작열하는 태양으로 인하여 지표면의 온도가 430도에 이른다. 이는 웬만한 금속도 녹일 수 있을 정도의 온도이다. 반면 태양의 반대편인 밤에는 영하 200도까지 떨어지는, 매우 극한의 환경을 가지고 있다. 태양과 가장 가까운 위치에 있음에도 불구하고 태양의 온기가 직접 전달되지 않는 영역은 이처럼 가혹한 추위를 감내해야 한다. 이처럼 태양계 내에서 빛의 일조권의 중요성은 태양과 가장 가까운 위치라고 해도 예외 없이 적용되고 있다.

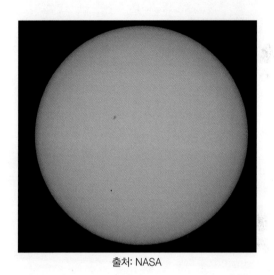

출처: NASA

수성은 태양과 가까이 있기 때문에 오히려 관찰이 어려운 행성이다. 너무나도 밝은 태양의 빛으로 인하여 관찰이 어렵기 때문이다. 수성은 태양과 지구 사이를 백 년에 13번 정도를 스쳐 지나가게 되는데, 앞의 사진은 2016년 5월 이때를 포착하여 촬영된 사진이다. 태양 중심 왼쪽 아래 방향으로 7시 방향쯤에 마치 점과 같이 보이는 것은 인쇄 오류로 만들어진 점이 아니다. 이 점이 바로 거대한 태양의 주변에서 총총히 주변을 공전하고 있는 화성이다. 웅장한 태양 아래에서 더욱 겸손해지는 화성의 존재를 확인할 수 있다.

출처: NASA

수성은 모양이 달과 매우 흡사하다. 앞의 사진은 나사의 탐사선 '메신저'가 포착한 수성이다. 수성은 태양과 너무 가깝기 때문에 허블 망원경으로도 관측이 어렵다. 따라서 상대적으로 가까운 거리임에도 이렇게 수성의 표면을 자세히 확인할 수 있게 된 것은 우리가 탐사선을 우주에 보낸 이후 비로소 가능해졌다.

수성의 이름 머큐리(Mercury)는 태양계의 다른 행성들처럼 그리스 신화에서 유래되었다. 신화 속의 머큐리는 전령의 신으로서 항상 신들 곁의 가까운 곳에서 신들을 보좌하는 역할을 하였으며, 날개가 달린 신발을 신고 있었던 덕분으로 매우 민첩하고 빠르게 움직일 수 있었다. 태양은 고대인들에게 신과 같은 절대적인 존재였다. 그리고 태양의 가장 가까운 위치에서 마치 태양의 전령처럼 빠른 속도로 공전을 하고 있었기 때문에 수성은 정말 자신에게 어울리는 이름을 가지게 된 셈이다. 수성은 태양과 가장 가까우면서 또 태양계의 8개 행성 중 가작 작은 행성이기도 하다. 수성은 지구 지름의 약 0.38배 정도로, 지구의 절반에도 훨씬 못 미치는 크기이다. 하지만 덩치가 작다고 수성을 얕보아서는 곤란하다. 수성은 크기는 작지만 덩치에 비해서는 밀도가 상당히 큰 편인데, 이는 철과 니켈 등으로 구성되어 있는 무거운 핵 부분이 수성 전체의 대부분을 차지하기 때문이다. 보기보다는 무게가 나가는, 탄탄한 육체를 가진 행성이라는 이야기다. 이는 아마 원시 태양계 형성 과정에서 태양 중력의 영향으로 가벼운 원소들은 태양에게 빼앗기고 상대적으로 무거운 원소들 위주로 행성이 형성되었기 때문일 것이다. 수성은 그 나름대로 자신이 가진 많은 것을 그의 주군에게 내주었지만 여전히 태양계의 행성이라는 자신의 정체성은 잃지 않고 유지하고 있는 셈이다.

초기 태양계 중심에서 가장 큰 질량을 가지고 있던 태양은 주변의 수많은 크고 작은 천체들을 흡수하며 삼켰을 것이다. 따라서 태양과 가장 가까운 곳에 있던 수성은 주변에서 몰려드는 수많은 천체들을 자신의 온몸으로 맞서며 버텨내야 하는 시절을 견뎌내었을 것이다. 그리고 그 격동의 현장을 겪었던 혼돈 의 순간을 자신의 육체에 간직한 채 지금의 우리에게 보여주고 있는 것이다. 수성은 59일에 한 번 자전을 한다. 따라서 수성에서는 지구 기준으로 태양이 약 두 달 만에 한 번씩 뜨고 지는 셈이다. 따라서 수성에서 하루를 보내기 위해서는 상당한 인내심을 가지고 시간을 보낼 계획을 꼼꼼하게 세워야 할 것이다. 이에 비하여 태양의 주위를 한 번 회전하는 공전 주기는 약 88일로, 지구에 비하면 매우 빠른 속도로 태양 주위를 돌고 있다.

그리고 수성은 태양계 내의 행성 중 가장 빠른 속도로 움직이는 행성이다. 수성이 이렇게 빨리 태양 주위를 공전하는 이유는 태양과 가장 가까이에 위치해 있기 때문이다. 태양의 중력은 가장 가까이 있는 수성에서 가장 강하다. 이렇게 태양계 행성 중 가장 강한 중력의 영향을 받기 때문에 가장 빠른 속도로 태양 주위를 돌며 태양의 중력과 반대 방향으로 원심력을 만들면서 태양의 중력과 상쇄시키며 힘의 평형을 유지하고 있는 것이다. 만약 수성의 공전 속도가 지금보다 더 느렸다면 수성은 태양의 중력을 버티지 못하고 거대한 태양 속으로 빨려들어가 그 흔적을 찾아볼 수 없었을 것이다. 이러한 원리로 태양계 행성들은 태양으로부터의 거리가 가까울수록 더 빠르게 태양 주위를 공전하고 있다.

태양과 가까운 행성일수록 공전 속도는 빠르다

앞서 이야기했던 것처럼 행성의 공전 속도는 태양과 가까울수록 빨라지고 멀수록 느려진다. 이는 태양 중력의 영향을 받는 행성들이 보여주는 자연스러운 현상이다. 이와 비슷한 현상들을 우리는 주변에서도 많이 경험할 수 있다. 이러한 현상을 보다 쉽게 이해하기 위하여 단단한 끈과 돌멩이 하나를 준비해보도록 하자. 끈의 한쪽 끝에 돌멩이를 단단하게 묶고 다른 한쪽 끝을 잡고 머리 위로 끈을 돌려보도록 하자. 돌멩이가 내 머리 위에서 돌아가기 시작하면 나의 팔은 바깥으로 작용하는 어떤 힘을 받는다. 이것이 돌멩이가 회전을 하면서 만들어내는 원심력이다. 돌멩이가 내 머리 위에서 계속 회전 운동을 하게 하기 위해서는 적정한 힘을 주어야 한다. 돌멩이를 너무 세게 잡아당기면(중력이 너무 강하면) 돌멩이가 내 얼굴로 디가와 내 머리를 때리게 될 것이고, 너무 약하게 당기면(중력이 너무 약하면) 돌멩이는 회전을 하지 못하고 떨어져버릴 것이다. 내 머리 위에서 돌멩이를 계속 회전 운동하게 하기 위해서는 내가 잡아당기는 힘(중력)과 돌멩이가 바깥으로 날아가려는 힘(원심력)이 평형을 이루어야 한다. 이제 내가 가진 줄의 길이를 점점 늘려보도록 하자. 돌멩이가 내 머리 주위를 회전하는 속도는 줄의 길이가 늘어날수록 느려지게 된다. 이것이 태양계 내의 행성들이 그 위치에 따라 태양 주위를 공전하는 속도가 다르게 되어 있는 이유이다. 뉴턴이 떨어지는 사과로 달이 지구를 공전하는 이유를 설명하였듯이, 우리는 우리 주변에서 흔하게 볼 수 있는 이러한 운동으로 태양계 행성의 운동을 설명할 수 있다. 지상의 법칙으로 천상의 법칙을 최초로 설명한 뉴턴에게 감사해야 하는 이유를 다시 한번 느끼게 된다.

겉과 속이 너무나도 다른 행성

우리말로 샛별이라고도 불리는 금성(Venus)은 초저녁이나 이른 새벽에 아름답게 반짝이는 행성이다. 금성은 달을 제외하고는 밤하늘에서 가장 밝게 빛나는 행성이다. 옛날 사람들은 이 밝게 보이는 행성도 밤하늘의 다른 별들과 마찬가지라고 생각했다. 그래서 새벽이나 초저녁에 떠올라 밝게 빛나는 별이라는 의미로 샛별이라고 이름을 지어주었다. 어두운 밤하늘에서 이렇게 가장 밝고 아름답게 빛나는 금성은 동양뿐만 아니라 서양에서도 사람들에게 매력적인 모습으로 보였던 것 같다. 이것이 바로 서양에서도 금성의 이름이 미와 아름다움의 신 비너스에서 유래가 된 이유일 것이다.

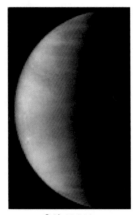

출처: Hubble

허블 망원경으로 찍은 금성이다. 표면의 짙은 대기로 인하여 금성의 내부는 전혀 보이지 않는다.

출처: NASA

이 사진은 1989년 나사에서 쏘아올린 금성 탐사선 마젤란이 레이더로 촬영한 금성의 모습이다. 금성은 행성을 감싸고 있는 두꺼운 대기층으로 인하여 가시광선으로는 내부를 볼 수 없다. 따라서 행성 내부를 관찰하기 위해서는 적외선 등 다른 파장의 빛을 활용하여야 한다. 금성을 적외선으로 촬영하고 고도를 색깔로 표현하였다. 이렇게 금성의 표면을 관찰해보면, 수성에 비해 표면 화구의 수가 매우 적은 것을 알 수 있다. 이는 금성 전역에서의 대규모 화산 폭발로 인하여 수많은 화구가 용암으로 덮여 그 흔적을 지운 것으로 추정되고 있다. 사진에서의 색깔은 고도를 나타내며, 고도가 높아짐에 따라 갈색에서 빨간색으로 변하고 고도가 낮아지면 보라색에서 파란색으로 표시된다. 즉 짙은 파란색은 지구로 치면 바다이고 붉은 지역은 산이 되는 셈이다.

금성은 지구 지름의 약 0.95배 정도로, 크기로만 보면 지구와 매우 유사하다. 금성이 태양을 한 바퀴 도는 공전 주기는 224일로, 수성보다 약 3배 길지만 지구보다는 짧다(이제 왜 금성의 공전 주기가 지구보다 짧은지 이유를 명확히 알 것이다. 금성이 지구보다 태양에 가까이 있기 때문에 더 빨리 공전을 하고 있다). 한 가지 흥미로운 것은 금성의 자전 주기인데, 금성의 하루는 무려 243일이나 된다. 금성에서는 하루가 1년보다 오히려 더 긴 셈이다. 그런데 이것보다 더욱 기이한 현상이 있다. 그것은 바로 금성의 자전 방향이 반시계 방향이 아닌 시계 방향이라는 것이다. 태양계의 거의 모든 행성들은 반시계 방향으로 태양 주위를 공전하며, 태양을 비롯하여 그들 자신도 반시계 방향으로 자전하고 있다. 이것은 태양계 자체가 탄생 초기 반시계 방향으로 성운들이 운동하는 과정에서 모두 함께 만들어졌음을 의미한다.

태양계의 모든 행성이 같은 날 태어난 형제임을 고려하면 이러한 행성들의 공통적인 운동은 자연스럽게 받아들여진다. 하지만 유독 금성은 다른 행성들과 달리 반대 방향인 시계 방향으로 자전을 하고 있다. 이런 이유로 한때는 금성이 원래는 우리의 원시 태양계에서 형성된 행성이 아닌, 주변을 떠돌던 한 행성이 우연한 경로로 태양의 중력에 사로잡혀 지금의 태양계의 일원이 되었다는 가설이 제기되기도 하였다. 즉, 금성이 우리와는 다른 출생의 비밀을 가진 이복형제라는 것이다. 하지만 금성의 자전 방향이 반대인 이유는 금성에 엄청난 크기의 원시 미행성이 충돌하면서 그 충격으로 인하여 자전의 방향조차 반대로 바뀌었다는 것이 정설로 여겨진다. 행성의 자전 방향을 바꿀 정도의 크기라면 정말 어마어마한 크기의 행성이었을 것이다. 이러한 거대한 충돌로 인하여 금성의 자전 속도가 완전히 반대 방향으로 바뀌게 되었으며 자전의 속도가 지금처럼 극단적으로 낮아진 원인도 동일한 원리로 설명을 하고 있다.

두꺼운 대기로 가득 차 있는 천체

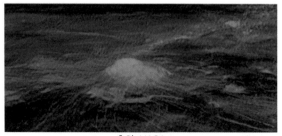

출처: NASA

이 사진은 금성 표면의 화산 사진으로, NASA의 마젤란 위성이 찍은 것이다. 화산 분출로 인하여 높이 솟은 봉우리를 잘 확인할 수 있다. 1900년대 초중반까지 금성인을 소재로 하는 공상 과학 소설과 영화가 큰 인기를 끌었다. 당시의 망원경으로 관측된 금성의 두꺼운 대기층은 지구의 구름과 매우 유사하였다. 금성의 이러한 모습은 사람들로 하여금 그 두꺼운 구름 밑에 거대한 정글과 또 다른 문명이 존재할 것이라는 등의 상상력을 자극하게 하였다. 실제로 1950년대에 조지 아담스키라는 인물은 금성인을 만났다고 주장하며 그의 체험담을 책으로 출판하여 큰돈을 벌기도 했다고 한다. 하지만 또 다른 문명에 대한 인류의 이와 같은 희망은 구소련의 베네라 탐사선이 금성에 착륙하면서 허상으로 드러나고 만다.

출처: Roscosmos

이 사진이 베네라 13호가 촬영한 금성 표면의 사진이다. 베네라 7호가 금성 착륙에 성공한 이후 소련은 지속적으로 탐사선을 보냈으며 최초로 금성 표면의 컬러 사진을 찍어 지구로 송출하였다. 베네라 13호는 180기압 이상과 섭씨 580도에서도 견딜 수 있도록 설계되어서 보내졌지만 그 역시도 3시간도 못 되어 그 수명을 다하고 말았다. 금성은 생명체가 도저히 살 수 없는 지옥의 모습이었다.

아인슈타인의 등장과 함께 본격적으로 우주에 대한 관심이 높아지기 시작한 20세기 초반까지만 하더라도 밤하늘에 영롱하게 빛나는 금성의 두꺼운 대기층 아래에는 지구와 같은 울창한 정글이 우거지고 다양한 생물이 살아가고 있을 것이라는, 감성 넘치는 이야기로 가득하였다. 중력과 시공간에 대한 근원적인 이해를 바탕으로 본격적으로 우주로 눈을 돌리기 시작한 인류는 가장 먼저 지구에서 가장 잘 보이는 행성인 금성에 주목하기 시작했던 것이다. 그도 그럴 것이, 금성은 지구와 비슷한 크기를 가지고 있었으며 밤하늘에서 달을 제외하면 가장 밝게 관측이 될 정도로 우리와 가까웠다. 그리고 무엇보다도 사람들의 호기심을 자극했던 것은 지구에서 망원경으로도 뚜렷하게 관측되는, 금성을 둘러싸고 있는 두터운 대기였다. 대기가 존재한다는 것은 날씨의 변화가 있을 것이라는 것을 이야기한다. 그리고 날씨의 변화는 곧 금성에 상당한 양의 물이 있을 것이라는 추측을 하게 만들었던 것이다. 금성의 크기는 지구와 비슷하여 지구와 비슷한 중력을 가지고 있을 것이라 추정할 수 있었고, 금성의 위치 또한 태양과 적당한 거리를 유지하고 있어서 충분한 에너지를 공급받고 있을 것이라고 예상되기 때문이었다.

따라서 일부 천문학자들조차도 금성의 두꺼운 대기 아래는 우리의 아마존 정글과 비슷한 울창한 산림으로 가득할 것이라고 생각했을 정도이다. 당시에는 바야흐로 인류가 우주를 향한 진리의 여정을 본격적으로 막 시작하는 단계였으며, 이는 학자들뿐만 아니라 많은 일반인들도 지구 밖의 행성들에 대해 많은 관심을 가지고 있던 시기였다. 이러한 분위기의 영향으로 당시의 학계는 물론이고 공상 과학 영화나 소설에서도 등장하는, 외계 생물과 금성인에 관한 이야기는 우리들의 상상력을 자극하는 좋은 화젯거리가 되었다. 당시만 해도 금성은 생명체가 존재할 수 있는 가능성이 가장 높은 천체였으며 지구와의 가까운 거리로 인하여 언젠가는 지구인들도 금성에 이주하여 살아가는 날이 올 수도 있을 것이라고 생각하는 사람들도 많았다.

인류의 지속적인 노력으로 1969년 미국의 아폴로 11호가 지구를 벗어나 달에 처음으로 인류의 발자국을 남긴 이후 냉전 시대의 두 강대국이었던 소련과 미국은 마치 서로의 체제가 더 우수하다는 것을 증명이라도 하려는 듯이 더욱 경쟁적으로 지구 밖으로의 탐험을 벌였다. 아이러니하게도 서로의 체제 경쟁이 치열하게 벌어지던 냉전 시대의 이러한 시대적 상황으로 인하여 20세기 중반은 인류 역사에서 지구 밖으로의 여행에 대한 관심뿐만 아니라 우주 관련 기술 발전이 가장 급속하게 이루어진 시대가 되었다. 미지의 세계였던 달 탐사를 성공적으로 마친 인류의 그다음 목표는 당연히 생명이 있을지도 모르는 금성이 되었으며, 인류는 상상력과 호기심이 가득 찬 눈으로 두껍게 드리워진 금성의 대기 아래 녹색으로 가득 찬 정글과 다양한 생명체들의 모습이 드러나기를 고대하고 있었다.

하지만 1960년대 초부터 꾸준하게 금성으로 쏘아올려진 인류의 탐사선들은 금성 대기에 진입한 이후 이내 그 짙은 대기 속 심연으로 사라진 채 아무런 응답을 보내지 못하고 번번이 실패하는 사건이 반복되었다. 이런 과정 속에서도 금성 근처에 진입한 탐사선들에 의하여 짧은 시간이긴 하지만 금성에 대한 정보들이 쌓이게 되면서 그 비밀이 조금씩 밝혀지게 되었는데, 탐사선들이 보내온 정보들은 금성이 우리가 상상했던 것과는 완전히 다른 세상임을 이야기해주고 있었다.

겉모습만으로 내면을 함부로 평가해서는 안 되는 이유

수많은 실패에도 꾸준히 지속된, 금성으로의 탐사선 도전은 마침내 1970년 소련이 가장 먼저 베네라 7호를 금성 표면에 착륙시키면서 성공할 수 있었다. 당시 미국도 마리너호 시리즈 프로젝트를 통하여 금성을 지속적으로 탐사하고 있었지만 소련이 먼저 탐사선 착륙을 성공시키게 된다. 인류 최초의 달 착륙 타이틀을 빼앗긴 소련이 금성의 탐사선 착륙은 미국보다 먼저 성공시킨 것이다. 이 성공으로 인하여 마침내 인류는 아름다운 금성에 덮여 있던 두꺼운 대기를 걷어내고 베일에 싸여 있는 금성의 표면을 탐사선이 보내온 사진을 통하여 직접 확인할 수 있게 되었다. 그러나 이 탐사선 또한 금성 표면의 온도와 압력 등의 정보를 지구로 전송해주고 불과 20여 분 만에 그 일생을 마쳤는데, 우리에게 전달된 데이터 분석 결과는 정말 충격적이었다. 금성의 표면 온도는 500도에 근접

할 정도로 뜨거웠다. 이 정도 환경은 납과 같은 금속조차도 바로 액체 상태로 녹여버릴 수 있을 정도이다. 이는 태양과 가장 가까운 수성의 표면 온도보다도 오히려 높은 것이었다. 태양으로부터 수성보다 한참 먼 거리에 떨어져 있던 금성의 표면 온도가 이렇게 엄청나게 높을 것이라는 것은 모든 사람들의 예상을 깬 것이었다. 금성은 태양으로부터 약 1.1억km 떨어져 있는데, 지구의 1.5억km와 비교해보면 생명체가 충분히 살 수 있다는 골디락스존 내에 위치하고 있다. 그럼에도 불구하고 금성이 이렇게 엄청나게 뜨거워진 이유는 무엇일까? 그것은 바로 금성을 둘러싸고 있는, 아주 두꺼운 대기층 때문이었다. 탐사선이 보내온 정보에 따르면 금성의 대기는 96% 이상이 이산화탄소로 채워져 있었으며 대기의 양이 지구보다 약 90배 정도가 많았다. 이렇게 두꺼운, 이산화탄소로 이루어진 대기에 둘러싸인 금성의 환경이 아주 강력한 온실 효과를 유발하여 금성의 표면 온도를 엄청나게 높게 만들어버린 것이다. 이런 이유로 예전에는 있었을 것으로 여겨지는 액체 상태의 물은 이미 모두 증발해버렸으며, 금성의 대지는 생명체가 도저히 살 수 없는 뜨거운 온도로 타오르고 있는 것이다. 이뿐만이 아니다. 지구보다 엄청나게 짙은 대기의 농도로 인하여 금성의 표면은 수심 약 1,000m 깊이의 심해에서 느껴지는 것과 비슷한 압력으로 짓이겨지고 있었다. 이것은 철로 만들어진 자동차도 쉽게 찌그러지게 만들 수 있을 정도의 압력이다. 만약 지구인이 직접 금성에 착륙을 시도하려고 했다면 그는 한 발자국도 움직이지 못한 채 그 높은 압력에 온몸이 오징어처럼 으스러지게 되었을 것이다. 이뿐만 아니라 금성의 두꺼운 이산화탄소 대기층의 가장 외곽은 농축된 황산 구름층에 의해 덮여 있었는데, 황산은 마치 영화 '에이리언'에서 등장하는 괴수의 침과 같이 금속을 부식시킬 정도로 매우 강한 산성을 띠고 있다. 이런 무시무시한 황산 구름층이 마치 모든 생명체를 차단시키려는 방어막처럼 금성의 외곽 대기층을 감싸고 있는 것이다. 이렇게 금성의 외곽을 둘러싼 황산 구름층은 생명체에게는 매우 위험하지만, 금성 외부의 황산 구름층으로 인해서 태양 빛에는 더욱 반사가 잘되기 때문에 그동안 우리에게 더 반짝이면서 빛나는 모습으로 보이고 있었던 것이다.

인류는 험난한 여정 끝에 결국에는 탐사선을 금성에 착륙시키는 것에 성공하면서, 이 과정에서 얻은 정보들을 통하여 금성의 두꺼운 대기 아래에 펼쳐져 있는 현실을 알고 나서 적지 않은 충격에 빠졌다. 금성에는 아름다운 열대우림도, 그 열대우림을 헤집고 지나가는 공룡도, 혹은 넓게 펼쳐져 있는 바닷속에서 무리 지어 다니는 물고기와 같은 생명체도 존재하지 않았다. 금성은 우리와 같은 고등 생물은 물론이고 제한적인 환경에서도 살아갈 수 있는 아주 작은 미생물조차도 살기 힘든, 매우 가혹한 환경이 지배하고 있는 세계였던 것이다. 그때서야 비로소 과학자들은 왜 베네라 7호 이전의 수많은 탐사선들이 금성의 두꺼운 대기 속에서 대부분 그 기능을 상실할 수밖에 없었는지 확실하게 이해할 수 있게 되었다. 이후로도 여러 대의 탐사선이 금성에 착륙하였지만 가혹한 환경으로 인하여 금세 짧은 생애를 마무리하는 동일한 운명을 겪게 된다. 우리에게 그토록 아름다운 별처럼 관찰되던 금성의 속내는 사실은 불타는 지옥의 세계였던 것이다. 보이는 겉모습만으로 내면까지 판단해서는 안 된다는 교훈은 여기에서도 적용되고 있다.

대기의 변화가 가지고 올 수 있는 재앙

금성이 이처럼 많은 이산화탄소와 황산 같은 두꺼운 대기층으로 둘러싸이게 된 이유는 금성의 활발한 화산 활동 때문일 것으로 여겨진다. 금성의 대기는 매우 두껍기 때문에 눈에 보이는 가시광선으로는 두터운 대기를 뚫고 금성의 표면을 관측하는 것이 불가능하다. 따라서 우리가 본격적으로 금성의 표면을 관측할 수 있게 된 것은 1990년대 이후 금성 탐사선 마젤란 위성이 금성의 주위를 공전하며 구름에 흡수되지 않는 파장을 이용하여 표면을 본격적으로 관측할 수 있게 되면서부터다. 탐사선 마젤란이 이러한 방법을 통하여 관측한 금성의 표면에는 다른 행성들과는 다른 특이한 점이 있었는데, 그것은 바로 금성의 표면에 소행성이나 운석의 충돌 등으로 생긴 화구의 수가 매우 적다는 것이었다.

우리는 태양계 초기에 수많은 충돌로 얼룩졌던 격동의 시기가 있었다는 것을 알고 있다. 우리 태양계 내의 행성들은 모두 행성 주위를 떠도는 운석이나 소행성과 빈번한 충돌을 경험하였다. 우리는 그 증거를 가깝게는 달 표면에서 쌍안경을 통해서도 어렵지 않게 직접 확인할 수 있다. 또한 우리는 앞서 살펴본 수성의 표면도 무수한 화구로 뒤덮여 있음을 확인할 수 있었다. 하지만 마젤란 탐사선을 통하여 관측한 금성의 표면을 연구한 결과 화구의 수가 현저히 적었고 그렇게 만들어져 있는 화구도 약 5억 년이 넘은 것은 거의 관측되지 않았다. 크고 작은 다양한 소천체들과의 충돌로 가득했던 원시 태양계의 격동의 시기가 금성만 피해가지는 않았을 것이다. 수십억 년 전의 초기 태양계 시대에는 금성의 표면에도 수많은 크고 작은 천체들이 떨어지며 수많은 화구들을 만들어 냈을 것이다.

그런데 오래전에 만들어졌던 화구들이 지금은 보이지 않는다면, 존재하던 화구들의 흔적이 어떠한 방식으로든 갑자기 사라지게 되었다고 봐야 할 것이다. 연구에 따르면 금성에 화구의 수가 현저히 작은 이유는 비교적 최근까지도 활발했던 화산 활동 때문인 것으로 여겨진다. 화산에서 나오는 엄청난 양의 용암이 금성 표면 전체를 따라 흐르며 화구의 흔적을 덮어버렸다는 것이다. 따라서 화산에서 분출된 용암은 마치 피부의 흉터를 제거해주는 박피술처럼 금성의 표면을 지금처럼 매끈하게 만든 것으로 추정된다. 학자들의 연구에 의하면 금성의 표면에 존재하는 화구의 밀도가 금성 전역에 걸쳐 지역 차가 별로 없다는 점에서 5억 년 전쯤 어느 한 시점에 격렬한 화산 활동에 의해 단번에 금성의 표면 대부분이 용암으로 덮인 것으로 여겨진다고 한다.

혹시 이 시기에 이렇게 금성의 전 지역에서 격렬한 화산 활동이 일어났다면, 화산으로부터 분출된 가스의 양도 엄청났을 것이다. 그리고 이때 방출된 가스에 의해서 지금의 두꺼운 금성의 대기층이 형성되었을지도 모른다. 만약 그렇다면 그 격변의 시기 이전에는 우리가 초기 금성에 대해 가졌던 상상처럼 밀림과 공룡들이 가득한 세상이 존재하지 않았을까 하는, 실없는 상상을 해보게 된다. 금성에 실제 생물이 존재했는지는 지금으로서는 알 수 없으나 태양으로부터의 금성의 위치와 대기 입자를 잡아둘 만큼 충분한 중력을 만들 수 있는 크기를 보았을 때 한때 금성에도 액체 상태의 물은 풍부하게 존재했던 것으로 여겨진다. 지금은 우리에게 반짝이는 아름다운 대기를 가진 모습을 보여주고 있지만 금성 내부의 모습은 수성보다도 뜨겁고 1,000m 깊이의 바닷속보다도 더 높은 압력으로 짓눌리고 있는 아비규환의 세상이다. 지구 정도의 크기를 가졌을 뿐만 아니라 태양으로부터의 거리도 적당해서 생명체 존재의 가능성이 높았던 이 행성이 지금과 같은 모습으로 변하게 된 결정적인 이유는 행성을 둘러싸고 있는, 어떤 이유에 의해 만들어진 두터운 이산화탄소층 때문이다.

분명 한때는 생물이 번성할 수 있는 조건을 가졌던 행성이 어떤 이유에서인지 대량의 이산화탄소가 생성된 이후 가속되는 온실 효과로 인하여 지금 우리에게 보이는 극렬한 열기를 가진 혼돈의 세상이 된 것이다. 이것은 대기의 변화가 가속화되면 행성의 생태계에 얼마나 큰 변화를 가져올 수 있는지를 우리에게 알려주는 큰 교훈이다. 지금 생명으로 가득 차 있는 지구의 대기에도 현재 가속되는 온실 효과로 인하여 이상 징후가 조금씩 나타나고 있다. 지구도 어떻게 보면 긴 호흡을 하고 있는 생명을 가진 생태계이다. 여름에는 지구를 따뜻한 기운으로 만들어주는 태양의 온기로 인하여 지구에 푸르름이 가득하고 이 시기에 많은 산소를 만들어낸다. 하지만 빛이 부족한 겨울에는 대지는 차 갑게 식고 산소를 내뿜어주던 식물들도 겨울잠에 들어가며 산소의 비중이 줄어든다. 이렇게 지구는 계절에 따라 1년이라는 긴 호흡의 주기를 안정적으로 유지하고 있다. 그런데 지금도 계속 되고 있는 급격한 대기 구성 성분의 변화는 조금씩 이러한 지구의 호흡을 흐트러뜨리며 균형 있게 지속되던 호흡의 흐름을 깨뜨리고 있다. 이러한 결과로 인하여 지구 곳곳에 나타나는 기후 이상 변화의 결과를 우리는 심심치 않게 뉴스로 접할 수 있다.

물론 아직까지는 지구의 면역력이 이를 스스로 치유하고 회복할 수 있는 단계인 것 같다. 하지만 한없는 안락함을 영원히 선사해줄 것 같던 지구조차도 자신이 감당하지 못하는 어떠한 한계를 넘어서는 순간 그 아름다웠던 생태계는 순식간에 절멸로 향해 달려가는 폭주 기관차처럼 스스로 감당하지 못하는 운명과 마주해야 할 것이다. 이것이 온 우주에서 유일할지도 모르는, 생명체를 가지고 있는 아름다운 지구를 보존하기 위해 노력을 해야 하는 수많은 이유 중의 하나인 것이다.

붉은 불의 화신

출처: NASA

지구와 이웃하고 있는 또 다른 행성인 화성은 밝고 영롱하게 빛나는 금성과는 달리 지구에서 관찰하기에도 그 모습이 붉게 빛나는 별이다. 밤하늘에서 유난히 붉은색으로 밝게 빛나는 별이 보인다면 그게 바로 화성이라고 생각하면 된다. 따라서 고대 사람들은 화성을 불길한 별이라고 생각했다고 한다. 이것은 화성의 이름인 마스(Mars)가 바로 전쟁의 신을 의미하는 이유이기도 하다.

이 사진은 태양계의 행성들 중 지구와 가상 유사한 환경을 가지고 있는 화성의 모습이다. 사실 화성의 표면은 항상 산화철이 함유된 붉은 모래바람에 뒤덮여 있기 때문에 지표면의 모습을 확인하는 것은 매우 운이 좋은 경우이다.

화성의 표면에서는 중앙에 거대한 협곡이 관찰된다. 마치 누군가가 거대한 손톱으로 화성의 표면에 생채기를 낸 것처럼 말이다. 마리너협곡이라고 불리는 이것은 길이가 3,000㎞가 넘고 600㎞의 폭을 가지고 있으며 깊이는 약 8㎞에 이른다. 지구에서 가장 거대하다고 알려진 그랜드캐년이 길이 800㎞, 폭이 30㎞, 깊이는 1.8㎞라는 것을 생각해보면 화성의 이 거대한 협곡의 크기를 조금이나마 짐작할 수 있다. 이 거대한 협곡이 생성된 기원은 정확하게 알려지지는 않았지만 행성이 냉각되면서 수십억 년 전에 균열로 시작되었다고 설명하는 설이 있다.

출처: NASA

이 사진은 NASA의 Curiosity 탐사선이 화성 표면에서 태양이 저물어가는 일몰을 촬영한 사진이다. 화성은 대기를 이루고 있는 입자들이 지구의 대기보다 더 미세하고 양이 적다. 따라서 빛의 파장이 짧은 파란색이 파장이 긴 붉은색보다 더 효율적으로 지표면에 도달한다. 따라서 화성에서의 일몰은 붉은 노을이 아니라 파아란 노을이 화성의 전체 대기를 물들이게 된다. 이 사진을 바라보고 있노라면 내가 마치 화성의 한 호젓한 산등성이 밑에서 아름다운 일몰을 감상하고 있는 듯한, 묘한 기분에 빠져들게 된다. 언젠가 우리의 후손들은 파란 저녁노을을 바라보며 하루 일과를 마치는 사람들도 등장하게 될 것이다.

화성이 붉게 보이는 이유는 화성 표면이 대부분 산화철을 많이 함유하고 있는 모래로 뒤덮여 있기 때문이다. 철은 대기 중의 산소와 만나서 쉽게 산화되며 붉게 변하게 된다. 이렇게 산화된 철은 붉은색을 띠게 되며 이것이 화성의 표면이 붉게 보이는 이유이다. 이처럼 화성 표면의 대부분을 덮고 있는 모래는 산화철을 많이 함유하고 있는데, 산화철은 철과 산소가 결합해서 만들어진다. 따라서 현재 산화철이 많다는 이야기는 오래전 화성의 대기에 산소가 많았다는 것을 반증하는 것이기도 하다.

붉게 빛나는 화성의 겉모습은 우리에게 불길한 기운을 주는 것 같지만 사실 그 내면은 한때 생명의 중요한 전제 조건이 되는 산소를 많이 가지고 있었던 풍요로운 행성이었다는 사실을 알려주고 있는 것이다. 하지만 지금 화성의 대기는 산소뿐만 아니라 다른 종류의 기체들까지도 매우 희박한 상태이다. 한때는 풍부했던, 산소를 비롯한 공기가 급격하게 줄어들게 된 것은 화성의 질량이 지구의 십 분의 일에 불과하여 대기 중에 존재하는 공기 분자들을 잡고 있을 만큼 중력이 충분히 크지 못했던 것이 원인이다. 더불어 이렇게 충분치 못한 질량으로 인하여 화성의 중심인 핵이 빠르게 식어버리면서 행성의 내부에서 발생하는 자기장이 없어진 것도 중요한 이유로 알려져 있다. 태양에서 방출되는 태양풍으로부터 대기를 보호해주는 자기장이 없어지면서 약한 중력으로나마 붙들고 있던 대기 입자들이 태양으로부터 강력하게 불어오는 태양풍에 의해 쓸려 나갔을 것으로 추정된다. 이는 행성에게 있어 심장의 역할을 하는 뜨거운 중심핵의 존재가 얼마나 중요한지를 다시 한번 깨닫게 해준다.

화성 대기의 양은 지구의 1/150에 불과하여 매우 작기 때문에 이로 인한 대기압도 지구의 약 1/100에 불과하다. 앞서 금성이 지구 대기압의 거의 100배에 달하는 엄청난 압력에 짓이겨지고 있는 행성이었던 것에 비하여 반대로 화성은 지구의 1/100에 불과한 대기압을 가지고 있는 것이다. 따라서 화성의 대기에 노출된다면 지구에서보다 몸이 상당히 가뿐하게 움직여지는 것처럼 느껴지겠지만, 인체 내부의 혈압이 대기압보다 훨씬 높은 상태가 되기 때문에 치명적인 위험에 노출될 수 있으므로 반드시 우주복을 입고 있어야 할 것이다.

이렇게 화성은 대기의 양이 지구에 비하여 매우 적기 때문에 태양에 의한 온도 변화가 더욱 극심하게 일어난다. 여름에는 20도 정도로 포근한 편이지만 겨울밤에는 영하 140도까지 낮아지기도 하기 때문에 혹시나 낮에 포근했던 온도만을 생각해서 밤에 캠핑이나 야외 활동을 할 생각을 해서는 안 될 것이다. 또한 화성에서는 매우 낮은 대기 농도로 인하여 바람 자체가 잘 불지 않는다. 바람이라는 것도 결국 대기가 있어야 존재하는 것이기 때문이다. 하지만 이곳에서도 가끔 모래 폭풍이 일어나기도 하는데 한번 발생한 모래 폭풍은 규모도 크고 거대해서 때로는 행성 전체를 몇 달 동안 뒤덮기도 한다. 이렇게 발생한 행성 규모 의 모래 폭풍은 화성 전체를 더욱 붉게 물들이며, 우리에게도 더 붉은 모습으로 관찰된다. 하지만 모래 폭풍이 없을 때에는 매우 옅은 대기 농도로 인하여 지구에서 성능 좋은 망원경을 통해서도 화성의 표면을 비교적 자세하게 관찰할 수 있다.

화성에 새겨진 문명의 증거?

앞서 잠시 언급했지만 흥미로운 것은 화성의 표면에 4,000㎞가 넘는 길이의, 일직선으로 길게 뻗은 거대한 협곡이 존재한다는 것이다. 마리너협곡이라고 불리는 이 거대한 협곡을 보고 필자는 이 세상을 신이 창조하였다면 그 과정에서 그의 거대한 손톱이 화성의 표면을 스치고 지난 것이 아닌가 하는 생각이 들었다. 그만큼 이 협곡은 자연적으로 만들어진 것이라고 보기에는 그 형태와 규모가 범상치 않다. 이렇게 거대한 협곡은 과거 탐사선이 없던 시절에도 지구에서 망원경으로 관찰이 가능할 정도였다. 이 협곡은 화성의 중앙을 가로지르는 거대한 직선들의 조합처럼 보였는데, 이를 목격한 사람들은 화성에 우리와 같은 고도로 발달한 문명이 있으며 이것은 그들이 건설한 거대한 운하나 도시를 건설한 흔적이라고 여기는 사람들도 많았다. 그도 그럴 것이, 서울과 부산의 약 10배 길이에 해당되는 자를 대고 그린 것과 같은 거대한 직선들이 행성의 표면에 자연스럽게 만들어질 수 있을 것이라고 생각하기는 쉽지 않기 때문이다. 하지만 1971년 화성의 탐사선이 화성 상공에서 이 협곡을 직접 촬영하고 나서야 이 거대한 행성의 흔적 또한 자연에 의해 자연스럽게 만들어진 협곡임이 밝혀졌다. 다른 행성에 존재할지도 모르는, 또 다른 생명과 문명의 흔적에 대한 기대가 또다시 좌절된 것이다. 하지만 화성은 여전히 미생물 수준의 생명체가 혹시라도 존재할지도 모르는 행성으로 여겨지고 있으며, 혹시라도 인류가 지구 이외의 다른 천체로 이주를 하게 된다면 그 첫 번째 대상지로 생각될 만큼 생명체가 살아가기에 그나마 유리한 환경을 많이 가지고 있다.

사실 근대에 들어 우주에 대한 관심이 높아지면서 처음에는 많은 사람들이 대기로 뒤덮여 있는 금성의 모습만을 보고 지구 이외에 생명이 존재한다면 그 후보지는 금성일 것이라고 생각했다. 하지만 1970년대 베네라 7호에 의하여 금성의 속내가 전 세계에 공개된 이후 우리의 공상 과학 소설에서 금성인이라는 존재는 더 이상 설 자리를 잃게 되었다. 대신 생명이 살 수 있는 대체 행성으로 떠오른 것이 바로 화성이다. 화성의 직경은 6,792km로 지구의 약 절반 정도의 크기이지만 보기보다 훨씬 가벼워서 질량으로 따지면 1/10 정도 되는, 지구보다는 훨씬 아담한 행성이다. 화성은 태양 주위를 687일마다 한 번 공전하기 때문에 1년이 1.9배 정도 더 길다.

이런 점들만 보면 지구와는 꽤 다른 행성인 것 같지만 비슷한 점도 많다. 하루의 주기는 약 24시간으로 지구와 거의 유사하며 지구와 마찬가지로 자전축이 약 24도 정도 기울어져 있어서(지구는 23.5도) 계절의 변화도 있다. 우리가 태양계 내의 또 다른 생명의 후보지로 생각하는 곳이기도 하지만 사실 현재 우리의 눈에 비치는 모습으로만 본다면 이런 곳에 과연 생명이 존재할 수 있을까 하는 생각이 들 정도로 척박해 보이는 것도 사실이다. 하지만 이 광활한 우주 공간에서 이 정도의 환경은 생명체 존재에 아주 유리한 조건이며, 원시 생명체 존재의 가능성을 아예 부정할 정도로 가혹하지는 않다. 현재 인류는 화성에 여러 대의 탐사선을 착륙시켜 화성을 보다 면밀하게 관찰하고 있으며 이 탐사선들이 지금도 화성의 수많은 모습을 촬영하여 지구로 전송해주고 있다. 이러한 자료들은 사진뿐만 아니라 4K 영상으로도 제작되어 유튜브에도 많이 올라와 있으니 관심 있으신 분들은 한번 찾아서 화성의 모습을 직접 감상해보시는 것도 좋을 것 같다.

출처: 유튜브 'ElderFox Documentaries'

이 사진과 같이, 화성의 탐사선들이 촬영해서 보내온 사진들을 보면 지구의 어느 사막을 찍었다고 해도 믿을 만큼의 친숙한 풍경이 펼쳐진다. 이렇게 과학의 발전은 다른 행성에서의 모습을 우리

집 안방에서 시원한 맥주 한잔과 함께 편안하게 감상할 수 있는 환경을 제공해주고 있다. 필자는 문명의 발전이 가져다주는 이러한 성과물들에 대해 생각할 때마다 그 경이로움에 감탄을 하면서 앞으로 다가올 미래에 인류가 경험하게 될 더 멋진 세상을 꿈꾸어보곤 한다. 그리고 그때마다 저 먼 옛날 이 세상 모든 만물이 지구 주변을 공전하고 있다고 생각했던 학자들로부터 지금에 이르는 진리로의 여정 선두에 서서, 필요할 때마다 우리가 나아가야 할 방향을 새롭게 제시해준 선지자들에게 다시 한번 감사의 마음을 느끼게 된다. 오늘 저녁은 시원한 음료수나 맥주와 함께 편안한 의자에 등을 기대고서 저 멀리 붉게 빛나고 있는 화성의 표면으로 여행을 떠나보는 것은 어떨까? 화성의 모습을 직접 보게 되면 그 모습은 화성이 아니라 마치 미국 서부의 데스밸리 등과 같이 사막화가 진행된 지구의 한 부분이라고 해도 믿을 정도로 지구와 유사해 보일 것이다. 이런 화성의 모습을 보고 있으면 인류가 언젠가 화성에 정착해서 살아가는 것이 비단 꿈만은 아니라는 것을 피부로 느끼게 될 것이다.

직접적으로 관찰되는 물의 흔적

생명이 존재하기 위해서 가장 필요한 것은 무엇일까? 물론 충분한 태양의 온기가 있어야 할 것이다. 하지만 단지 온기만 있다고 해서 생명체가 생존할 수 있을까? 생명은 어디에서 시작되었을까를 생각해보면 쉽게 답이 나온다. 물이 없으면 생명이 존재할 수 없다. 즉, 물의 존재 여부에 따라 우리는 어떤 환경에 생명체가 존재할 가능성이 있는지를 판단하게 된다. 우리가 화성에서 생명체의 흔적을 찾을 수 있을 것이라고 여전히 믿는 가장 큰 이유는, 화성 여기저기에서 물의 흔적이 지금도 직접적으로 관찰된다는 것이다. 더욱이 화성의 표면 밑에는 얼음의 형태로 상당량의 물이 저장되어 있을 것으로 여겨진다. 따라서 현재 과학자들은 화성에 물이 존재하는지에 대해서는 더 이상 논쟁하지 않는다. 많은 경로를 통하여 그 존재는 이미 셀 수 없이 직접적으로 확인되었기 때문이다.

출처: NASA

이 사진은 나사의 화성 정찰 위성에서 촬영된 화성의 협곡들이다. 이러한 협곡의 골짜기들은 시간에 따라 많은 변화를 보인다. 이것은 화성에 액체 상태의 유체가 존재하여 침식작용을 일으키는 것을 나타낸다. 이러한 지형의 변화는 주로 겨울 혹은 초봄에 많이 관찰되는데, 골짜기의 내부에서 형성되는 이산화탄소의 서리 때문인 것으로 여겨진다.

이러한 관찰 결과들을 통해서 현재 학자들이 궁금해하고 있는 것은 화성에 물이 존재하는지 여부가 아니라 단지 이곳에 존재하는 물의 양이 어떠한 형태로, 얼마나 많이 보관되어 있는지이다. 특히 화성의 양쪽 극지방에서는 지속되는 낮은 온도로 인하여 지표면에서도 얼음으로 보이는 하얀색 지형이 관찰되기도 하는데 이를 '극관'이라고 한다. 화성에는 지구에서도 관측이 되는, 이러한 얼음들이 모인 극관과 수많은 물이 흐른 흔적들 또한 화성 표면 여기저기에 남아 있다. 따라서 과거에는 화성의 이곳저곳에 상당한 양의 액체 상태의 물이 흘렀을 것으로 생각된다. 지표면에서 쉽게 관찰되는, 이처럼 물이 흘렀던 모습을 근거로 초기 태양계 시절에는 화성도 많은 대기를 가지고 있었으며 기후의 변화와 함께 행성의 표면에 물이 흐르는 강과 바다가 존재하는 지금보다 상당히 온화한 환경이었다고 여겨지고 있다. 액체 상태의 물은 생명 잉태의 요람이다. 만약 오래전에 화성에 물이 액체 상태로 풍족하게 존재하고 있었다면 지금은 척박하게 변해버린 환경이지만 오래전에는 존재했을지도 모를 미생물 수준의 화석 등 생명체 존재의 흔적이 있을 수도 있을 것이다.

새로운 문명과의 만남에 호의적이지 않았던 우리의 역사

앞서 살펴보았던 것처럼, 지금 현재 화성의 환경이 척박하기는 하지만 우리 인류의 기술을 조금만 발휘하면 화성에 인류가 정착해서 사는 것이 아예 불가능한 것은 아니다. 그것은 화성 도처에 물이 얼음의 형태로나마 존재하기 때문이다. 이러한 이유로 SF 영화에서는 미래에 개척된 화성에서 살아가는 화성인들의 소재가 단골로 등장한다. 흥미로운 것은 SF 영화나 공상 과학 소설에 등장하는 이러한 이야기 속에서, 지구를 떠나 화성을 개척하여 정착한 화성인들의 역사를 이야기하는 줄거리가 마치 지구에서 신대륙을 발견하고 이미 거주하고 있던 정착민을 몰아내면서 그곳의 새로운 주인이 되어왔던 지구 역사의 모습과 흡사하다는 것이다. 그래서 새로운 환경에 정착하기 위해 치열한 노력을 하여 결국은 안정적으로 정착에 성공한 화성인들이 어느 순간에 자신의 고향이었던 지구와 전쟁이라는 숙명을 경험하게 된다는 이야기를 가지는 것이다.

우리는 우리가 경험하고 걸어온 것과 같은 시각으로 우리의 미래를 내다본다. '코스모스'라는 칼 세이건의 리메이크 다큐멘터리 진행자로 유명한 닐 타이슨 박사는 "외계인에 대한 우리의 시각은 바로 우리의 거울"이라고 이야기한다. 우리는 인류가 만들어온 역사적 경험에 비추어 그들(우주인)의 성향과 모습을 예상하고 있다는 것이다. 필자는 혹시나 먼 미래에 화성에 인류가 정착하게 된다면, 지구에서 있었던 그러한 과거의 역사가 정말로 되풀이될 것인지 가끔 상상해보곤 한다. 그런데 만약 이러한 역사가 정말로 현실이 된다면 우주 어느 곳에 존재할지 모르는 다른 외계 문명을 만나는 상황에 대한 기대는 잠시 접어두는 것이 좋을 것이다. 나와 다른 것을 배척하고 정복을 통한 확장을 선호하는 것이 문명의 본성이라면 우리와 조우하게 될지 모르는 외계 문명이 우리에게 결코 호의적이지만은 않을 것이기 때문이다. 더군다나 항성 간 여행이 가능할 정도의 높은 과학기술을 가진 외계 문명이라면 그들이 마음먹기에 따라 인류의 운명이 결정될 수도 있을 것이다. 인류의 과거 역사를 뒤돌아볼 때, 새로운 외계 문명과의 만남을 긍정적으로만 생각할 수 없는 것은 우리 문명이 가진 또 다른 아픔이자 한계가 아닐까 한다.

화성에 온기를 불어넣어준 온실 효과

화성을 이야기하면서 화성인의 정착 이야기나 우주인 이야기를 하는 것은, 그만큼 태양계 내에서 화성이 미래에 지구를 대체할 수 있는 인류의 또 다른 유일한 행성이기 때문이다. 따라서 인류는 언젠가 지구를 대체할지도 모르는 화성 탐사를 위하여 많은 탐사선들을 보내며 화성을 연구하고 있다. 앞서 언급했듯이 생명의 생존 조건은 물이 존재하느냐 여부에 달려 있는데 화성의 표면에서는 물이 흘러간 듯한 흔적이 매우 많이 발견되기 때문에 많은 학자들이 화성에 최소한 미생물 형태의 생명체가 존재할지도 모른다는 기대감을 가지고 있다. 이처럼 물과 관련된 흔적들은 화성의 계절 변화에 따라 그 모습이 빠르고 다 양하게 변하는 모습도 관찰되고 있다. 즉, 놀랍게도 기온이 상승하는 여름이 되면 액체 상태의 물이 흐르는 모습이 관찰되고 있는 것이다.

일부 학자들은 이러한 현상에 대해 소금기로 인하여 상대적으로 낮은 온도에서도 액체 상태를 유지할 수 있는 물이 기온이 상승하는 여름에 화성의 표면으로 솟아나면서 흐르는 것으로 설명하기도 한다. 물에 포함되어 있는 소금기는 물의 어는점을 낮춰주는 역할을 하기 때문에 화성의 여름 기온이라면 화성의 표면에 액체 형태의 물이 존재하는 것이 충분히 가능하다는 것이다. 이는 강물과는 달리 바다가 잘 얼지 않는 것과 같다. 물론 생명체의 존재가 직접적으로 확인된 것은 아니지만 이러한 증거만으로도 우리가 화성을 지구인이 살 수 있는 또 다른 행성의 후보지로 올려놓기에는 충분한 것이다.

특히 화성 표면의 저지대에는 호수와 같은 형태로 많은 양의 물이 표면에 존재했던 흔적이 많이 보이기 때문에 한때 풍부한 물을 보유했던 화성의 모습에 대하여 우리의 상상력을 자극하게 한다. 화성에 액체 상태의 물이 이렇게 풍부하게 존재하기 위해서는 이를 위한 화성의 대기 온도가 충분히 높아야 했을 것이다. 하지만 태양으로부터 지구보다 멀리 떨어져 있는 화성의 위치상 태양의 온기만으로는 액체 상태의 물을 항상 유지하기가 쉽지 않은 것이 현실이다. 따라서 학자들은 초기 화성에는 대기가 지금보다 훨씬 두껍게 형성되어 있었을 것으로 생각하고 있다. 화성이 지구보다 태양으로부터 멀리 떨어져 있어 지구만큼 태양으로부터의 에너지가 충분한 편은 아니지만, 화성의 대기에 존재하고 있었던 이러한 두꺼운 대기층에 의한 온실 효과로 인하여 표면에는 액체 상태의 물이 많이 존재했던 것이다. 온실 효과로 인하여 금성은 끓어오르는 가혹한 환경으로 변화되었지만 화성에서는 오히려 온실 효과가 태양의 온기를 한동안 잡고 있을 수 있었기 때문에 화성 전역에 물이 그렇게 풍부할 수 있었다는 것이다.

하지만 오랜 시간 지속되었던 이러한 균형이 행성 내의 어떠한 변화로 인하여 화성 대기의 농도가 점차 옅어지게 되면서 온실 효과가 사라지며 온도가 점차 떨어지게 되었다. 물이 점점 부족해지면서 화성은 점차 사막화되기 시작했고, 지구보다 훨씬 작은 중력으로 인해서 공기 분자들은 우주 공간으로 떨어져 나가게 되었다. 뿐만 아니라 차갑게 식어버린 화성 중심핵이 몰아치는 태양풍으로부터 자기장을 형성하여 행성의 표면을 보호해주지 못하면서 태양풍에 의한 공기 분자들의 행성 이탈이 가속화된 것으로 보인다. 그리고 이러한 변화가 화성의 지표면을 지금과 같이 모래로 가득한 삭막한 환경으로 바꾸어버린 것이다. 이렇게 온실 효과가 점점 약해지면서 화성의 기온은 점차 냉각되었고 그나마 남아 있던 물은 화성 지표면 내부에 얼음 형태로 저장되었을 것이다. 따라서 일부 학자들은 화성의 대기에 이산화탄소를 대량으로 살포하여 인위적으로 온실 효과를 만들어서 화성의 평균 기온을 상승시키게 되면 생명체가 살아가기 위한 환경을 만들 수 있다는 주장을 하기도 한다. 이렇게 되면 얼음 형태로 저장되어 있던 물이 녹으면서 호수와 바다가 형성되어 자연스럽게 생명의 순환 고리가 시작될 수 있다는 것이다.

인간이 자연의 흐름에 인위적으로 개입하는 일이 결코 옳다고는 할 수 없으나 흥미로운 발상인 것은 분명하다. 21세기 이후에 급속한 과학의 발전으로 인류는 또 다른 도전을 시작하려 하고 있다.

바로 달에 그러했던 것처럼 화성에 우주인을 보내는 것이다. 'MARS ONE'이라고 불렸던 이 프로젝트는 2024년부터 선발된 24명의 우주인들을 차례로 화성으로 보내서 이주시키겠다는 야심찬 계획을 천명하였다.

2013년 전 세계를 뜨겁게 달구었던 'MARS ONE' 프로젝트

홍미로운 것은 이 프로젝트가 다시 지구로 돌아오는 것을 기약할 수 없는 One Way 프로젝트였음에도 불구하고 2013년 처음 이 프로젝트가 발표되었을 때 총 4명의 우주인을 선발하는 공모에서 전 세계로부터 지원자가 20만 명이 넘으며 공전의 히트를 기록하게 된 것이다. 희망자 모집이 한창일 때 당시 미국에 근무하고 있었던 나는 각종 매스컴에서 떠들썩하게 방송되던 이 프로젝트를 역시나 매우 관심 있게 지켜보았다. 'MARS ONE' 프로젝트는 지구에서 화성으로 가는 시간만 약 2년이 걸리는 최장거리 여행이었

다. 이를 2년 주기로 4명씩의 우주인을 보급품과 함께 지속적으로 보내서 화성에 일종의 화성인 정착 기지를 만들 예정이며, 이를 위하여 필요한 자금은 해당 우주인들의 일상생활을 생방송으로 중계하면서 얻게 되는 수익 모델을 활용하여 충당하겠다는 구상이었다. 몇 년의 시간의 지나고 해당 프로젝트 일정이 조금씩 연기되면서 이 거대한 프로젝트가 단지 투자 자금을 끌어모으기 위한 일종의 사기극이었다는 이야기도 나오고 있는 상황이지만, 지구로 돌아오지 못할 수도 있으며 혹독한 환경을 가진 멀고 먼 화성으로의 여행에 그토록 많은 사람들이 지원하였다는 사실만으로도 얼마나 많은 사람들이 지구 밖의 세상을 동경하고 있는지 새삼 실감할 수 있는 기회가 되었다.

출처: NASA/ESA,Hubble

이 사진은 서리가 내린 화성의 극지방과 오렌지색의 먼지 폭풍이 화성을 뒤덮고 있는 모습이다. 때로는 화성 전체가 이러한 모래 폭풍으로 뒤덮일 경우도 있으며, 이럴 경우 화성은 지구에 있는 우리의 눈에 더욱 붉은색으로 빛난다. 화성이 지구와 근접했을 때 허블 우주 망원경으로 촬영된 사진이다.

다양한 크기의 천체들로 가득한 소행성대

우리는 지금까지 수성, 금성, 지구를 거쳐 화성까지 여행을 해왔다. 우리가 지금까지 거쳐온 4개의 행성은 단단한 지각을 가지고 있어 지표면에서 활동이 가능한 지구형 행성이라고 분류를 하고 이후의 목성, 토성, 천왕성, 해왕성의 표면은 모두 가스로 뒤덮여 있기 때문에 목성형 행성으로 분류하기도 한다. 태양계 내 8개의 행성인 지구형 행성과 목성형 행성 사이에는 작은 조약돌 크기부터 크기가 수십㎞에 이르는, 다양한 규모의 소천체들로 뒤덮여 있는 공간이 존재하는데 이를 소행성대라고 한다. 이 소행성들은 태양계 초기 지구나 목성과 같이 거대한 행성으로 뭉쳐지지 못하고 남아 있는, 한때는 태양계에 행성이 만들어지기 위해 공급되던 재료들이 남아 있는 곳이라고 할 수 있다. 이들은 대부분 화성과 목성 사이에 존재하고 있으나 그중 어떤 것들은 수성보다 태양에 가깝게 접근할 정도로 공전 궤도가 크게 타원으로 일그러진 것도 존재한다. 이처럼 다양한 소행성들 중에는 지구에 매우 가깝게 접근하는 것들도 있으며, 따라서 미래 어느 순간에 이들 중 하나가 지구와 충돌하는 일이 발생할지도 모른다. 소행성대에 존재하는 무수히 많은 소천체들을 고려해본다면 이러한 상황이 아예 불가능한 것은 아니다. 그래서 이러한 가능성은 소설이나 영화의 좋은 모티브가 되어 우리의 상상력을 자극하는 작품으로 자주 만들어지곤 한다.

출처: NASA

이 이미지는 소행성대를 추정하여 그린 것이다. 소행성대를 구성하고 있는 작은 천체들이 태양 주위를 공전하고 있다. 작은 천체들이 매우 조밀하게 모여 있는 것처럼 보이지만 실제로 작은 천체들의 밀도는 매우 낮다. 실제로 이 소행성들 간의 평균 간격은 지구와 달 사이의 2배가 넘는다고 한다. 그래도 이 정도면 우주 공간에서는 꽤나 소행성들의 밀도가 높은 편이니 이곳을 여행하기 위해서는 천체들과 충돌하지 않도록 단단히 준비해야 할 것이다.

사실 지구의 역사를 돌이켜보면 실제로 이러한 일들이 현실에서 심심치 않게 발생하여 실제 충돌 당시 존재하던 생명체들을 절멸의 위기로 몰고 가기도 하였다. 그도 그럴 것이, 크기가 수십~수백

m 정도인 작은 천체일지라도 이 천체가 가지고 있는 엄청난 속도를 고려해본다면 그 파급 효과가 엄청나게 클 것이기 때문이다. 따라서 작은 가능성이라도 열어두고 지구 주변을 떠다니고 있는 천체들의 경로를 분석하고 준비를 하는 것이 우리 인류의 생존을 지속하기 위한 방법일 것이다. 이렇게 다양한 크기의 소천체들로 구성되어 있는 소행성대는 그 존재 하나하나가 우리 태양계를 만들던 소재들이었으므로 현재 우리 지구에 존재하고 있는 물이나 생명의 기원을 밝혀줄 수 있는 좋은 연구 자료가 되고 있다.

출처: NASA

이 사진은 소행성대에 속한 천체 중 하나인 에로스의 근접 촬영 사진이다. 소행성대에 속하는 천체들은 대부분 크기가 충분치 않기 때문에 구형 모양을 이루지 못하였다.

에로스는 길이 32㎞, 너비 14.4㎞로 고구마 모양을 하고 있는데 2001년 탐사선 니어슈케이커가 이 소행성에 접근하여 근접 관찰을 하였을 뿐만 아니라 소천체 위에 직접 착륙까지 성공하는 쾌거를 이루어내기도 하였다. 사실 이 과정은 평화롭고 안정된 착륙이라기보다는 거의 완만한 충돌에 가까웠다. 하지만 인류의 기술로 빠르게 움직이는 소천체에 접근한 이후 그 천체에 직접 착륙하여 탐사를 진행한 이 사건은 인류의 기술이 얼마나 발전했는지를 보여주기에 충분한, 의미 있는 사건이었다. 우리가 가끔 재난 관련 영화를 보면 접근하는 소천체로부터 지구를 보호하기 위하여 이 작은 천체를 폭파하거나 하는 장면을 자주 접하곤 하는데 이러한 과정이 아주 터무니없는 상상만은 아닌 것이다. 이미 인류는 이러한 기술을 확보하고 있다.

아무튼 작은 소천체들이 밀집되어 있는 이 소행성대가 지구형 행성과 목성형 행성의 사이에 위치하고 있는 이유를 목성의 거대한 중력 때문이라고 설명하기도 한다. 즉, 소행성대에 무수히 존재하는 작은 천체들이 태양과 목성의 중력 사이에서 오도가도 못하는 신세가 되어버렸다는 것이다. 이 소행성대에서 가장 큰 천체는 지름이 970km에 이르는 세레스로 알려져 있다. 이 정도면 거의 달의 1/3 크기에 달한다. 이러한 세레스의 거대한 크기로 인하여 세레스는 소행성이라기보다는 국제천문학연맹(IAU)으로부터 명왕성과 같은 왜소 행성으로 분류되었다. 세레스는 소행성대 전체 질량의 약 1/3을 차지할 정도로, 크기 면에서나 무게 면에서나 소행성대에서 가장 주목받는 소행성이다. 아마 목성이 없었거나 조금만 더 작았더라면 세레스는 소행성대의 잔재들을 끌어모아 화성과 목성 사이에서 또 다른 태양계 행성으로 성장했을지도 모를 일이다.

살아 움직이는 아름다운 무늬를 가진 행성들의 대장

출처: NASA

이 사진은 극지방에 선명한 오로라를 만들어내고 있는 목성이다. 목성은 그 크기 면에서 다른 행성들을 압도하며 행성들의 대장임을 만천하에 뚜렷하게 드러낸다. 하지만 크기보다도 우리에게 더 인상 깊은 것은 단연코 목성이 가지는 아름다운 줄무늬일 것이다. 지금도 살아서 움직이고 있는 이 줄무늬는 최고의 현대미술 작품이라고 해도 손색이 없다. 목성의 극지방에서는 목성이 만들어내는 거대한 자기장으로 인하여 거대한 오로라가 자주 관측된다.

목성은 태양계 내에서 가장 큰 행성이다. 목성의 지름은 14만 3,000㎞로, 목성 내에 지구를 채워넣는다면 약 1,000개 정도가 들어갈 정도이다. 하지만 목성은 수성, 금성, 지구, 화성 등과는 달리 딱딱한 지표면을 가지고 있지 않은 거대한 가스 행성이다. 물론 중심의 핵은 고체로 이루어져 있을 것으로 여겨진다. 그리고 목성은 그 거대한 크기에 비하여 몹시 빠르게 회전하고 있어 자전 주기가 단지 10시간에 불과하다. 또한 그 거대한 크기로 인하여 지구에서도 육안으로 쉽게 발견할 수 있을 정도로 매우 밝게 보인다. 망원경을 활용하여 최초로 천체를 관측한 갈릴레오는 목성의 4개 위성을 발견하고 나름대로 그 이름을 만들어놓기도 한 것으로 알려진다. 목성이 가진 4개의 위성은 꼭 망원경이 아니더라도 성능 좋은 쌍안경으로도 잘 관측할 수 있다. 따라서 천체에 관심이 많으신 분이라면 쌍안경을 통해서 목성을 중심으로 매일 달라지는 4개 위성들의 위상 변화를 감상해보는 것도 재미있을 것이다. 과거 갈릴레오가 그러했던 것처럼 말이다.

목성의 사진을 한번이라도 보신 분이라면 잊지 못할, 표면에 있는 독특한 줄무늬를 오래 관찰하다 보면 마치 꿈속에 있는 것과 같은 몽환적인 느낌이 나기도 한다. 이 독창적인 줄무늬는 고정된 것이 아니며, 마치 살아 있는 것처럼 움직이면서 그 모양이 수시로 변하고 있으니 살아 있는 예술 작품이라고도 할 수 있다. 이 아름다운 줄무늬는 서로 다른 성분으로 구성된 기체가 목성 전체를 둘러싸며 움직이고 있기 때문에 만들어지는 것으로 알려져 있다. 대부분 기체로 구성되어 있는 목성의 대기 중 황화암모늄과 암모니아 등으로 구성되어 있는 구름이 햇빛에 비칠 때, 강하게 반사되는 영역과 반사가 약한 지역이 구분되면서 독특한 무늬가 나타나게 된다고 한다. 이러한 기체의 운동이 거대한 폭풍이 되어 몰아치고 있는 대적점은 그 안에 지구가 2~3개 들어갈 정도로 거대한 태풍이다. 이러한 거대한 크기에도 대적점의 두께는 약 40㎞에 불과한 것으로 알려져 있다. 대적점은 그 색깔과 크기가 지금도 수시로 조금씩 변하고 있으며, 머지않은 장래에 결국은 소멸될 것으로 추정된다. 대적점의 탄생은 목성 표면에 형성된 작은 태풍들이 서로 합쳐지면서 거대한 대적점으로 변환된 것으로 추정하고 있으며, 그 근거로 지금도 목성의 표면에서 새롭게 생성되는 조그만 작은 태풍(소적점)들이 발견되고 있다.

지구를 지켜주는 수호성

목성의 질량은 지구의 317배에 이를 정도로 크다. 숫자만으로는 감이 잘 오지 않지만 태양계에서 목성이 가지는 존재의 무거움은 매우 크다. 목성 하나만으로도 태양을 제외한 태양계 전체 질량의 2/3를 차지할 정도이다. 목성이 지금보다 질량을 조금 더 키울 수 있었다면 태양계에서 2번째 태양이 되었을 수도 있다는 이야기도 있다. 하지만 천체의 중심에서 핵융합을 하기 위해서는 이 조건을 충족시켜주기 위한 최소 질량이 필요한데 그것은 우리 태양 질량의 약 8% 정도가 마지노선이라고 한다. 따라서 만약 목성이 또 다른 별이 되기 위해서는 지금보다 최소 80배는 더 무거워져야 한다는 이야기다. 하지만 다양한 가능성이 충만했던 초기 원시 태양계의 상황을 고려해보면 이것이 불가능한 상황은 아니었다. 그러므로 원시 태양계의 어떤 조건만 성립되었다면 목성도 핵융합을 하는 또 다른 태양이 되어 우리는 쌍성을 가진 태양계가 되었을 수도 있는 것이다. 앞서 언급했듯이 이 우주에서는 두 개나 세 개 이상의 항성을 가지는 항성계가 오히려 일반적이다. 두 개의 태양을 가지고 있는 지구의 모습을 한번 상상해보라. 이것 또한 적잖은 재미를 선사해줄 것이다.

또 다른 어떤 연구 결과에 따르면, 태양계 내에서 만약 목성과 같은 거대한 행성이 없었다면 지구에는 생명이 존재할 수 없었을 것이라는 주장도 있다. 태양계 내에서는 태양의 거대한 중력으로 인하여 수많은 소행성과 소천체들이 지금도 태양을 중심으로 공전을 하고 있다. 그런데 이 수많은 소천체들 중에서 지구로 향할지도 모르는 다양한 소천체들을 지구 주변에 위치한 목성이 삼켜줬다는 것이다. 실제로 원시 태양계의 혹독한 소행성 충돌 시기를 지나 지구에 생명이 번창할 기회를 얻은 이후에도 지구는 소행성 충돌로 인하여 지구상 생물의 90% 이상이 절멸하는 위기를 여러 차례 맞기도 하였다. 가장 최근에 지구에서 대량의 생명체 절멸 사태를 가지고 온 것 또한 약 6,500만 년 전 멕시코에 위치한 유타카 반도에 떨어진 소행성 때문인 것으로 알려져 있다. 이 사건으로 인하여 어린 시절 우리의 상상 속 동물이었던 공룡을 비롯하여 지구상 약 80%의 생명체가 멸종한 것으로 알려져 있다.

이렇듯 소행성의 충돌은 단 한 번만으로도 모든 지구 생명체의 절멸을 가지고 올 수 있을 정도로 생명체가 존재하는 행성에 매우 치명적이다. 그런데 목성은 그 거대한 중력으로 지구에 떨어질지도 모르는 많은 소행성들을 끌어들여 흡수해줬다는 것이다. 실제로 1994년에는 우주 공간을 떠돌던 슈레이커/레비 혜성이 목성에 충돌하는 장면이 실시간으로 영상을 통해 전 세계로 송출되면서 지구의 보호자 역할로서의 목성의 의미가 체험적으로 전달이 되며 이를 직접 바라본 많은 사람들을 놀라게 하였다. 그뿐만 아니라

2009년에도 또 다른 소행성의 충돌이 관측되기도 하였다. 아마 소천체들의 활동이 훨씬 활발했던 오래전에는 그 충돌의 횟수가 더 빈번하였을 것으로 추정된다. 그런 의미에서 목성이 오랜 시간 동안 지구의 보호자 역할을 해주고 있었다는 주장은 분명 설득력 있게 들린다. 그렇게 목성은 앞으로도 마치 지구의 보디가드처럼 소행성들로부터 지구를 보호해주는 든든한 수호성이 되어줄 것이다.

출처: NASA & ESA

나사/ESA 허블 우주 망원경으로 촬영된 이 사진은 2009년 7월과 11월 사이의 몇 달 동안 목성의 표면에 생긴 흉터를 보여준다. 이 흉터는 목성 근처를 지나가던 소행성이 목성의 중력에 포획되어 목성과 충돌하면서 만들어진 것이다. 이때 발생한 에너지는 수천 개의 핵폭탄이 동시에 폭발한 것과 같은 수준이었다. 1994년에도 최초로 목성에 충돌하는 소행성이 관찰된 적이 있는데 당시에는 행성의 파편 20개가 동시에 목성과 충돌하는 장관이 연출되었다. 당시의 데이터와 비교해볼 때, 2009년에 충돌한 행성의 크기는 약 500m 정도로 추정된다고 한다. 목성이 지구에 충돌할지도 모르는 소행성들을 집어삼키며 지구의 수호자 역할을 해주고 있는 증거인 셈이다.

망원경으로 관찰된 지동설의 증거

이제 목성이 가지고 있는 위성 이야기로 넘어가보도록 하자. 앞서 이야기했듯이 갈릴레오는 망원경을 사용하여 최초로 목성 근처에 보이는 작은 4개의 천체들을 발견하였다. 갈릴레오는 이 천체들을 매일 자세히 관찰하였는데 특이했던 것은 목성 주변에 있는 이 천체들의 위치가 관측을 할 때마다 변하고 있다는 것이었다. 당시만 해도 지구를 중심으로 모든 천체가 공전을 하고 있다는 천동설이 지배하는 시대였기 때문에 갈릴레오는 큰 의문을 가지게 되었다. 목성 주변에서 관찰되는 저 4개의 천체들이 지구를 중심으로 공전하는 것이 아니라 목성을 중심으로 공전하고 있다면 지구도 사실은 태양을 중심으로 공전한다는 지동설이 맞는 것이 아닐까?

행성의 주변을 공전하는 위성이라는 존재가 지금은 이야깃거리도 아니지만 당시만 해도 지구를 중심으로 온 우주가 공전한다는 천동설이 지배하던 세상에서 지구가 아닌 다른 행성을 중심으로 공전하고 있는 천체를 직접 눈으로 목격했다는 것은 가히 놀라운 발견이었다. 완전체로 여겨지며 자신만의 이상적인 물리 법칙에 의해 지배되는 것으로 생각되었던 저 천구의 세상에 지구가 아닌 또 다른 행성을 중심으로 공전을 하는 천체가 있다는 것을 갈릴레오는 자신의 눈으로 직접 확인했던 것이다. 그럼에도 불구하고 종교 재판에서는 어쩔 수 없이 강요에 의하여 그의 신념을 꺾어야 했지만 "그래도 지구는 돈다"라는 자조 섞인 말을 할 수밖에 없었던 그의 심정이 충분히 이해가 가고도 남을 일이다.

물론 목성의 위성 발견이 지구가 태양 주위를 공전한다는 지동설의 직접 증거는 될 수 없을 것이다. 다만 천동설로 설명될 수 없는 여러 천체 현상들이 지동설로는 설명이 될 수 있다는 것이 이미 코페르니쿠스를 통하여 당대에 많이 알려져 있던 상태였다. 따라서 지구를 중심으로 공전하지 않는 천체가 육안으로 직접 목격된 것은, 모든 천체가 지구 주위를 공전하고 있다는 천동설의 핵심을 부정할 수 있는 중요한 근거가 확보된 것이라는 점에서 그 의의를 찾을 수 있을 것이다.

현실판 겨울왕국, 유로파

이처럼 갈릴레오에게 지동설에 대한 확신을 심어준 목성의 이름인 쥬피터는 신들의 왕인 제우스로부터 유래되었다. 제우스가 모든 신들의 왕이었던 것처럼 모든 행성들의 대장 격인 목성에게 분명 어울리는 이름이다. 그런데 흥미로운 것은, 목성에게 이러한 이름이 붙여진 것이 목성이 이렇게 거대한 행성이라는 사실이 밝혀지기 훨씬 전의 일이라는 점이다. 아무래도 이것은 목성이 금성을 제외하고 우리에게 가장 크고 밝게 보이는 천체였기 때문일 것이다. 목성은 거대한 크기만큼이나 많은 위성들을 가지고 있는데 갈릴레오가 발견한 이오, 유로파, 가니메데, 칼리스트 등 4개 위성의 이름은 제우스 아내들의 이름에서 유래된 것이다. 그 이후에도 목성의 위성들은 꾸준히 발견되면서 현재까지 관측된 것만 69개 정도로 매우 많으며, 관측 기술이 발달함에 따라 지금도 꾸준히 위성들이 발견되고 있다.

목성에 가까이 다가가 관찰을 하게 되면 눈에 띄는 것은 목성도 토성처럼 작은 얼음 입자들로 구성된 3개의 고리를 가지고 있다는 것이다. 다만 이 고리들의 밀도는 매우 낮아서 관측 조건이 매우 좋을 때만 관찰이 될 정도로 어두운 편이기 때문에 우리에게는 잘 알려져 있지 않다. 어쨌든 행성이 가지고 있는 고리는 토성만의 전유물은 아닌 셈이다. 수많은 목성의 위성들 중 필자의 관심을 끄는 것은 단연 유로파였다.

출처: NASA

이 사진은 유로파의 표면 모습이다. 나사의 갈릴레오 우주선이 찍은 이미지로, 유로파의 표면을 덮고 있는 수많은 스크래치들을 볼 수 있다. 유로파는 얼음으로 뒤덮인 얼음 행성으로, 행성의 내부는 아직 완전히 식지 않아서 얼음층 내부는 물로 채워져 있을 것이라고 생각된다. 따라서 물을 덮고 있는 얼음층의 균열과 이동에 따라 이러한 많은 무늬들이 수시로 변하고 있다. 이러한 얼음층은 마치 지구의 대륙판처럼 움직이는 것으로 관측이 되는데 이는 목성의 인력으로 인한 조류 현상 때문인 것으로 여겨진다.

유로파는 태양계에서 가장 매끄러운 천체 중의 하나로, 표면 전체가 얼음으로 덮여 있는 얼음 왕국이다. 필자도 매우 재미있게 감상을 했던 애니메이션 '겨울왕국'에서 주인공인 엘사 공주가 살고 있을 법한 이러한 얼음 왕국이 필자의 관심을 끌게 된 것은 두텁게 행성 전체를 뒤덮고 있는 얼음 표면 아래에 지구처럼 액체 상태의 바다가 존재할 것으로 추측되고 있기 때문이다. 유로파는 태양으로부터 상당히 멀리 떨어져 있다. 이렇게 먼 거리에서는 태양으로부터 전달되는 에너지가 매우 작을 수밖에 없다. 따라서 행성의 표면 온도는 영하 200도에 이를 정도로 매우 추운 곳이다. 하지만 지름이 3,000km가 넘는 거대한 유로파의 내부에는 아직까지 뜨거운 에너지를 잃지 않은 중심핵이 여전히 존재하고 있는 것으로 추정된다. 그러므로 아직까지 뜨거운 중심핵에서 발생하는 열 에너지로 인하여 유로파의 얼음 표면 아래에는 지구 전체가 가진 물의 양에 육박하는 엄청난 양의 물이 액체 상태로 존재할 것으로 여겨진다.

앞서 계속 이야기했듯이 액체 상태의 물은 생명체가 생존하기 위한 시발점이다. 지금도 유로파의 뜨거운 중심핵은 내부 에너지를 뿜어내면서 행성에게 따스한 온기를 불어넣으며 엄청난 양의 물을 액체 상태로 유지시키고 있다. 물론 완전히 동일하지는 않겠지만 이처럼 핵 내부의 에너지가 물을 통하여 분출되는 이와 유사한 환경이 지구에서도 존재하는데, 그것이 바로 심해에 존재하는 열수 분출공이다. 빛조차 흔적을 찾을 수 없는 깊은 심해에 핵의 뜨거운 열기에 의하여 수백 도의 온도로 끓어오르는 열수 분출공 주변에서는 놀랍게도 다양한 생명이 존재한다. 따라서 오직 물만이 존재하던 삭막한 환경에서 지구의 생명도 이와 비슷한 방법으로 처음 생명의 기원이 만들어졌을 것으로 여겨진다. 그리고 이러한 생명의 출발이 지속적으로 진화와 함께 이어지면서 우주의 기원에 대하여 고민하고 있는 지금의 고등 생명체까지 발전하게 된 것이다.

따라서 여전히 뜨거운 중심핵과 이로 인한 액체 상태의 물이 유지되고 있는 유로파라고 한다면 지구와 마찬가지로 초기 상태의 생명체가 충분히 존재할 수도 있는 것이다. 이러한 이유로 많은 학자들이 지구 밖 우주에서의 생명체 탐사 후보지로 가장 먼저 유로파를 선정하고 이 천체의 표면에 탐사선을 보내 지구 밖에서 생명의 흔적을 찾는 도전을 준비하고 있다.

자연이 만들어낸 화가

출처: NASA

목성의 또 다른 위성 이오의 모습이다. 형형색색으로 매우 화려한 색깔을 보여주는, 재미있는 행성이다. 대부분이 무채색으로 이루어져 있는 우주 공간의 천체들 속에서 매우 특이하게 다채로운 색상을 가진 천체로서 돋보인다. 목성에서 가장 가까이 위치해 있는 이오는 지금도 활발하게 화산 활동이 일어나고 있는 행성이다. 그리고 그 결과로 수천 년마다 화산 용암에 완전히 묻히기도 한다고 한다. 이렇게 지금도 활동하고 있는 수많은 활화산들로 인하여 이오의 표면에서는 뜨거운 용암이 도처에서 분출되고 있으며 표면에는 분출의 흔적이 곰보로 남아 있다. 이러한 이오의 상황을 이해한 후 다시 이오의 모습을 보면 그 특이한 다채로운 색상이 매우 화가 나 있는 행성의 얼굴로 보이기도 한다.

이오는 갈릴레오의 위성 중 목성에 가장 가까이 공전하고 있다. 달보다도 조금 더 클 정도로 거대한 크기의 이오는 지금도 용암 분출이 활발하게 일어나는 활화산으로 뒤덮여 있다. 따라서 아직까지도 매우 성난 모습을 하고 있는 역동적인 위성이다. 이오가 특히 많은 사람들의 시선을 끄는 것은 그 독특하고 다채로운 색상 때문이다. 우리가 그동안 관찰해왔듯이 고체로 되어 있는 대부분의 천체들은 어두운 무채색을 띠고 있다. 하지만 목성의 위성 이오는 단연 돋보이는 화려한 색깔로 우주 공간에서 자신의 존재를 확실하게 드러낸다. 마치 모두가 검은색과 회색 정장을 입고 있는 회사의 사무실에서 혼자 파티 복장을 입고 있는 것처럼 다채로운 천연 색깔을 가지고 있는 이오의 외관은 수많은 천체들 중 단연 돋보인다.

이 대규모의 화산 활동으로 인하여 대기 중에는 이산화황이 널리 분포되어 있다. 이렇게 이오의 표면에 널리 퍼져 있는 이산화황으로 인하여 이오의 표면에는 황산 서리가 내리기도 하는데, 이러한 현상으로 인해 이 위성의 표면이 매우 다채로운 색깔을 나타내는 것이다. 이오에서 화산이 분출하는 모습은 최근에도 우리에게 여러 번 관측이 될 정도로 매우 활발한 상태이다. 때로는 화산에서 분출되는 유황의 높이가 200km 이상 되는 것이 관측되기도 한다. 이 정도의 거대한 폭발은 이오가 가지고 있는 물질을 우주 공간으로 뿌려버릴 만큼의 큰 장관을 만들어낸다. 이처럼 이오에서 현재 발생하고 있는 화산 폭발은 바로 자신의 다채로운 색상을 스스로 만들어내고 있다. 따라서 이오의 화산은 자연이 만들어낸 천연 화가인 셈이다. 이렇게 화산으로 인하여 분출된 가스에 의해 주변 지역의 색상이 이오와 비슷하게 변하는 현상은 지구에서도 잘 관찰이 되는데, 가장 잘 알려진 곳이 바로 미국의 제1호 국립공원인 옐로스톤이다. 수십만 년 전 거대한 화산 폭발로 지금의 거대한 호수를 만들어낸 이 국립공원의 여기저기에는 지구 내부에서 분출된 다양한 광물들에 의하여 각인된 다양한 색상의 표면을 감상할 수 있다.

그 아름다움으로 인하여 미국에서 처음으로 국립공원으로 지정된 Yellow Stone 국립공원이다. 화산에서 분출된 유황 성분으로 인하여 국립공원 곳곳에 노랗게 변색된 바위들을 많이 볼 수 있다. 이것이 Yellow Stone으로 불리는 이유이기도 하다. 그랜드캐년 국립공원의 3배가 넘는 광대한 지역에 걸쳐져 있으며 아직도 땅속에 남아 있는 열로 인하여 수많은 간헐천들이 주기적으로 분사되고 있다. 사진에서 보이는 푸른 물은 바다가 아니라 수십만 년 전 거대한 화산 폭발로 생긴 분화구에 만들어진 거대한 호수로, 크기가 서울시 면적의 절반보다도 크다. 수십만 년 전 화산 분출이 그만큼 거대했다는 이야기다. 이때 발생한 거대한 폭발로 인하여 지구의 거의 1/3이 연기로 뒤덮였을 것이라고 한다. Yellow Stone 국립공원을 둘러보면 이처럼 화산에 의해서 형성된 지형을 만날 수 있는데 그 색깔이나 이미지가 지금의 이오 위성의 모습과 비슷한 부분이 많다.

이렇게 화산 폭발의 영향으로 이오의 외부는 멀리서 보면 매우 다채로운 색상으로 인해 아름답게 보인다. 하지만 일반적으로 이오의 표면은 영하 150도에 이르는 얼음장 같은 환경이며 화산 주위에는 뜨거운 용암이 넘쳐흐르고 수백 개의 화산과 간헐 온천, 가이저 등이 활발하게 활동하고 있는 매우 위험한 장소이다. 사실 이오 또한 충분치 못한 크기로 인하여 이미 중심의 핵이 식어버려 오래전에 화산 활동을 멈추었어야 한다. 하지만 목성의 영향을 받아 타원 모양을 하고 있는, 조금은 특이한 이오의 공전 궤도로 인하여 만들어지는 중력 변화 때문에 위성 중심의 핵이 지금까지도 여전히 식지 않고 뜨겁게 열을 낼 수 있는 것으로 여겨지고 있다.

이렇게 목성은 자신의 다채로운 모습만큼이나 개성이 강한 위성들을 거느리고 있다. 만약 먼 미래에 우주여행이 일상화된다면 목성은 단연코 태양계 내에서 가장 인기 있는 명소 중의 하나가 될 것이다. 다만 가까이에서 목성을 관광하기에는 목성의 거대한 크기와 빠른 자전 속도로 인하여 뿜어져 나오는 자기장과 방사선들이 자칫 치명적으로 작용할 수 있다. 따라서 만약 먼 미래에 목성을 관광하고자 하는 관광객들은 이에 대한 대비를 철저히 해야 할 것이다.

태양계의 마스코트

출처: NASA

 NASA의 무인 토성 탐사선 카시니호는 1997년 유럽에서 제작된 탐사선 호이겐스호를 품에 안고 지구에서 출발하여 약 7년 만인 2004년 토성의 궤도에 진입하였다. 이제 인류는 먼 거리에서 망원경에 의지해서 볼 수밖에 없었던 토성의 고리를 이렇게 가까운 거리에서 관찰할 수 있게 되었다. 이 아름다운 고리는 과거 토성의 위성 중 하나가 토성의 기조력에 의해 산산이 부서지면서 만들어진 것으로 추정된다고 한다.

 앞의 사진을 보면 토성 고리의 그림자가 토성의 표면에 얼룩져 비치는 것이 매우 인상적이다. 사진의 오른쪽에는 토성의 가장 큰 위성인 타이탄이 근접해 있다. 이 사진에서는 매우 귀엽게 보이기는 하지만 타이탄의 크기는 지름이 약 5,150㎞ 정도로 지구의 반지름 정도에 해당하는 거대한 크기를 가지고 있다.

 토성은 목성과 같은 가스형 행성이며 그 아름답고 독특한 고리로 인하여 태양계 행성 중 단연 돋보이는 존재이다. 토성은 우리 태양계의 사랑스런 마스코트와도 같은 것이다. 토성은 과거로부터 지구에서 육안으로도 쉽게 관찰되는 행성이었다. 특히 갈릴레오가 망원경을 이용하여 천체를 관측하게 되면서 인류는 처음으로 토성의 고리를 눈으로 직접 확인하게 되었다. 사실 행성 주변에 존재하는 고리는 목성, 천왕성, 해왕성 같은 다른 가스형 행성들에도 존재한다. 하지만 그 크기와 선명함에서 토성의 고리는 다른 행성들의 고리를 압도한다. 토성의 고리 폭은 약 27만km 이상으로, 그 고리 안에 지구를 늘어놓으면 20개 이상 들어갈 수 있는 거대한 크기이다. 이렇게 거대한 폭과는 달리 고리의 두께는 1km 남짓에 불과하다. 토성의 고리는 주로 작은 얼음덩어리들로 이루어져 있으며 크기는 작은 조약돌 크기부터 집채만 한 것까지 매우 다양하다. 이렇게 거대한 고리가 어떻게 만들어졌는지는 아직까지 명확하게 밝혀지지 않았지만, 토성 근처를 지나가던 천체들이 토성의 중력에 사로잡히면서 산산이 부서져 발생한 것이라고 보는 견해가 많다. 또 다른 학자들은 토성의 위성 중 하나가 부서지면서 생겨났다는 주장을 하기도 한다. 이유야 어찌되었든 우리 태양계에 토성과 같이 진하고 거대하고 아름다운 고리를 가진 행성이 존재한다는 것 자체가 우리에게는 매우 행운이 아닐 수 없다. 어쩌면 우리는 이 우주에서 매우 희귀한 아름다운 행성의 고리를 감상할 수 있는 특권을 받은 몇 안 되는 생명체일 수도 있다. 그런 이유로 만약 태양계를 상징하는 문양을 만들어야 한다면 많은 사람들이 주저하지 않고 토성의 모습을 추천하는지도 모르겠다.

토성의 이름인 새턴은 샤투르누스라는 농경의 신에서 유래되었다.

과거 그리스 로마 시대에는 육안으로 관찰할 수 있는 행성이 수성, 금성, 화성, 목성, 토성의 5개였으며 그중 토성은 공전 궤도의 가장 바깥쪽에 위치하고 있기 때문에 가장 느린 움직임을 보였다(우리는 그 이유를 전반부에서 살펴보았다). 따라서 토성의 공전 주기는 약 29년이 넘을 정도로 매우 길다. 따라서 당시에 육안으로 보이는 5개의 행성 중에서는 그 움직임이 가장 느렸다. 토성이 농경의 신이라는 이름을 가지게 된 것은 이렇게 느리게 움직이는 토성의 특징에서 나왔다고 보는 견해도 있으나 확실하지는 않다. 토성의 자전 주기는 목성과 비슷해서 10시간이 조금 넘는다. 목성에 비하면 다채로울 것이 없어 보이는 토성의 표면은 고요한 것처럼 보인다. 하지만 토성의 대기 내 최대 풍속은 초속 1,800m에 이를 정도로 목성보다 오히려 높다. 이 정도의 풍속이면 지구에서 발생하는 가장 강력한 5등급 허리케인의 풍속보다도 최소 10배는 높은 수준이다. 이러한 결과로 토성의 대기 상단에서는 지구와는 비교도 할 수 없는 엄청나게 거대한 뇌우가 발생하는 것이 관찰되기도 한다. 고요해 보이는 외부와 달리 토성의 내부는 폭풍과 번개로 뒤덮여 있는 혼돈의 공간이다. 따라서 혹시나 이곳을 여행하려는 독자가 계시다면 거대한 뇌우에 우주선이 손상되는 일이 없도록 주의해야 할 것이다.

토성의 궤도에 진입하여 토성의 고리를 비롯한 다양한 탐사를 수행한 카시니호는 같은 해 놀라운 역사적 시도를 하게 된다. 지구로부터 내부에 품고 왔던 호이겐스호를 분리시켜 2005년 1월 낙하산을 이용해 토성의 위성 타이탄에 무사히 착륙시키는 역사적인 쾌거를 달성했다. 불과 수십만 년 전 우주 한 귀퉁이의 지구라는 행성에 출현하여 막대기와 돌을 휘저으며 야수들과 경쟁해야 했던 호모사피엔스의 후손이 지구를 벗어나 토성의 궤도에 우주선을 보낸 것을 뛰어넘어 토성의 위성에 또 다른 우주선을 착륙시키는 데 성공한 것이다. 호이겐스호가 모선인 카시니호를 벗어나서 타이탄에 착륙하는 장면은 생생한 영상으로 촬영되어 지구로 전송되었다. 필자는 이 영상을 처음 접했을 때 감동을 넘어 가슴이 웅장해지는 것을 느낄 수 있었다. 이것이 세대와 세대를 거쳐 진리로의 여정을 찾아 끊임없이 노력했던 우리 선배들의 노력의 결과물인 동시에 우리가 그 노력을 이어받아 진리로의 항해를 계속해야 하는 이유인 것이다. 유튜브 등을 검색하면 어렵지 않게 해당 영상을 찾을 수 있으니 독자들께서도 한번 감상해보시기를 추천드린다. 이렇게 토성의 신비스러운 비밀을 밝히는 데 지대한 공헌을 한 카시니호는 토성의 성공적인 비행과 탐사를 마치고 수많은 인류가 지켜보는 가운데 2017년 자신이 탐사하였던 토성의 대기 속으로 들어가 영면하였다.

어느 시골 해변 한적한 밤의 모습을 가진 위성

토성은 태양계 내에서 목성 다음으로 큰 행성이며 지구 직경의 9.5배에 달한다. 또한 목성과 마찬가지로 많은 위성을 가지고 있는데, 현재까지 알려진 것만 62개 정도라고 한다. 그중 우리에게 가장 잘 알려져 있는 타이탄은 그 크기로만 보면 화성보다도 더 클 정도로 거대하다. 그 거대한 크기보다 훨씬 우리의 흥미를 끄는 것은 타이탄의 표면이다. 타이탄은 질소와 메탄 등의 두꺼운 대기로 둘러싸여 있는데, 놀랍게도 타이탄에는 이 메탄으로 구성되어 있는 액체 호수가 존재한다는 것이다. 호수가 존재한다고? 그렇다. 타이탄은 태양계에서 지구를 제외하고 표면에 액체 상태의 물질을 가지고 있는 유일한 행성이다.

모선인 카니시호로부터 안정적으로 타이탄에 착륙한 호이겐스호는 매끄러운 조약돌이 수없이 사방에 널려 있는 사진을 지구로 전송했다. 조약돌은 대기의 기상활동으로 인하여 생성된 액체 상태의 물이 오랜 시간 침식작용을 통하여 돌들을 다듬는 과정이 있어야 만들어지는 결과물이다. 물론 극도로 추운 타이탄에 액체 상태의 물이 존재할 리는 만무하다. 이런 조약돌을 빚어낸 주인공은 바로 타이탄에 존재하는 액체 상태의 메탄과 에탄이다. 마치 말라버린 지구 어느 한구석의 흔한 호숫가처럼 보이는 익숙한 이 사진은 지구로부터 12억 5천만㎞나 멀리 떨어진 곳에 존재하는 현재의 모습이다.

출처: NASA

하지만 태양으로부터 엄청나게 멀리 떨어져 있는 타이탄의 표면 온도는 영하 178도에 이르기 때문에 액체 상태의 물이 존재할 리는 없다. 그러므로 이 아름다운 광경을 보고 신이 나서 함부로 호수 속에 뛰어들 생각은 하지 않는 것이 좋을 것이다.

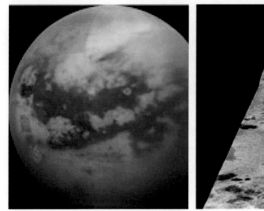

출처: NASA

이 사진들은 NASA의 카시니 탐사선이 토성의 위성 타이탄을 적외선으로 찍은 사진이다. 언뜻 보면 마치 구름이 낀 지구의 모습을 촬영한 것 같은, 놀라운 모습을 보여준다. 하지만 이 천체는 분명 지구로부터 약 10억km보다 훨씬 먼 곳에 떨어져 있기 때문에 태양의 온기라고는 찾기가 힘들다. 영하 200도가 넘는 극한의 추위 속에서는 메탄이 액체 상태를 유지할 수 있다. 사진에서도 행성의 표면에 메탄으로 되어 있는 바다를 확인할 수 있다.

메탄은 휘발성이 매우 강하여 물보다도 매우 낮은 어는점을 가지고 있다. 따라서 춥고 가혹한 환경에서도 천체의 표면에서 액체 상태를 유지할 수 있는 것이다. 이렇게 액체 상태의 메탄이 존재하고 있는 타이탄에서는 메탄이 위성 내에서 증발하여 구름이 되고 이들이 다시 모여 비를 내리기도 한다. 그리고 이렇게 흘러내리는 메탄이 모이면서 호수가 만들어지게 된 것이다. 타이탄에서 메탄은 마치 지구에서 물의 흐름과 같은 역할을 하고 있는 것이다. 타이탄의 이러한 풍경을 밤에 사진을 찍어서 누군가에게 보내준다면 정말 충분히 지구라고 착각을 일으킬 만한 모습이 연출되는 것이다. 태양과 이렇게 먼 거리의, 매우 춥고 가혹한 환경에서 지구에서나 보던 이렇게 익숙한 풍경과 만날 수 있다는 것은 정말 흥미로운 일이 아닐 수 없다.

액체 상태의 물을 가진 또 다른 위성

타이탄 다음으로 우리의 관심을 끄는 토성의 위성은 엔셀라두스다. 엔셀라두스는 얼핏 보면 목성의 위성 유로파와 비슷한 얼음 행성처럼 보인다. 하지만 크기는 약 500㎞ 정도로, 타이탄보다는 10배 이상 작은 아담한 크기의 위성이다. 남한 전체의 크기보다 약간 큰 얼음 행성이라는 것 이외에는 별다른 개성을 보여주지 않는 이 위성이 주목받는 이유는 바로 여기에서 분출되는 간헐 온천이 토성의 탐사선 카시니호에 의해 관측되면서부터였다. 카시니호는 이처럼 분출되는 간헐 온천 주변을 비행하며 여기에서 분출되어 나오는 가스를 분석하였는데 이 가스가 수증기라는 것이 밝혀지면서 과학자들을 놀라게 하였다. 수증기가 분출되고 있다는 것은 이 삭막해 보이는 얼음 행성에도 물이 존재한다는 것을 의미했기 때문이었다. 따라서 과학자들은 토성의 위성 엔셀라두스의 내부에서도 유로파와 마찬가지로 액체 상태의 물이 존재할 것이라고 생각하고 있다.

출처: NASA

이 사진은 나사의 카시니 탐사선이 토성의 위성 엔살라두스를 촬영한 모습이다.

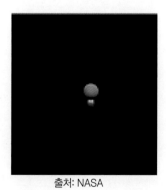

출처: NASA

이 사진은 엔셀라두스의 표면에서 분출하는 화산의 모습이다. 여러분들도 짐작하시겠지만 토성뿐만 아니라 가스형 행성인 목성과 같은 행성 자체에는 지각이 존재하지 않기 때문에 생명체가 존재하는 것이 불가능하다. 하지만 그 대신에 이런 가스형 행성들이 보유하고 있는 위성들은 지각을 가지고 있으며 태양과 멀리 떨어져 있어 혹독하게 추운 환경에도 불구하고 일부는 액체 상태의 물이 존재하는 것으로 여겨지고 있어 생명체의 존재에 대한 기대감을 높이고 있다. 물론 이렇게 가혹한 환경에서는 설사 생명체의 흔적이 존재한다고 하더라도 우리와 같은 고등 생명체로 진화하는 데까지는 이어지지 못했을 것이다. 다만 지구 이외에 액체 상태의 물이 존재하는 천체에서 우리가 생명의 초기 흔적을 조금이라도 발견할 수 있다면 이 거대한 우주는 정말 셀 수 없이 다양한 생명체들로 가득 차 있을 것이라고 추정해볼 수도 있는 것이다. 따라서 이러한 천체들에 대한 지속적인 연구는 우리 기원의 비밀을 풀어줄 수 있는 소중한 실마리를 우리에게 전해줄 것이다. 그것이 많은 학자들이 이 머나먼 곳에서도 생명체의 흔적을 찾기 위해 지속적으로 노력하는 이유인 것이다.

자전축이 완전히 누워 있는 천체

이제 어느덧 우리는 태양으로부터 7번째로 위치하고 있는 천왕성까지 왔다. 천왕성의 크기는 지름이 약 4만 8천km로, 태양계 내에서 목성, 토성 다음으로 3번째로 큰 행성이다. 천왕성의 이름인 우라누스는 신들의 왕인 제우스의 할아버지로부터 유래되었다. 즉, 우라누스는 신들의 왕인 제우스가 나오기 이전에 최초의 하늘의 신이었다. 사실 천왕성은 지구에서 육안으로 관찰될 수 있는 천체가 아니다. 따라서 고대 그리스 시대에는 천왕성을 볼 수도 없었고, 따라서 그 존재를 알지도 못하였다. 천왕성이 발견된 것은 18세기 말에 망원경의 성능이 향상되면서부터였다. 천왕성은 육안으로 관찰하기에는 너무나 먼 거리에 있었기 때문이다. 따라서 다른 5개의 행성과는 달리 오래전부터 이 행성에게 우라누스라는 이름이 부여된 것은 아니었다. 그럼에도 불구하고 다른 행성들의 이름처럼 그리스 신화에 등장하는 이름으로 명명이 된 것은, 오래전부터 이어진 기존 다른 행성들의 이름과 맥락을 같이하기 위한 것이었다.

출처: NASA

이 사진은 허블 우주 망원경으로 촬영된 천왕성의 모습이다. 천왕성의 고리를 통하여 천왕성의 자전축이 완전히 누워 있는 것이 명확하게 보인다.

지금 이곳의 위치는 지구에서 태양까지 거리의 20배에 이를 정도로 멀다. 태양으로부터의 거리가 20배 멀다는 것은 천왕성에 도달하는 빛은 지구의 400분의 1밖에 안 된다는 것을 의미한다. 그만큼 추운 곳이라는 이야기다. 특이한 것은, 천왕성은 자전축이 태양을 향해 180도로 완전히 누워 있다는 것이다. 천왕성의 자전축이 이렇게 완전히 누워 있게 된 이유에 대해서는 여러 가지 학설이 있는데 이것 또한 원시 태양계 당시 거대 행성의 충돌로 인한 것이라는 설이 지지를 많이 받고 있다. 이렇게 자전축이 누워 있는 천왕성의 특성으로 인하여 천왕성의 양쪽 극지방에서의 밤과 낮은 극단적으로 매우 길다. 자전축이 수직 방향으로 되어 있어야 행성의 자전으로 인하여 밤과 낮이 생기게 되는데 천왕성의 자전축은 거의 태양과 수평에 가깝기 때문에 17시간이라는 지구보다 짧은 자전 주기를 가지고 있음에도 불구하고 밤과 낮이 각각 엄청나게 길다. 천왕성에서 하루의 길이는 무려 86년이나 된다. 만약 인간이 천왕성에서 살게 된다면 그는 일생에 있어서 단 한 번 태양이 떠오르는 것을 경험하고 그 생을 마무리하게 될 것이다. 또한 천왕성도 금성과 마찬가지로 자전 궤도가 시계 방향으로 다른 행성들과 반대인데 이것 또한 원시 미행성과의 거대한 충돌이 있었음을 뒷받침하고 있다. 천왕성 또한 목성과 토성처럼 여러 개의 고리와 다수의 위성을 가지고 있다. 천왕성은 목성과 토성보다는 상대적으로 얇은 가스층을 표면에 두르고 있는데 외부에서 보이는 천왕성의 표면은 매우 단조로운 느낌이 들 징도로 고요하고 조용한 행성이다.

천왕성이 본격적으로 우리에게 그 모습을 보여주게 된 것은 1977년 발사된 보이저 2호가 그로부터 10년 뒤인 1987년 천왕성 근처에 근접하면서 많은 사진을 보내주었던 때부터다. 이처럼 정밀한 접근을 통해서 비로소 우리는 목성에 비하여 비교적 또렷하게 보이는 천왕성의 고리와 함께 많은 위성들을 발견하게 되었을 뿐만 아니라 극단적으로 기울어져 있는 자전축도 확인할 수 있게 된 것이다. 지구로부터 거의 30억㎞ 떨어져 있는 이 천체를 마치 눈앞에서 보고 있는 것과 같이 관찰할 수 있게 된 이러한 인류의 기술은 정말 감탄을 자아내게 할 뿐이다.

관측되기 전 그 존재와 크기, 그리고 궤도까지 예측이 된 천체

이제 우리는 태양계의 마지막 행성인 해왕성까지 와 있다. 태양으로부터 가장 멀리 떨어져 있는 해왕성은 약 5만㎞에 이르는 지름을 가지고 있다. 천왕성보다 약간 작은 행성이긴 하지만 이 정도만 해도 지구 지름보다 4배 이상 큰 행성이다. 해왕성도 외관만 보자면 쓸쓸해 보이는 천왕성과 매우 비슷한 가스형 행성의 모습을 가지고 있다. 천왕성의 동생이라는 느낌이 들 정도로 그 모습은 비슷해 보이기까지 한다. 하지만 천왕성보다 훨씬 높은 밀도를 가진 덕분에 태양과의 더 먼 거리에도 불구하고 천왕성과 비슷한 표면 온도를 유지하고 있는 것으로 알려져 있다.

출처: NASA

이 사진은 가시광선으로 촬영된 해왕성과 그 주변에 보이는 해왕성의 위성들이다. 바다 색깔을 가지고 있는 이 천체의 이름이 해왕성인 것은 어찌 보면 우연이 아닐 수도 있을 것 같다. 해왕성의 윗부분에 대암점이 얼룩져 있는 것이 보인다.

해왕성의 표면은 자신이 가진 가스층의 특성으로 인하여 매우 짙은 푸른색으로 보이는데, 해왕성의 이름인 넵튠이 바로 바다의 신 포세이돈에서 유래한 것과 무관하지 않다. 그 색깔이 깊은 바다와 비슷하기 때문이다. 해왕성도 고리를 가지고 있기는 하지만 천왕성보다도 매우 얇어 뚜렷하게 잘 보이지는 않는다. 앞서 천왕성을 방문하여 매우 의미 있는 사진들을 전송해주었던 보이저 2호가 여기에서도 실력을 발휘하였다. 1989년 보이저 2호는 해왕성에 근접하였을 때 대암점이라고 불리는 대기층의 소용돌이를 발견하였다. 우리는 행성의 표면에서 나타나는 이와 비슷한 현상을 목성에서도 이미 관찰한 바가 있다. 이는 분명 행성이 가진 대기의 격렬한 운동에 의해서 만들어지는 것이다. 태양계의 가장 바깥쪽에 위치해 있는 얼음 행성도 그 표면에 이런 흔적을 가지고 있었던 것이다. 흥미로운 것은 목성의 대적점이 상당히 오랜 시간 동안 유지되고 있는 것과는 달리 해왕성의 대암점은 그 발생 주기가 매우 짧다는 것이다. 허블 우주 망원경이 지구 대기권에 설치된 이후 지속된 관측 결과로는 보이저 2호가 관측했던 지역의 대암점은 이미 소멸되어 있었고 오히려 다른 위치에서 새로운 무늬가 발견되었다. 이런 관측 결과로 볼 때 해왕성의 대기는 이러한 대암점들이 매우 활발하게 만들어지면서 또 소멸되기도 하는 변화무쌍한 환경인 것으로 추정된다.

해왕성은 태양계의 가장 바깥쪽에 있는 행성이다. 그렇기 때문에 공전 주기도 가장 길 수밖에 없다. 해왕성의 공전 주기는 무려 164년에 이른다. 만약 인간이 해왕성에 산다면 그는 그의 일생 동안 한 번의 계절 변화도 느끼지 못하고 다시 우주의 일부분이 될 것이다. 그리고 해왕성 또한 얇은 고리와 10여 개 이상의 위성을 가지고 있다. 태양계의 마지막 행성인 해왕성은 앞서 잠시 설명했던 것처럼 뉴턴의 중력 방정식에 의하여 그 존재와 질량, 그리고 공전 궤도까지도 미리 예견이 된 상태에서 발견된 천체였다. 이는 인류가 찾아낸 자연의 법칙을 통해서 육안으로 관측이 되기도 전에 천체의 존재를 미리 예측해낸 첫 번째 쾌거였다. 이를 시작으로 인류는 저 우주 공간을 실제 관측하지 않아도 주변 천체들의 운동을 유추하여 태양계를 넘어선 천체들의 존재와 규모까지도 무리 없이 예측을 해내는, 본격적인 우주 시대의 서막을 열게 된다.

용의 꼬리에서 뱀의 머리가 된 천체

얼마 전까지만 해도 명왕성은 태양계 내의 9번째 행성으로 당당히 그 이름을 올리고 있었다. 하지만 2006년 국제천문학연맹(IAU) 총회에서 태양계에 존재하는 행성의 정의가 좀 더 명확하게 정해지면서 그 기준을 충족하지 못한 명왕성은 왜소 행성으로 강등되었다. 1930년 최초로 발견된 명왕성은 당시에는 천체 관측 기술이 부족하여 이 천체에 대한 정보를 거의 획득하지 못하였다. 하지만 우리의 관측 기술이 발달함에 따라 드러나는 명왕성의 실체는 행성이라고 부르기에는 상당히 실망스러운 것들이었다.

출처: NASA

이 사진은 명왕성과 그 위성 카론의 모습이다. 명왕성은 그 공전 궤도가 너무 일그러져 있고, 크기 또한 행성이라고 하기에는 너무 작아서 2006년 학계에서 공식적으로 행성의 지위를 잃고 왜소 행성으로 강등되었다. 하지만 아직도 많은 사람들의 가슴 속에서 한 때 태양계의 행성이었던 천체로 여전히 기억되고 있다. 위 사진은 나사의 뉴호라이즌 탐사선이 2015년 7월 14일 명왕성을 통과하며 근접 촬영한 것이다. 명왕성의 바로 뒤에서 만만치 않은 크기로 존재감을 과시하고 있는 카론은 그 거대한 크기로 인하여 단순 위성이 아니라 주변에 있던 또 다른 행성이 명왕성의 중력에 포획되면서 명왕성과 짝을 이루게 된 쌍성으로 분류되기도 한다.

명왕성의 공전 궤도는 태양계의 원반을 상당히 이탈해 기울어져 있었으며 크기는 지름이 약 2,370㎞ 정도로 지구의 1/5 정도에 불과하였다. 특히 명왕성과 유사한 공전 궤도와 크기를 가지는 천체들이 지속적으로 발견되면서 태양계에서 행성으로서의 위치를 위협받게 되었다. 그러던 중 2003년 2003UB 313이라는, 명왕성의 크기와 거의 유사한 2,340㎞의 지름을 가지고 있는 에리스(ERIS)가 발견되면서 명왕성은 결국 태양계 행성으로서의 지위를 잃고 말았다. 일부 학자들 사이에서는 이 결정에 대하여 반대를 하는 등의 논란을 남기기도 하였지만 명왕성은 이제 더 이상 태양계의 행성 형제가 아닌, 태양계 외곽에 존재하는 수많은 왜소 행성들 중의 하나가 되었다. 명왕성의 입장에서는 나름 억울할 수도 있겠으나, 왜소 행성들 중에서는 그래도 우두머리급의 크기를 가지고 있으니 나름대로의 위로가 될 수도 있겠다. 어떨 때에는 용의 꼬리보다 뱀의 머리가 더 좋을 때도 있는 법이니까 말이다.

명왕성은 5개의 위성을 가지고 있는데 그중 카론은 명왕성의 절반 정도의 크기에 이른다. 이는 태양계 내에 존재하는 행성 중 모행성 대비 가장 큰 크기를 자랑한다. 더군다나 카론은 모성인 명왕성과 매우 가까운 거리에 위치해 있어서, 만약 명왕성에서 하늘을 올려다본다면 거대하게 하늘 공간을 뒤덮고 있는 위성 카론을 볼 수 있을 것이다. 그 모습은 명왕성 위에서 카론 위성 표면의 크레바스들을 육안으로 쉽게 관찰할 수 있을 정도로 장관일 것이다. 사실 명왕성이 태양계 내의 행성으로 인정받고 있던 시절에는 카론이 태양계의 행성 중 모성 대비 가장 큰 위성이었다. 하지만 행성으로서의 지위를 잃어버리고 난 이후에는 태양계 내의 행성 중 모성 대비 크기가 가장 큰 위성의 자리를 우리의 달에게 양보해야만 했다. 지구에서 밤하늘에 눈부시고 거대한 달빛을 아무 때나 감상할 수 있는 것, 이것 또한 우리가 받은 또 다른 축복일 수 있을 것이다.

혜성들의 고향

태양계의 중심에서 출발한 우리의 여정은 이제 태양계의 마지막 행성이 존재하는 영역까지 도달하였다. 이제 우리는 본격적으로 우리의 터전이자 우리의 고향인 태양계를 벗어나 그 너머를 향한 여정을 계속해서 나아갈 것이다. 한참 동안의 여정이었지만 아직 우리가 태양계를 완전히 벗어난 것은 아니다. 태양의 빛조차 뿌연 별빛처럼 희미해 보이기는 하지만 아직 완전히 태양의 영향을 벗어나기에는 가야 할 여정이 여전히 남아 있다. 행성이 존재하는 영역을 지나서 더 멀리 나아가다 보면 태양계의 가장 바깥쪽에 행성이 되지 못한 수많은 작은 천체들이 지금도 여전히 태양 주위를 쓸쓸히 공전하고 있다. 이렇게 태양계 행성들의 외곽에서 태양을 중심으로 공전하고 있는 수많은 작은 천체들이 모여 있는 공간을 카이퍼 벨트라고 한다. 카이퍼 벨트 내의 행성들은 주로 물과 얼음으로 된 천체들이며 커다란 타원 궤도로 태양 주위를 공전하고 있고 이중 일부가 주기적으로 지구를 방문하는 혜성의 형태로 우리에게 관찰되기도 한다. 우리에게 유명한 핼리 혜성도 그 뿌리가 이곳에 속한다. 이곳이 우리에게 주기적으로 방문하며 잠시 동안만 그 모습을 보여주는 혜성들의 고향인 것이다. 그리고 지금까지 그래왔던 것처럼 앞으로도 오랜 시간 동안 이곳의 천체들은 각각의 주기를 가지고 지속적으로 지구를 방문하게 될 것이다.

밤하늘에 반짝이는 모든 별들은
자신만의 천체 생태계를 가지고 있다

지금까지 우리는 태양을 중심으로 하는 하나의 거대한 생태계인 태양계를 여행해왔다. 태양을 중심으로 8개의 특색 있는 행성을 가지고 있는 태양계는 신비스럽고 다양한 등장인물이 등장하는 역동적인 무대였다. 태양계에서 태양과 함께 어느 순간 어떤 사건을 계기로 창조된 우리는 오랜 시간 동안 다양한 상호작용의 결과로 지금의 모습으로 성장해왔다. 태양계를 여행하며 지나온 지금까지의 여정을 잠시 뒤돌아보자. 밤하늘에 떠 있는 모든 별 하나

하나는, 보이지는 않지만 그 주변에 우리가 지금까지 살펴보았던 자신만의 행성들을 거느리며 그들만의 생태계를 꾸려가고 있는 것이다. 따라서 그곳에는 모두 그곳 나름대로의 생태계가 만들어진 채 자신만의 방식으로 진화해나가고 있을 것이다. 밤하늘의 저 별들이 우리와 엄청나게 멀리 떨어져 있다고 해서 그 항성계가 우리가 가진 태양계와 완전히 다른 모습은 아닐 것이다. 분명 그곳도 우리와 같은 물리 법칙을 적용받고 있는, 같은 우주 공간에 있기 때문이다. 나와 나의 친구들이 얼굴 생김새와 키, 성격 등이 다르다고 하더라도 큰 틀에서 인간이라는 공통점의 테두리 안에 있듯이, 그들의 생태계 또한 이러한 속성을 따르고 있을 것이다.

이 글을 읽고 있는 독자들께서 이제 밤하늘의 반짝이는 저 별빛들 주변에 거대한 행성들로 구성되어 있는 생태계의 존재가 같이 느껴진다면 지금까지의 여정을 아주 잘 따라와주신 것이다. 밤하늘에 보이는 반짝이는 불빛 그 안쪽에는, 우리에게는 보이지 않지만 더 다양하고 더 많은 천체들이 공존하고 있다. 이 우주에는 셀 수 없이 많은 별들이 있지만 그보다도 훨씬 더 많은 행성들이 그 별들에 의지해서 살아가고 있는 것이다. 이러한 행성들의 흥망성쇠는 모두 자신이 별과 얼마나 떨어져 있는지와, 그들이 모시고 있는 주군인 별이 얼마나 오래 살아가게 될지에 전적으로 의존한다. 이런 면에서 우주의 생태계 속에서 별들의 존재는 더욱 고귀해지고 소중해지게 된다.

이제 우리는 우리의 고향인 지구를 벗어나 이렇게 우리의 근원이기도 한 별에 대한 근원적인 질문을 던지며 더 먼 곳으로의 여정을 진행하려고 한다. 이제 나의 부모이자 형제인 우리 태양계를 본격적으로 벗어나는 여행을 하기에 앞서서 별이 어떻게 태어나고 또 어떻게 그 생명을 다하게 되는지를 알아보도록 하자. 우리 생명의 요람이기도 한 별의 일생을 이해하고 나면 이제 나아가면서 만나게 될 수많은 별들 하나하나가 가진 그들의 운명에 대해 더욱 흥미로운 감상을 할 수 있게 될 것이다.

출처: ESA/Hubble

　우리로부터 약 8,000광년 떨어져 있는 카리나 성운. 어두운 성운 내부에서 활발하게 별들이 만들어지고 있다. 이 사진으로는 감이 잘 오지 않지만 카리나 성운 전체의 크기는 약 200광년에 달할 정도로 거대하다. 성운의 정상에는 내부에서 만들어지고 있는 원시 별로부터 분출되는 것으로 추정되는 제트류에 의하여 성운이 평행하게 일자로 뻗어 나가고 있다. 이러한 성운의 요동은 근처 성운의 운동을 자극하여 또 다른 별이 만들어지는 원동력이 되기도 한다.

　사진 한 장으로 표현하기에는 그 거대한 크기가 잘 나타나지는 않지만 저 거대한 공간이 바로 별들이 태어나고 있는 현장이다. 성운은 그렇게 별들이 태어나는 요람이다.

유니버스 샌드박스 시뮬레이션

　쌍성계는 우주에서 흔한 태양계의 형태이다. 이 우주에는 오히려 하나의 태양을 가진 태양계가 훨씬 드문 편이다. SF 영화에 가끔 등장하는, 두 개에서 세 개의 태양을 가지고 있는 행성의 모습은 전 우주적으로 보면 오히려 일반적인 모습이다. 혹시라도 그러한 항성계에 살고 있는 우주인이 있다면 오직 하나의 태양을 가지고 있는 우리 태양계를 매우 신기하게 생각할 것이다. 나의 경험에 기반한 것이 항상 일반적인 것은 아니다. 가상의 쌍성계에 존재하는 행성계의 모습을 그려보았다. 별의 근처에 있는 행성들은 너무나도 뜨거운 별의 에너지에 조금씩 녹아내리고 있다.

출처: ESA/Hubble

산개성단 Trumpler 내에 빛나고 있는 거대한 두 개의 별들. 지구로부터 약 7,500광년 떨어진 용골 성운에 위치하고 있다.

마치 거인의 거대한 두 눈이 무수히 빛나는 별빛들을 배경으로 우리를 쳐다보고 있는 듯하다. 별들은 성운 속에서 태어나고 또 자신의 삶을 마치는 순간에 자신의 모든 것을 모두 내어놓고 그러한 것들이 모여 또 다른 별들을 만들어낸다. 별들의 일생은 그렇게 빈손으로 왔다가 또 빈손으로 가는 우리의 삶을 닮아 있다.

❹
별의 일생

태양계라는 거대한 우주선

어릴 때 내 머리 위에서 아름답게 빛나던 청명한 밤하늘의 별빛들은 지금도 어김없이 그 자리에서 예전 그대로의 느낌으로 변함없는 모습을 나에게 보여주고 있다. 오염이 없는 깨끗한 지역에서 좋은 날씨에 빛 공해가 없는 곳을 찾아 밤하늘을 쳐다보면 약 4천여 개의 별을 볼 수 있다고 한다. 하지만 요즘의 서울과 같은 도심에서는 날씨가 맑은 날에도 30~40개의 별을 찾기도 힘들다. 안타까운 현실이지만 우리의 후손들은 아마 이보다도 더 적은 별들만을 관찰할 수 있게 될 것이다. 아마 도심에서는 더 이상 밤하늘에 별을 관찰한다는 것이 어려워질지도 모른다고 생각하니 안타까운 마음이 다시 한번 솟구쳐 오른다. 그래서 오늘 보이는 밤하늘의 저 별이 애틋하게 보이는 것일지도 모르겠다. 이 별의 운명이 예견되어 있다고 생각하면 그 의미가 더 소중해지는 법이다.

아무튼 우리가 알고 있듯이 밤하늘에 이렇게 오랜 시간 동안 한자리에서 변함없이 고요하게 반짝이는 것처럼 보이는 저 별들은 사실 멈춰 있는 것이 아니다. 밤하늘을 아름답게 장식하고 있는 저 하늘의 모든 별들은 각자가 지금 이 순간도 엄청난 속도로 시공간을 휘저으며 움직이고 있다. 멀리 볼 것도 없이 오늘 낮에도 뜨겁게 빛을 발하였던 우리 태양도 1초에 220㎞라는 엄청난 속도로 우주의 시공간을 변형시키며 빠른 속도로 이동하고 있다. 이 정도의 속도라면 서울에서 부산까지 이동하는 데 2초가 조금 더 걸릴 정도이니 실로 엄청난 속도이다. 하지만 이렇게 빨리 움직이고 있는 태양이 우리 눈앞에서 달아나 저 멀리 사라져버리는 일은 일어나지 않는다. 태양계의 모든 천체들은 태양의 강력한 중력으로 인하여 태양계라는 거대한 시공간에 묶인 채로 태양과 같은 속도로 이동하고 있기 때문이다. 이것은 시속 200㎞로 달리는 KTX 안에서 철수와 영이가 어떤 방향으로 뛰어다니더라도 KTX에 탄 승객 모두는 시속 200㎞로 달리고 있기 때문에 서로의 상대적인 속도 차이를 느끼지 못하는 것과 동일하다. 따라서 크게 보면 이 거대한 우주 공간 속에서 우리는 태양계라는 거대한 우주선에 함께 타고 있는 승객인 셈이다. 만약 우리가 태양계 밖에서 이를 관찰한다면 엄청난 속도로 달리고 있는 태양을 중심으로 그와 같은 속도로 달리면서도 태양을 중심으로 공전을 하고 있는 수많은 천체들의 매우 역동적인 광경을 목격하게 될 것이다. 마치 기차 역사에서 정거장을 빠르게 통과하는 KTX 열차를 보는 것처럼 말이다. 모두가 잘 알다시피 태양은 KTX처럼 혼자만 달리고 있는 것이 아니다. 태양계 내의 행성들을 비롯한 무수히 많은 천체들이 바로 이렇게 빠르게 이동하는 태양과 함께 움직이고 있다. 더욱이 이 모든 천체들은 태양을 중심으로 공전을 하면서 이동을 하고 있다.

한번 상상의 나래를 펼쳐보자. 엄청난 속도로 달리고 있는 태양을 따라서 각 행성들은 이와 동일한 속도로 나아가는 동시에 태양을 중심으로 공전 운동까지 하고 있다. 이것은 우리가 그동안 책에서 배운, 고정된 태양을 중심으로 얌전하게 태양 주위를 공전을 하고 있는 평온하고 안정적인 원운동을 하는 모델이 아니다. 각자의 모든 천체들은 태양을 따라서 엄청난 속도로 움직이는 동시에 태양 주위의 천체들은 태양 주위를 공전하고 있기 때문에 먼 거리에서 이들을 관찰한다면 빠르게 움직이고 있는 태양을 중심으로 수많은 천체들이 마치 꽈배기처럼 비틀어진 경로를 따라 휘몰아치면서 빠른 속도로 움직이고 있는 태양을 열심히 뒤쫓고 있는 역동적 모습을 보게 될 것이다. 속도의 상대성에 의하여 가려진 우리 세상은 지금 이 순간도 이렇게 시공간 속에서 엄청난 변화를 만들며 이 광활한 우주 공간을 헤쳐나가고 있는 것이다. 우리 태양계 전체는 사실 이 우주를 여행하고 있는 거대한 하나의 우주선과도 같은 것이다.

인간의 짧은 수명 때문에 발생하는 착각

밤하늘에 아름답게 반짝이는 저 별들도 우리의 태양과 마찬가지로 각자의 운동 방향을 가지고 어딘가를 향해서 빠른 속도로 시공간을 이동하고 있다. 따라서 머나먼 저 별들의 중력권 안에 있지 않은 우리에게는 별들의 활발한 움직임이 보여야 한다. 하지만 저 별들의 위치와 우리와의 거리가 너무나도 멀기 때문에 별들이 아무리 빠른 속도로 이동하고 있다고 해도 우리에게는 그들이 마치 정지해 있는 것처럼 보인다. 이는 우리가 기차를 타고 갈 때 먼 거리에 있는 산이 마치 정지해 있는 것처럼 보이는 것과 같은 착시 현상이다. 달리고 있는 기차에서 저 멀리 보이는 산의 움직임이 마치 정지해 있는 것처럼 보일지라도 조금 시간이 지나면 우리는 그 산이 조금씩 우리의 뒤로 멀어지는 것을 느낄 수 있다. 이와 마찬가지로 별들이 사실은 빠르게 움직이고 있다고 하더라도 별들과 우리의 거리가 상상을 초월할 정도로 멀기 때문에 그 움직임은 우리의 육안으로 보기에 너무나도 작다. 따라서 인간이 태어나서 죽는 순간까지 항상 같은 위치에서 같은 별을 관측한다고 하더라도 그 움직임의 차이를 찾아내는 것은 거의 불가능하다. 별들의 움직임은 수천 년, 수만 년이 흘러서야 비로소 그 위치 변화가 보이기 때문이다.

사실 수천 년, 수만 년은 인간의 기준으로는 엄청나게 긴 시간이지만 우주 스케일로 보면 그렇게 긴 시간이 아니다. 즉, 타임랩스 기능을 활용하여 우주 스케일의 시간으로 보다 긴 주기를 가지고 밤하늘을 관찰해보면 별들은 사실 매우 활발하게 여기저기를 여행하고 있음을 쉽게 확인할 수 있을 것이다. 우리의 선조들은 밤하늘을 관찰하면서 밤하늘의 별들 중에서 움직이는 것은 수성, 금성, 화성, 목성, 토성뿐이라고 생각했고 실제로 그들은 이외의 모든 별들이 움직이는 것을 결코 보지 못한 채 그들의 삶을 마감하였다. 하지만 몇십만 년 혹은 몇백만 년의 주기로 별들을 관찰하면 별들이 얼마나 활발하게 우주의 시공간 여기저기를 돌아다니고 있는지를 금세 알아차릴 수 있다. 별들이 움직임 없이 고정되어 있다고 느껴지는 것은 우리의 삶이 찰나와 같이 짧기 때문에 오는 착시 현상인 것이다. 지금 우리의 눈에 보이는 것이 꼭 진실이 아닌 경우도 있다. 우리가 1초에 60번이나 깜박이고 있는 형광등의 참 모습을 인지하지 못하고 있는 것처럼, 고정되어 있는 것처럼 생각 되는 저 밤하늘의 별들은 지금도 사방으로 요동치고 있다.

별들도 삶과 죽음이 있다

그러면 이러한 별들은 어떻게 태어나고 또 어떻게 그 끝을 맞이 하게 될까? 인간의 눈에는 미동조차 하지 않으며 영원히 변할 것 같아 보이지 않는 저 별들도 인간들처럼 삶과 죽음이 존재하는 것 일까? 아니면 우리의 눈에 관찰되는 것처럼 항상 영원불멸의 모습 으로 저 우주 공간을 환하게 밝히면서 영원히 여행하고 다니는 것 일까? 정답부터 이야기하면 별들도 죽는다. 인간의 눈에는 미동조 차 하지 않으면서 항상 같은 모습으로 늙지도, 죽 지도 않으며 영 원히 그곳에 존재할 것으로 보이는 별들도 정해진 시간이 지나면 결국에는 그 빛을 잃고 운명을 다하게 된다.

지금 내 주위를 한번 둘러보자. 나의 주위에 있는 이 세상 모든 물질들은 정도의 차이만 있을 뿐 시간이 지나면서 조금씩 변하고 있다. 활기찬 아침을 시작하기 위하여 주문했던, 따뜻한 모닝 커피 는 이내 식으며 그 온기를 잃는다. 아침에 떠올랐던 해는 저녁이면 그 모습을 감추고 날마다 변화하는 달의 모습을 보며 이내 계절의 변화까지 느끼게 된다. 이처럼 정도의 차이가 있을 뿐이지 우리 주 변은 모두 변화하는 것으로 가득 차 있다. 그럼에도 불구하고 인류에게 오랜 시간 동안 변하지 않을 것으로 생각되었던 것이 있다. 바로 태양으로부터 뿜어져 나오는 엄청난 양의 빛이다.

하지만 오늘 아침 우리에게 따뜻한 햇살을 선사해준 태양조차도 언젠가는 초라하게 식고 그 빛을 잃게 된다. 별들에게도 죽음이 있기 때문이다. 엄청나게 밝은 빛으로 인하여 지금은 감히 직접 처다볼 엄두도 낼 수 없는 태양도 오랜 시간이 지난 후에 빛을 잃고 나면 작고 초라한 천체의 형태로 이곳에 한때 태양이라는 별이 있었다는 조그마한 흔적만 남기게 될 것이다. 우리의 태양뿐만 아니라 다른 모든 별들도 이 법칙에서 예외일 수 없다. 우리의 인생이 그러한 것처럼 별들에게도 죽음은 피해갈 수 없는 필연적인 운명인 것이다.

별들의 씨앗

우리는 이제 별들이 어떻게 태어나고 또 어떻게 죽음을 맞이하는지를 알아보게 될 것이다. 별들이 어떻게 생성되는지는 태양계의 기원에 대하여 이야기할 때 이미 한 번 언급했지만 여기에서는 잠깐 복습을 하는 관점에서 한 번 더 짚고 넘어가보도록 하자. 이 세상의 모든 생명체가 탄생하기 위해서는 생명의 모태가 되는 씨앗이 필요하다. 아무것도 없던 공간에서 갑자기 만들어지는 생명체 같은 것은 없다. 저 우주의 별들도 마치 생명체와 같아서 그들이 태어나기 위해서는 '별의 씨앗'이 필요하다. 그렇다면 별의 탄생을 만들어내기 위한 별의 씨앗은 무엇일까? 그것은 바로 우주 공간에 떠도는, 성운이라고 불리는 먼지구름이다.

우주 어디에서나 관찰할 수 있는 이 먼지구름은 전 우주에 걸쳐서 일정하게 분포되어 있는 것이 아니라 특정 지역에는 특히 많은 먼지구름이 밀집되어 있다. 이렇게 우주 공간에 존재하는 먼지구름은 지역마다 조금씩의 밀도 차이가 발생하게 되는데 이렇게 성운의 밀도가 높은 지역을 중심으로 먼지구름 입자들이 점차 많이 모이고 모이면서 커지는 중력에 의해 자신의 덩치를 조금씩 키워가게 된다. 그렇게 되면 먼지구름의 덩치가 점점 커지면서 서로 간의 입자에 의한 마찰 등에 의하여 그 중심에 높은 열이 발생하게 된다. 이렇게 시작된 성운 덩어리의 크기는 점점 커지게 되고, 그러면서 중심의 압력과 온도는 더욱 증가하게 된다. 그러다가 마침내 원시 별의 중심에 있는 풍부한 수소 입자들이 더 이상 중심의 압력과 온도를 견디지 못하고 자신보다 한 단계 무거운 원소인 헬륨으로 뭉쳐지면서 원소들의 융합이 시작된다. 이때 수소가 헬륨으로 뭉쳐지면서 약간의 질량 손실이 발생하게 되는데, 이때 소실된 질량이 광자라는 열에너지로 바뀌는 핵융합 반응이 시작되게 되는 것이다. 이렇게 자신의 중심에서 스스로의 무게와 압력으로 인하여 핵과 핵이 융합하는 핵융합 반응이 일어나는 천체를 우리는 별이라고 부른다.

이것이 우주 공간에 존재하는 모든 별들이 태어나는 원리인 것이다. 이렇게 별들의 씨앗으로 가득 찬, 성운이라고 불리는 먼지 가득한 공간은 바로 별들이 태어나는 요람인 셈이다. 성운은 가스와 먼지구름으로 가득 차 있어 우리의 육안으로 보면 암흑으로 둘러싸인 먼지 덩어리에 불과해 보인다. 하지만 먼지구름을 통과할 수 있는 적외선으로 성운 내부를 관찰해보면 그 깊은 먼지 속에서 요동치며 태어나는 수많은 별들을 직접 확인할 수 있다. 성운은 별들을 태어나게 만드는 어머니의 따뜻한 품과 같은 것이다. 모든 별들은 성운 속에서 태어나서 그 생을 마치고 다시 성운으로 되돌아가면서 영겁의 순환을 그렇게 계속하고 있다.

별들의 일생을 결정하는 단 한 가지 요소

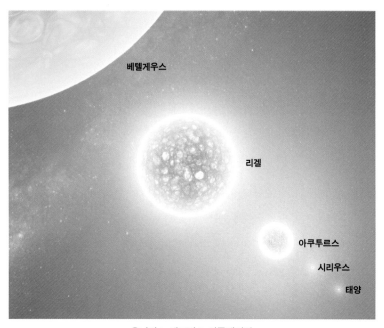

유니버스 샌드박스 시뮬레이션

별들은 자신이 가진 질량에 따라 그 모양과 운명, 그리고 자신의 색깔 등 모든 것이 결정된다. 이 이미지는 왼쪽부터 베텔게우스, 리겔, 아쿠투르스, 시리우스 그리고 태양을 크기순으로 배열해본 것이다. 위 이미지에서 가장 큰 별인 베텔게우스는 질량이 태양의 11배 정도이며, 크기는 지구에서 태양까지 거리의 4배에 해당되는 어마어마한 적색 초거성이다. 질량에 비해서 크기가 어마어마하게 큰 이유는 별이 나이가 들었기 때문이다. 별은 자신의 노후에 에너지를 잃게 되면 색깔이 점점 붉어지면서 커지게 되는데 이런 상태의 별을 적색 거성이라고 한다. 이 별은 마지막에 초신성 폭발과 함께 우주 공간에서 산화될 것으로 예상된다. 리겔은 베텔게우스보다 훨씬 작지만 질량은 태양의 21배로 푸른색의 강력한 에너지를 분출하고 있는 젊은 별이다. 따라서 밤하늘에서는 베텔게우스보다 우리 눈에 훨씬 더 잘 보이는 별이다. 그 옆에 있는 아쿠투르스는 망원경으로 별을 관찰하기 위하여 기준점을 잡을 때 많이 활용되는 별이기도 하다. 그 오른쪽에 있는 시리우스는 밤하늘에서 가장 밝게 보이는 별로 유명하다. 이렇게 거대한 별들과 비교해보면 태양의 크기가 보잘것없이 느껴진다.

출생과 함께 시작되는 인간의 삶은 신체, 외모, 성격, 신분, 재산 등 많은 부분을 부모로부터 물려받게 된다. 모든 인간은 평등한 존재로 태어나며 그렇게 존중받아야 한다. 하지만 부모님이 누구냐에 따라 각자가 다양한 출발선을 가지게 되는 것 또한 현실이다. 그리고 우리 자신들도 외모, 신체적인 능력, 지능, 성격 등도 모두가 다른 능력치를 가지고 이 세상에 태어나서 각자의 다양한 삶을 살아간다. 따라서 인간이 수명이 다하여 다시 자연으로 돌아가게 될 때까지 자신들이 겪게 되는 이야기는 지금까지 존재한 인류 모두의 이야기 중 같은 것이 하나도 없을 정도로 다양하며 모두 각각 고유한 역사를 가지고 있다. 인간에게 있어서 내가 누구로부터 태어날지 결정할 수 없는 것과 마찬 가지로 내가 어떤 방식으로 삶을 마감하게 될지 또한 알지 못한다. 그만큼 우리 인간의 삶은 모험으로 가득 차 있으며 미래에 무슨 일이 일어날지 알 수 없는, 변화무쌍한 확률이 지배하는 세상이다.

하지만 별들의 탄생과 죽음은 인간의 그것과는 완전히 다른 법칙에 의해 지배되고 있다. 우리의 인생사가 우리의 부모, 주변 환경, 나의 성격 등 다양한 인자에 의존하는 것과는 달리 별들의 운명은 단순히 자신들이 타고난 질량에 의하여 그들의 미래가 직접적으로 결정된다. 즉, 별들이 태어날 당시의 질량이 어느 정도인지에 따라 그들의 인생과 삶과 죽음이 어떤 방향으로 진행이 될지가 결정되는 것이다. 모험과 확률에 의해 지배되는 인간의 삶과는 달리 별들의 삶은 자연의 법칙에 의해 지배되는, 예측 가능한 세상인 것이다. 어떻게 보면 인간의 삶보다 깨끗하고 공평한 세상이라고 볼 수도 있지만 미래가 결정되어 있다는 것이 그리 유쾌한 것만은 아닐 것이다. 만약 우리의 삶의 미래가 이와 같이 결정이 되어 있다면 우리의 미래는 어떠한 노력을 기울인다고 하더라도 바뀌지 않게 된다.

실제로 우리의 앞날과 인생조차도 별들의 그것처럼 모두 이미 결정되어 있다고 생각하는 결정론적 우주관을 가진 학자들도 있다. 하지만 만약 우리의 인간사가 정말 결정론적 세계관에 의해 지배되는 세상이라고 한다면 좋은 점보다는 좋지 않은 점들이 더 많이 떠오르게 되는 것은 필자 혼자만의 생각은 아닐 것이다. 그런 점에서 필자는 이 세상이 인간의 자유 선택에 의하여 다채롭게 변화된다는 역동적인 우주관을 믿고 있다. 아무튼 이러한 예측 가능한 별의 삶으로 인하여, 우리는 단지 별이 얼마나 무거운지만 알 수 있다면 그들이 어떠한 방식으로 태어났으며 더불어 어떤 과정을 거쳐서 성장하면서 마침내는 어떠한 모습으로 최후를 맞이하게 될지도 예측해볼 수 있는 것이다. 그럼 이제 본격적으로 별들이 태어날 때 부여받은 질량에 따라 어떤 삶의 형태로 살아가게 되는지 알아보도록 하자.

무겁고 큰 별일수록 빠른 최후를 맞이한다

별들은 그 질량이 클수록 자신의 무게에 의하여 주변의 시공간을 더욱 크게 휘게 만든다. 이것은 중력이 더욱 커지게 된다는 것을 의미한다. 중력이 커지게 되면 별을 이루고 있는 중심의 압력과 온도도 따라서 더욱 커진다. 이렇게 별 중심의 압력과 온도가 커지게 되면서 별의 내부에 존재하는 물질들도 더욱 강한 힘에 의해 압박을 받게 된다. 이러한 힘이 점점 커지게 되면서 특정 임계점을 넘어서게 되면 별의 중심을 구성하고 있는 원자들은 더 이상 버티지 못하고 서로 엉겨붙으면서 보다 더 큰 원자로 합쳐지는 핵융합 반응이 일어나게 된다. 핵융합 반응이 일어나게 되면 핵들이 보다 크고 무거운 원자로 융합되는 과정에서 미세한 질량의 감소가 발생한다. 이때 감소된 질량은 정확히 같은 양의 에너지로 전환되면서 빛의 형태로 별 밖으로 방출된다(앞서 아인슈타인이 설명했던 내용, 즉 질량은 에너지의 또 다른 모습임을 기억하자). 이것이 이 우주 공간에 존재하는 모든 별들이 빛나는 이유인 것이다.

하지만 세상에 공짜는 없는 법이다. 이렇게 핵융합 반응이 지속되면 별은 자신이 방출하는 에너지만큼 질량을 조금씩 잃어버리게 된다. 따라서 별에서 핵융합 반응이 처음 시작된 그 순간부터 시간이 지날수록 별들은 그들의 질량을 조금씩 잃으면서 가벼워지게 된다. 이것이 결국은 별도 죽음을 맞이하게 되는 이유이다. 태어나면서부터 많은 질량을 가지고 있어서 중력이 큰 별일수록 그 중심에는 더 높은 온도와 더 높은 압력이 작용한다. 따라서 그 중심에서는 더욱 격렬한 핵융합 반응이 일어나게 되므로 더 많은 질량(에너지)을 소비하게 된다. 이것이 질량이 큰 별일수록 크기가 크고 매우 밝게 빛나는 이유이다. 따라서 이렇게 큰 질량을 가지고 있는 별들은 거대하고 맹렬하게 타오르며 엄청나게 밝게 빛나지만 그만큼 빨리 자신의 질량을 소비하기 때문에 핵융합에 필요한 재료들도 훨씬 빨리 소모된다. 그러므로 이러한 별들은 그렇게 격렬하게 분출하던 밝은 빛을 오래 유지하지 못하고 빠른 속도로 그 생을 마감한다. 이와는 달리 질량이 가벼운 별들은 중심의 중력에 의해 발생하는 핵융합 에너지도 약할 수밖에 없기 때문에 상대적으로 소비되는 질량도 적다. 이것이 크기가 작은 별들의 밝기가 약한 이유이다. 하지만 비교적 작은 에너지만을 방출하기에 질량이 큰 별보다는 훨씬 오랜 시간 동안 꾸준히 주변을 밝혀주는 우주의 등대 역할을 할 수 있다.

가늘고 길게 그리고 짧고 굵게

유니버스 샌드박스라는 시뮬레이션 게임을 이용하면 우주에 존재하는 다양한 천체들의 모습과 운동을 자신이 원하는 대로 배치시켜보면서 그 미래까지도 예측해볼 수 있다.

중앙의 태양 옆에 우리와 가장 가까운 별인 프록시마 센타우리를 배치해보았다. 태양 질량의 약 10%에 불과한 이 별은 작은 질량으로 인하여 낮은 에너지를 방출하고 있어 붉고 어둡게 보인다. 태양도 사실은 크기로만 보면 우주에서 평균에 약간 못 미치는 정도이다. 하지만 이보다 훨씬 작은 프록시마 센타우리로 인하여 우리의 태양이 매우 거대한 별처럼 보인다. 우리 세상과 마찬가지로 우주에서도 크기라고 하는 것은 언제나 상대적이다. 다른 점이 있다면 우리 세상과는 차원이 다를 정도로 그 상대적인 폭의 차이가 엄청나게 거대하다는 것이다. 뛰는 놈 위에 나는 놈이 있다고 하지만, 우주에서는 항상 그것 이상의 무엇인가가 존재할 수 있음을 잊지 말아야 한다. 우리가 우주 앞에서 항상 겸손해져야 하는 이유이다. 하지만 별의 입장에서 크다고 모든 것이 다 좋은 것은 아니다. 큰 별들은 그만큼 거대한 에너지를 한순간에 폭발적으로 쏟아내기 때문에 그 수명이 불과 수억 년도 안 될 정도로 짧다. 하지만 붉고 어두워서 가냘프게 보이기까지 하는 센타우리와 같은 작은 별들은 대신 엄청나게 긴 수명을 살아갈 수 있다. 이 정도 크기의 별은 1,000억 년을 넘게 타오를 수도 있다. 별들의 수명에 관해서는 짧고 굵게, 그리고 가늘고 길게라는 명제가 완전하게 적용된다. 무엇인가를 얻으면 또 무엇인가를 잃게 된다는 진리는 전 우주에 통용되는 진리일지도 모른다.

즉, 질량이 큰 별들은 자신들의 강렬한 빛으로 우주 공간을 더없이 밝게 비추며 말 그대로 짧고 굵게 한 시대를 풍미하며 살다 가지만, 가벼운 별들은 가늘고 길게 오랜 시간 동안 생명을 유지하는 것이다. 이렇게 별에게 있어서 그들이 언제까지 살게 될지는 매우 간단한 하나의 요인에 의해서 결정이 된다. 태양보다 작은 별은 훨씬 더 긴 세월을 살아가게 될 것이고, 크고 무거운 별은 훨씬 더 짧은 삶을 살아가게 된다.

그러면 질량에 따른 별들의 일생을 조금만 더 자세하게 알아보도록 하자. 별들은 자신이 가진 질량에 따라서 얼마나 오래 살지가 결정이 될 뿐만 아니라 살아 있을 때에도 어떠한 인생의 여정을 걷게 될지 또한 결정이 된다. 따라서 별의 일생을 알아보기 위해서는 별의 질량이 얼마나 되는지를 태양과 비교하면서 이야기를 해보면 좋을 것이다.

먼저 태양보다 가벼운(태양 질량의 약 절반 이하) 별들은 어떤 운명을 가질까? 이렇게 가벼운 별들도 특정 질량을 넘어서는 단계부터는 중력으로 인하여 별의 중심에서 핵융합 반응이 일어나게 된다.

다만 별의 중력이 상대적으로 약하기 때문에 핵융합 반응에 사용될 수 있는 재료는 원소 중 가장 작은 수소뿐이다. 따라서 이러한 별은 중심의 수소가 고갈되는 순간 별 중심에서 핵융합 반응이 즉시 중단되면서 별로서의 생명을 마감하게 된다. 하지만 자신의 상대적으로 약한 중력으로 인하여 별의 중심의 매우 좁은 영역에서만 핵융합 반응이 일어나게 된다. 그러므로 자신보다 더 큰 별들에 비하여 더 적은 양의 수소만을 소모하면서 훨씬 오랜 시간 타오른다. 이렇게 작은 별들의 수명은 최소한 수백억 년 이상이며 길게는 수천억 년이 넘는 시간 동안 생명을 유지할 것으로도 예상된다고 한다. 그러므로 약 138억 년이라는 우주의 역사를 생각해보면 우주 공간에 존재하는 어떤 별들은 우주가 창조된 이후 단 한 번도 꺼지지 않은 별들도 무수히 많을 것이다. 그리고 그들은 지금까지 그 빛을 유지하고 있으며 앞으로도 영겁의 세월을 그렇게 타오를 것이라는 것을 알 수 있다.

태양과 비슷한 질량을 가진 별들은 보통 100억 년 전후를 살아갈 수 있다. 전체 별들 중에서 태양과 비슷한 별들의 비중이 가장 많은 것을 고려해본다면 이것이 일반적인 별들의 평균 수명이라고 해도 좋을 것이다. 이에 반하여 엄청난 크기와 질량을 가진 별들은 중심핵에서 수소보다도 더 무거운 원소들까지도 핵융합시킬 수 있는 충분한 중력을 가지고 있으며 그만큼 시간당 소모시키는 물질도 엄청나게 많다. 따라서 태양보다 훨씬 크고 무거운 별들의 수명은 짧게는 수백만 년에서 수천만 년에 불과하다. 앞서 지구에서 단세포 생명체가 출현하여 지금의 고등 생명체로 진화하는 데 약 37억 년의 시간이 걸렸다는 것을 잠시 떠올려보자. 따라서 이러한 별들의 주변에 존재하는 행성들에서는 생명체의 존재를 기대한다는 것은 무리일 것이다. 기적적으로 운이 좋아서 이렇게 거대한 별이 가진 어느 행성 일부에서 초기 생명체가 탄생했다고 하더라도 고등 생명체로의 진화 전에 별들은 그 빛을 완전히 잃어버릴 것이기 때문이다.

이렇게 무거운 별들은 뜨겁고 화려하게 짧은 기간 동안 자신의 존재를 알리고 짧은 일생을 마친다. 이와 같이 별들은 자신이 가진 질량에 따라 상당히 다양한 수명을 가지고 있다. 따라서 어떠한 별에 생존하고 있는 문명이 있다면 가장 먼저 자신의 별이 얼마나 타오를 수 있을지를 먼저 알아놓아야 할 것이다. 혹시라도 거대한 별들로부터 온기를 전달받고 있는 주변의 행성들에 문명이 존재한다면 그들은 자신의 별이 그 수명을 다하기 전에 다른 항성계로의 이주를 미리 준비해야 문명의 절멸을 피할 수 있기 때문이다. 반면에 태양보다 가벼운 별들은 태어난 이후 별다른 변화 없이 꾸준한 밝기를 유지하며 오랜 시간 동 안 주변의 행성들에게 따뜻한 온기를 보내줄 것이기 때문에 태양의 죽음으로 인하여 문명이 멸망할 걱정은 어느 정도 덜게 될 것이다. 그리고 이렇게 작은 질량을 가진 별들의 수명이 상대적으로 엄청나게 길기 때문에 이러한 작은 별들이 먼 미래에는 우주에서 가장 마지막까지 생존하는 별들의 주류가 될 것이다. 질량이 작은 별일수록 어두운 밝기를 가지고 있지만 그 생명의 길이만큼은 단연코 길다. 무엇인가를 얻으면 또 다른 무엇인가를 내주어야 하는 이치가 별의 일생에도 적용되는 셈이다.

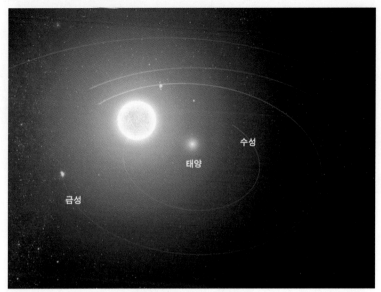

유니버스 샌드박스 시뮬레이션

밤하늘에서 3번째로 밝게 보이는 아쿠투르스는 현재 적색 거성의 단계에 있다. 이 별은 태양과 거의 비슷한 질량을 가지고 있는데, 별의 노년인 적색 거성 단계에 있기 때문에 그 크기는 태양보다 25배 정도 크고 밝기 또한 100배 이상 밝게 빛나고 있다.

아쿠투르스의 실제 크기를 실감나게 비교하기 위하여 태양계 안에 배치해보았다. 이렇게 보면 태양과 비교하여 아쿠투르스가 얼마나 거대한지 잘 느껴진다. 태양을 중심으로 공전하는 행성들의 궤도가 나타나 있는데, 이렇게 크게 보이는 아쿠투르스도 태양과 수성까지의 궤도에는 한참을 못 미치는 것을 알 수 있다. 그런데 베텔게우스의 크기는 지구와 태양까지 거리의 4배이니 과연 상상을 초월하는 크기라고 할 수 있다. 이렇게 이 우주에서 별들의 크기는 어디에서나 상대적으로만 의미가 있다.

우리의 태양도 말년에는 이 별과 마찬가지로 적색 거성의 단계로 들어서는데 가장 커졌을 때에는 크기가 위 이미지의 두 번째 궤도인 금성까지 삼킬 정도로 성장할 것으로 예상된다고 한다. 즉, 태양이 노후에 적색 거성의 단계에 들어서게 되면 아쿠투르스보다 훨씬 거대한 모습으로 성장하게 될 것이다.

우리 태양의 미래

그러면 우리의 태양은 얼마나 살아왔고 또 얼마나 살아갈 수 있을까? 우리의 태양은 우주에 존재하는 수많은 별들 중에서 평균에 조금 못 미치는 작은 체구를 가지고 있다. 이것은 바꿔 이야기하면 태양이 존재하는 다른 별들의 평균보다는 좀 더 수명이 길다는 것을 의미한다. 45억 살 정도 된 우리의 태양은 이제 중년의 나이를 지나가고 있다. 연구에 따르면 우리 태양의 수명은 약 90억 년 정도가 될 것이라고 한다. 이제 중년의 모습으로 성장해 있는 태양은 중심에서 발생하는 핵융합에 의해 폭발하려는 힘과 중력에 의해 수축하려는 힘의 균형이 잘 이루어지고 있기 때문에 멀리서 보면 매우 안정적으로 보인다.

그러면 오랜 시간이 흐른 뒤 태양의 말년에도 지금의 모습을 유지할 수 있을까? 태양의 말년 모습은 어떠할까? 지금 활발하게 핵융합 반응을 일으키고 있는 수소들도 언젠가는 모두 소진되는 날이 오게 된다. 태양보다 작은 별들의 경우는 이렇게 별의 중심에서 수소가 고갈되는 시점에 바로 핵융합 반응이 중단되면서 별로서의 생애를 마무리한다. 하지만 이보다 질량이 더 큰 태양과 같은 별들은 이렇게 작은 별과는 달리 다음 단계로의 변화가 일어난다. 오랜 시간이 흘러서 태양 중심핵에서 수소가 고갈되면 수소의 핵융합에 의하여 폭발하듯 팽창하려는 힘이 약해지게 되면서 태양의 중력과의 균형이 깨지게 된다. 이렇게 되면 태양 중심의 핵은 주로 He으로 바뀌면서 수축하게 되고 이제부터는 태양 핵의 바깥 층에 남아 있던 수소들이 핵융합 반응을 일으키게 된다. 태양의 중심에 있던 수소들은 많이 고갈되었지만 태양 중심으로부터 바깥 층에 여전히 남아 있던 수소들에 의해 태양은 수소 핵융합 반응을 지속할 수 있게 되는 것이다.

이러한 태양의 중심핵 주변에서 일어나는 핵융합 반응은 이웃하는 영역의 압력과 온도를 증가시키며 연쇄적으로 핵융합 반응을 일으키게 되면서 태양은 점점 자신의 몸집을 키워가게 된다. 그러면 점점 부풀어오르는 크기로 인하여 태양의 표면 온도는 지금보다 낮아지면서 그 영향으로 표면 색깔이 점점 붉은 색깔로 변하게 된다. 이를 붉고 커다란 별이라고 하여 '적색 거성'이라고 한다. 이렇게 수축과 팽창의 평형이 깨지면서 점점 커지는 태양의 몸집은 태양계에서 가장 가까이 있는 수성을 금세 삼켜버릴 정도로 팽창하게 된다. 이러한 과정에서 적색 거성의 중심은 He조차도 핵융합 반응을 일으킬 충분한 온도와 압력을 가지게 된다(태양보다 질량이 약 3배 정도까지 큰 별들은 He보다 더 무거운 탄소나 혹은 일부 산소까지도 핵융합을 일으키기도 한다). 이렇게 되면 태양의 중심은 수소 핵융합을 끝내고 본격적으로 He으로 핵융합 반응을 하며 더욱 활발하게 타오르게 될 것이다. 이렇게 점점 자신의 몸집을 점점 키워가던 태양은 이내 금성마저도 삼켜버리고 현재의 지구 궤도 근처까지 커지게 될 것으로 예상된다. 이렇게 거대해진 적색 거성이 설사 지구를 삼키지 않는다고 할지라도 만약 누군가가 그 순간까지도 지구에 남아 있게 된다면 하늘의 대부분을 가득 채우고 있는 태양과 마주하게 된다. 그러므로 이렇게 거대해진 태양이 지구의 앞마당에 있게 되면 지구의 표면 온도는 400도가 넘어가게 되며 지구상의 모든 물은 끓어올라 증발하고 모든 생명체는 즉시 절멸하고 말 것이다.

걱정할 필요 없는 태양의 수명

태양은 현재 약 45억 살 정도 되었다. 태양의 수명은 90억 살 정도로 예상되므로, 우리의 태양은 이제 그의 일생에서 중년을 맞고 있는 셈이다. 혹시라도 태양의 종말에 대해 걱정하는 이가 있다면, 그런 걱정은 나를 이루고 있는 모든 분자가 갑자기 지금 이 자리에서 모두 분해되어 지구 반대편으로 사라져버리는 것은 아닌가 걱정하는 것과 같다. 사실 양자역학에 따르면 나의 몸에 그런 일이 일어날 가능성이 완전히 '0'은 아니다. 하지만 분명 그러한 일은 일어나지 않는다. 태양의 수명을 현재 단계에서 걱정하는 것이 그만큼 부질없다는 것이다. 혹시라도 그런 사람이 있다면 현생 인류의 직접적인 조상인 호모사피엔스가 태어난 것이 불과 20만 년 전임을 다시 한번 상기해보자. 태양의 탄생 이후 흘러온 시간에 비하면 인류의 탄생은 그야말로 '찰나'의 순간이며, 태양은 앞으로도 50억 년은 더 빛날 것이다. 이 긴 시간은 인류가 가진 시계로는 그야말로 영원한 '영겁'의 시간이나 마찬가지인 것이다.

태양의 신비와 거대한 우주, 그리고 인류의 마지막과 같은 것에 대해서 이야기를 하다 보면 가끔 지금 내가 살고 있는 인생 자체가 부질없이 느껴진다거나 모든 만사가 의미 없는 것같이 느껴지는 '허무주의'로 빠질 수도 있다. 이러한 느낌들이 때로는 삶의 위로와 안식이 되기도 하지만 심해질 경우 오히려 우리에게 좋지 않은 영향을 주기도 한다. 우리가 진리의 여정을 통하여 발견하게 되는 세상의 참모습은 우리의 삶을 윤택하게 하고 우리 인류의 밝은 미래를 건설하게 하기 위함이다. 그럴 리는 없겠지만 혹시라도 50억 년 후에 차갑게 식게 될 태양을 지금 미리 걱정하여 세상의 종말론을 이야기하는 누군가가 있다면 조용히 다가가 진심 어린 충고를 해주기를 바란다.

또 다른 별을 만드는 씨앗

이제 우리는 현재 지구 생명의 원천이 되어주는 태양도 그의 말년에는 점점 거대해지면서 지구에 존재하는 모든 생명을 멸살시키는, 지금과는 전혀 다른 모습으로 우리에게 다가오게 될 것이라는 것을 알았다. 하지만 그때쯤이면 거대해진 태양이 발산하는 에너지가 지구를 넘어 목성이나 토성까지도 충분히 도달되어 그곳에도 생명체가 살아갈 수 있는 수준의 온기를 불어넣게 될 것이다. 따라서 만약 그 시대까지 인류가 문명을 유지하고 있다면 그들은 액체 상태의 물을 가지고 있다고 여겨지는 목성의 위성인 유로파에 새로운 문명을 건설하는 것이 생존 방법이 될 수도 있을 것이다. 하지만 이렇게 목성의 위성 유로파에서 용케도 인류 멸종 위기를 견뎌낸 미래 인류에게도 피할 수 없는 마지막 숙명이 있으니 그것은 바로 태양계의 생명과 빛의 원천인 이 적색 거성조차도 식어버리는 최후의 종말이다. 이렇게 거대해진 적색 거성도 그 원료인 수소와 헬륨이 급격하게 줄어들게 되면 핵융합 반응에 의한 폭발력과 중력의 균형이 더욱 무너지게 되면서 커졌다가 작아졌다가 하는 과정을 반복하게 된다. 이러한 과정을 통하여 태양은 자신이 가지고 있던 물질들을 조금씩 우주 공간 속으로 뿜어내게 된다.

태양의 이러한 변화는 태양이 가지고 있던 물질들을 세상으로 배출하기 위한 펌프처럼 작용하며 내부의 물질들을 외부 공간으로 반복하여 배출한다. 이것은 마치 임종 직전의 인간이 이 세상과 이별하기 전 마지막으로 거친 숨을 몰아쉬는 것과 같다. 이러한 태양의 마지막 호흡이 관찰되면 우리와 긴 시간을 함께했던 태양과 마지막 이별을 준비해야 하는 시기가 온 것임을 알아차려야 할 것이다. 가쁜 호흡을 내쉬며 마지막을 예고하는 신호를 주던 태양은 수소와 헬륨이 소진되어 중심의 핵융합 반응이 멈추게 되는 순간, 그 숨가쁜 호흡마저도 멈추면서 힘없이 '툭' 하고 꺼져버리게 된다. 하지만 태양의 마지막은 우리가 많이 보아왔던, 타오르던 촛불이 꺼지는 것과는 명확하게 다르다. 태양은 마지막 순간에 이르는 과정을 통해서 거친 숨을 몰아쉬며 사신이 가지고 있던 물질들을 우주 공간으로 멀리 뱉어낸다. 그리고 이렇게 배출된 물질들은 후대의 또 다른 별의 씨앗이 되는 성운이 되어 우주 공간을 떠돌게 된다. 태양이 그의 마지막에 거친 숨을 몰아쉬면서 내뿜는 마지막 호흡은 또 다른 별을 만들어주는 별의 씨앗인 것이다.

같은 것이 단 하나도 없는 별들의 마지막 모습

이렇게 우주 공간으로 자신이 남긴 모든 것을 다시 되돌려주게 되면 태양은 비로소 그 찬란했던 빛을 꺼뜨리며 수축되어 은은한 백색 빛을 발하는 백색 왜성으로 식어버리면서 한때 번영했던 '별'로서의 일생을 마치게 된다. 차갑게 식은 백색 왜성의 주변에는 태양의 마지막 거친 숨으로 우주 공간으로 방출된 다양한 물질들이 플라스마 상태로 남아 은은한 빛을 내며 장관을 연출한다. 이러한 모습은 보통 수십만에서 수백만 년 동안 유지가 되는데, 이를 별처럼 보이는 성운이라고 하여 '행성상 성운'이라고 한다. 태양과 질량이 비슷한 대부분의 별들은 이러한 과정으로 마지막을 마감하며 본인의 마지막 거친 호흡으로 물질을 방출하며 후대의 또 다른 시작을 준비한다.

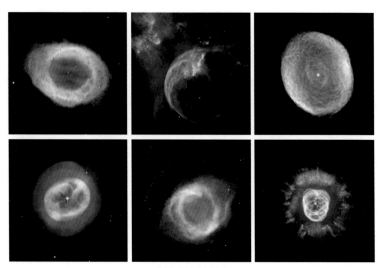

출처: ESA/Hubble

　이 우주에 존재하는, 셀 수 없이 많은 모든 별들은 결코 같은 모습으로 최후를 맞이하지 않는다. 마치 우리의 생김새가 모두 다르듯이 별들의 마지막 모습은 같은 것이 하나도 없다. 앞의 사진은 태양과 비슷하거나 수배에 달하는 질량을 가진 별들의 마지막 모습이다. 별들은 자신의 수명이 다해오면 마치 마지막 거친 숨을 몰아쉬는 것처럼 자신이 가지고 있던 물질들을 지속적으로 우주 공간으로 배출하면서 그 마지막을 맞이하게 되는데 이때 배출되는 물질이 마치 성운처럼 보인다고 하여 행성상 성운이라고 부른다. 그리고 그렇게 대부분의 물질을 자신이 태어났던 우주 공간에 다시 되돌려주고 난 후 중심에는 별이 타고 남은 마지막 흔적이 아주 작은 크기로 남아 은은한 백색 빛을 내며 한때 이곳에 별이 존재했었다는 흔적을 남기게 된다.

　이처럼 다양한 별들의 마지막 모습은 마치 하나의 예술 작품을 보는 것과 같이 창의적이며 우리에게 별의 시작과 끝을 모두 보여주는 아름다운 천체이다. 먼 미래에 우주여행이 일상적으로 이루어지는 시대가 온다면 아마 이러한 행성상 성운이 있는 지역은 매우 인기 있는 관광지로 소문이 나게 될 것이다. 이미지상으로는 작게 보일지 몰라도 이러한 행성상 성운의 크기는 보통 우리 태양계보다 수십 배 큰 수준이다. 따라서 상당히 먼 곳에서도 이러한 별의 마지막 모습을 잘 관찰할 수 있다. 이렇게 다양한 행성상 성운의 모습들을 보고 있노라면 과연 우리의 태양은 마지막 순간에 어떠한 모습의 장관을 만들어낼지 궁금증을 자아내게 한다.

이렇게 태양과 같은 모든 별은 태어나는 순간 그 자신이 가진 질량에 의하여 마지막의 운명이 결정된다. 사람들 모두가 각자의 지문과 홍채의 패턴을 가지고 있는 것처럼 이 거대한 우주 공간의 모든 별들은 각자 자신만의 고유한 마지막 모습을 가지고 있는 것이다. 먼 미래에 우리의 태양은 과연 어떠한 모습으로 마지막을 맞이하게 될까? 정확하게는 알 수 없지만 확실한 것은, 태양의 마지막 순간이 지난 후에도 행성상 성운의 모습으로 오랜 시간 동안 우리 주변에 존재하며 어딘가에 있을지 모를 또 다른 지적 생명체에게 아름다운 광경을 선사해줄 것이라는 사실이다.

유니버스 샌드박스 시뮬레이션

그리고 우리의 태양도 다른 별들과 마찬가지로 마지막 순간에 행성상 성운의 형태로 한동안 우주 공간을 아름답게 장식하다가 자신이 가졌던 물질들을 우주로 다시 돌려준 후에 백색 왜성의 형태로 남아 한때 뜨거웠던 에너지는 잃었지만 자신의 일생보다 훨씬 오랜 시간 동안 은은한 빛으로 자신의 흔적을 남기게 된다. 이렇게 별의 마지막에 남게 되는 백색 왜성이 되면 태양은 지구 정도의 크기로 줄어들게 된다. 앞의 이미지는 지구를 태양의 마지막 모습과 같은 백색 왜성 근처에 가까이 배치해본 것이다. 이미지에서는 마치 태양과 같이 환하게 빛나는 것처럼 보일 수도 있지만 이것은 지구를 백색 왜성 근처로 아주 가깝게 배치했기 때문에 보이는 착시 현상이다. 백색 왜성은 조금만 멀어져도 그 빛이 희미하게 보일 만큼 아주 은은한 빛만을 발산한다. 그러면 태양의 마지막 모습인 백색 왜성에 대하여 조금만 더 알아보도록 하자.

가장 장수를 누리게 될 빛을 발하는 천체

오랜 시간 동안을 행성상 성운으로 우주를 아름답게 장식해주던 이들도 시간이 지나면 그 빛마저 사라지면서 별의 중심에 초라하고 은은하게 빛나는 작은 행성의 형태만 남게 되는데 이를 백색 왜성이라고 한다(왜성이라는 의미는 작은 행성이라는 의미이다). 보통 태양 정도 크기의 별은 지구 크기의 백색 왜성으로 줄어들게 된다. 하지만 백색 왜성은 작은 덩치에는 어울리지 않게 높은 밀도를 가지고 있는데, 이 천체에서는 손톱 크기의 작은 자갈 한 개의 무게가 몇 톤이 넘어갈 정도이다. 따라서 혹시라도 이곳을 여행하다가 크기가 작다고 이를 집으로 가지고 오려는 시도는 하지 않는 것이 좋을 것이다. 작은 덩치임에도 이렇게 엄청난 무게를 가지고 있는 이유는 높은 중력에 의하여 물질들이 작은 공간 안에서 엄청나게 압축이 되었기 때문이다. 이렇게 고밀도로 압축된 천체인 백색 왜성의 표면 온도는 2만~3만 도 정도로, 태양의 표면 온도보다 오히려 높다. 하지만 핵융합 반응을 하지 않으므로 빛은 거의 방출하지 않는다. 혹시 먼 훗날 우주여행을 하는 도중에 지구 크기의 별다를 것이 없어 보이는, 은은한 빛을 발하는 천체를 만나게 된다면 그곳이 한때는 자신만의 행성계를 거느리고 주변 전체에 빛을 뿌려주며 번성했던 또 다른 태양이 존재했었다는 것을 한번쯤은 상상해보도록 하자.

이러한 백색 왜성은 에너지를 복사 형태로만 천천히 방출하기 때문에 자신이 별이었을 때보다 훨씬 오래 그 은은한 빛을 유지할 수 있다. 백색 왜성은 최소 수천억 년에서 수조 년 동안은 그 빛을 유지하면서 온 우주에 존재하는 모든 별들이 사라진 이후에도 희미하게나마 오랜 시간 동안 그 자리를 지키면서 한때 번영했던 별들의 흔적을 보여주게 될 것이다. 백색 왜성은 이 우주의 마지막 순간까지도 미약하지만 빛을 방출하게 될 마지막 천체인 것이다. 하지만 이러한 백색 왜성도 아주 오랜 시간이 지나면 결국 모든 에너지를 소진하고 빛을 완전히 잃으면서 흑색 왜성의 형태로 변하게 될 것이라고 예견된다. 이제 우주의 나이가 겨우 약 138억 년인 것을 고려하면, 어마어마한 백색 왜성의 수명을 고려할 때 아직까지는 이 우주에 흑색 왜성은 존재하지 않을 것이다. 따라서 흑색 왜성은 지금까지는 단지 이론적으로만 예견되는 별의 최후의 모습이라고 할 수 있다.

정말로 우리 인류가 예측한 대로 흑색 왜성으로 발전하게 되는 별들이 존재할까? 그 기나긴 시간이 지난 후에도 여전히 인류라는 문명이 존재한다면 그 문명은 지금의 인류가 예측해낸 이러한 발견을 분명히 기억하게 될 것이다. 마치 해왕성의 존재와 궤도를 이론만으로 미리 예측해냈던 것처럼 말이다. 그리고 과거 아주 오래 전 그들의 선조가 이러한 흑색 왜성의 존재를 미리 예견했었다는 것을 회상하며 우리들의 수고스러움에 고마워할지도 모른다.

더 무거운 별들의 마지막 운명

지금까지 우리는 태양과 비슷한 크기의(대략 태양 질량의 3배 수준) 별들의 운명에 대하여 살펴보았다. 우리에게는 감히 견줄 것이 마땅히 보이지 않는 거대한 태양이지만 우주 규모로 보면 태양의 크기는 매우 평범한 편에 속한다. 하지만 이들은 상당히 오랜 시간 동안 빛을 발하는 것으로 주변에 존재감을 나타내고, 그들의 말년에 이르러서도 각자의 개성 있는 행성상 성운의 모습으로 오랜 시간 동안 우주를 장식해준다.

그러면 이들보다 훨씬 무거운 별들의 운명은 어떠할까? 태양보다 질량이 4배~8배 정도가 되는 별들은 당연히 태양보다 더 크고 밝으며, 그렇기 때문에 훨씬 더 짧은 수명을 가지게 된다. 이러한 별들은 길어야 수억 년의 수명을 가진다. 단지 이런 수명의 차이점 이외에도, 이렇게 무거운 별들은 최후를 맞이할 때 태양과는 뚜렷하게 다른 모습을 우리에게 보여준다. 앞서 살펴보았듯이 태양과 그 질량의 3배 미만이 되는 별들의 마지막 모습은 거친 호흡을 내쉬며 잔잔하게 최후를 맞이하는 모습이었다. 하지만 이보다 무거운 별들은 이렇게 조용하고 잔잔한 최후를 맞이하지 않는다. 그들이 전성기 때 보여주었던 거대하고 화려했던 불꽃처럼 이들은 최후의 순간에 엄청난 대폭발을 하며 일순간에 자신이 가지고 있던 대부분의 물질들을 우주 공간 속으로 방출한다. 이 거대한 폭발은 자신이 생전에 드러내었던 그 빛나던 모습의 존재감을 나타내기에 충분한 크기의 엄청난 폭발이다.

별의 처음이 아닌 최후의 모습

이 폭발의 순간에 별은 원래 자신이 가지고 있던 밝기의 최소 수십만 배까지 밝아지게 되는데, 이 폭발로 인하여 별 하나의 밝기가 은하 전체의 밝기보다 더 밝아지는 경우도 있다. 따라서 이렇게 거대한 별의 죽음으로 인하여 폭발이 일어나게 되면 순간적으로 엄청나게 밝아진 밝기로 인하여 지구에 있는 우리에게는 안 보이던 별이 갑자기 관찰되기도 하는 것이다. 우리의 눈에는 분명 어제까지는 아무것도 없었던 밤하늘에서 갑자기 보이는 별이라고 하여, 이를 새롭게 태어난 큰 별이라는 의미로 초신성이라고 부르게 되었다. 지구에서 밤하늘을 관찰하는 사람 입장에서 아무것도 없었던 밤하늘에 새롭게 태어나는 거대하고 밝은 별로 보였기 때문이다.

초신성의 출현은 우리에게는 마치 하늘에 새로운 별이 태어난 것처럼 보이지만 우리가 살펴보았던 것처럼 아이러니하게도 사실 이는 별이 태어나는 최초의 모습이 아니라 죽어가는 순간의 최후 모습이다. 이렇게 거대한 별의 마지막 모습인 초신성은 짧으면 몇 주에서 길게는 수개월 동안 지속된다. 비록 짧은 기간 동안이긴 하지만 밤하늘에 기존에는 없었던 새로운 장관을 만들어주면서 말이다.

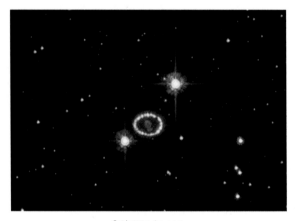

출처: ESA/Hubble

중심에 반지 모양으로 보이는 것이 초신성 폭발을 한 별의 흔적이다. 반지 모양의 크기는 수 광년에 이른다.

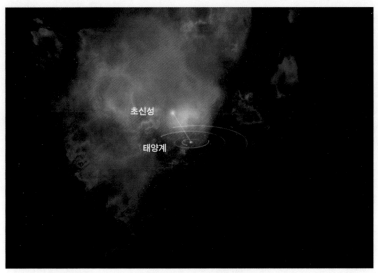

유니버스 샌드박스 시뮬레이션

　태양으로부터 지구까지 거리의 10배쯤 떨어진 곳에서 초신성 폭
발이 일어났을 때를 가정해서 그려보았다. 태양계 전체가 초신성
이 내뿜어내는 물질과 플라스마에 뒤덮이고 있다. 이 정도 거리에
서 초신성 폭발이 일어나게 된다면 초신성으로부터 나오는 엄청난
에너지에 태양계는 순식간에 씻겨져 나가버릴 것이다. 이렇게 초신
성 폭발은 작게는 수 광년에서 길게는 수십 광년 거리까지 생명체
의 존재를 말살시킬 정도의 엄청난 에너지를 가지고 있다.

출처: ESA/Hubble

이 사진은 한때 폭발했던 초신성 중 우리에게 가장 잘 알려져 있는 게 성운이다. 게의 등껍질 모양을 닮았다고 하여 게 성운으로 불리는 초신성 폭발의 흔적을 가시광선으로 본 모습이다. 우리로부터 약 6,500광년 떨어져 있으며 지금으로부터 약 1천 년 전 폭발하여 수 주일 동안 하늘을 수놓았다. 당시 이 거대한 천체 이벤트는 동서양의 역사서 모두에 등장한다. 천 년 전에 폭발했던 강력한 빛은 소멸되었지만 그때의 흔적은 지금도 성운의 형태로 남아서 아직까지 우주 공간으로 맹렬하게 퍼져나가고 있다.

게 성운을 자세히 관찰해보면, 과거 격렬했던 폭발의 흔적을 잘 확인할 수 있다. 별의 강력한 폭발로 인해서 발생한 가스는 폭발 후 1,000여 년이 지난 지금도 초속 1,500㎞의 엄청난 속도로 우주 공간을 향해 뻗어 나가고 있으며 조금씩 성운의 모양을 변화시키고 있다. 따라서 지금 현장 근처에서 게 성운의 자리에 가서 직접 이 천체를 관찰한다면 지금의 게 모습과는 완전히 달라져 있는 게 성운의 미래 형태를 보게 될 것이다.

별의 폭발 과정에서 수소는 원자와 전자가 분리되면서 플라즈마 형태의 초록빛을 띤다. 푸른색은 높은 에너지를 얻은 전자들이 거대한 자기장 안에서 요동치면서 발생한다. 사진으로만 보면 감이 잘 오지 않지만 게 성운의 직경은 약 4~5광년에 이른다. 태양과 가장 가까운 별까지의 거리가 4.2광년인 것을 한번 생각해보자. 만약 이러한 초신성이 우리 근처에서 발생했다면 거대한 재앙을 초래했을 것이다. 초신성은 우주의 거대하고 아름다운 이벤트이긴 하지만 이러한 이벤트가 결코 우리 주위에서 일어나기를 기대해서는 안 되는 이유이다.

초신성은 과거로부터 지금에 이르기까지 천문학적으로 매우 중요한 의미를 지니고 있다. 과거 천체에 대한 과학적 이해가 부족했던 시기에는 하늘에서 보여지는 천체들의 움직임으로 미래를 예측하고자 하는 점성가들이 많았다. 그들은 일식이나 월식, 그리고 별똥별 등 하늘에서 일어나는 일들을 그들 나름대로의 논리로 풀어 해석을 하곤 하였다. 그들에게는 특히 갑자기 밝은 모습으로 나타났다가 사라지는 초신성의 출현은 천체에서 발생하는 가장 큰 사건 중의 하나였으며, 이것을 하늘이 속세에 있는 사람들에게 무엇인가를 전달하고자 하는 일종의 긴급한 메시지로 여겼다.

살아 있는 별이 만들 수 있는 가장 무거운 원소

그러면 이런 중요한 의미를 가지는 초신성 폭발이 어떻게 발생하게 되는지에 대해서 간단하게 알아보도록 하자. 앞서 살펴보았던 것처럼 이렇게 거대한 별들은 중심부의 엄청난 중력으로 인하여 무거운 별일수록 무거운 원소들을 핵융합시킬 수 있는 여건이 된다. 수소에서 헬륨, 탄소와 산소를 거쳐 네온과 마그네슘까지 핵융합이 되면 실리콘과 황(원소기호 16번)까지도 핵융합으로 형성이 될 수 있다. 그리고 이렇게 점점 더 무거운 원소로 전환이 되기 위해서 소요되는 시간은 무거운 원소로 바뀌어감에 따라 점점 가속화되며 그 전환 주기가 짧아진다. 따라서 별들은 자신의 일생에서 대부분을 수소에서 헬륨으로의 핵융합 반응을 하는 기간으로 보내게 된다. 이런 과정을 통해서 자신이 가진 질량에 따라 점점 무거운 원소로의 지속적인 핵융합이 진행된다.

따라서 엄청나게 무거운 별들은 그 무시무시한 중력으로 실리콘과 황마저도 핵융합을 하게 만드는 순간과도 곧 만나게 된다. 그러면 이때 서로 융합하는 원소들의 결과물로 결국은 원소기호 26번인 철(Fe)이 만들어지게 된다. 우리는 지금 주변에서 흔하게 관찰되며 우리의 생활에서 없어서는 안 될 철이 만들어지는 순간과 마주하고 있다. 이와 같이 우리 주변에서 흔하게 보이는 철은 사실 엄청나게 무거운, 흔치 않은 별들에 의해서만 만들어진다. 우리의 태양 같은 별은 기껏해야 아주 소수의 탄소나 산소 정도를 만들어낼 수 있을 뿐이다. 그러므로 우리 주변에서 관찰되는 모든 철은 우리 태양이 아닌, 언젠가 우리 주변에 존재했던 엄청나게 거대한 별이 만들어낸 작품인 것이다.

이런 생각을 하며 주변에 존재하는 철로 만들어진 물건들을 바라보자. 내가 지금 몰고 있는 자동차를 덮고 있는 철판과 가족과 함께 따뜻한 불멍을 즐기기 위해 장작을 쪼개는 데 사용되었던 손도끼와 같은 모든 철은 한때 존재했던, 엄청나게 거대한 별이 만들어낸 물질들이다. 지금 우리는 그에 비하면 작고 소박해 보이는 태양으로부터의 온기를 받아들이고 있지만 한때는 우주 공간 어느 구석에 존재했을 이 거대한 별로 인하여 지금의 내가 이렇게 자동차를 운전하며 여행을 할 수 있게 된 것이다. 지금 우리를 구성하고 있는 태양계조차도 머나먼 과거에 또 다른 별들로부터 만들어져 내려온 원소들이 없었다면 결코 존재할 수 없었던 것이다. 그러므로 한때는 엄청난 밝기로 어느 우주 공간을 호령했을 그 별에게 잠시 감사의 인사를 전하도록 하자.

아무튼 이렇게 별의 질량이 증가하면 증가할수록 한없이 계속될 것 같던, 보다 더 무거운 원소들로의 핵융합 과정은 별의 중심에 철이 형성되기 시작하면서 전혀 다른 양상으로 전환이 된다. 왜냐하면 행성의 중심에 철이 형성되면서부터는 원소들이 더 이상 무거운 원소로 핵융합을 하지 못하기 때문이다. 핵의 중심에서 철이 만들어지게 되면 핵융합 에너지는 방출되지 못하고 오히려 중심 방향으로 더욱 흡수된다. 기존에는 핵융합으로 인하여 발생된 에너지는 빛과 열로 방출되었다. 하지만 중심에서 철이 형성된 이후에는 증가된 에너지는 방출되지 않고 핵의 중심으로 모이면서 나머지 남아 있는 원소들이 철로 변하는 핵융합 반응을 더욱 가속시킨다.

따라서 결국 별의 중심 대부분이 철로 바뀌게 되는 순간 별은 계속해서 흡수되는 에너지를 감당하지 못하고 비로소 엄청난 폭발을 하며 최후를 맞이하게 되는데 이때 바로 별은 초신성이 되는 것이다. 이러한 초신성 폭발 과정은 별의 중심에 철이 처음 생성되기 시작한 이후 불과 몇 초 만에 엄청난 속도로 진행이 된다. 철의 핵융합 반응에 의해서 발생된 에너지가 방출되지 못하고 이웃하는 원소들의 핵융합 반응을 촉진시키는 데 사용되기 때문이다. 따라서 별은 그 중심에서 철이 만들어지는 순간과 거의 동시에 초신성 폭발과 함께 마지막으로 장렬한 최후를 맞이하게 되는 것이다. 결국 철은 살아 있는 별이 만들어낼 수 있는 가장 무거운 원소인 것이다.

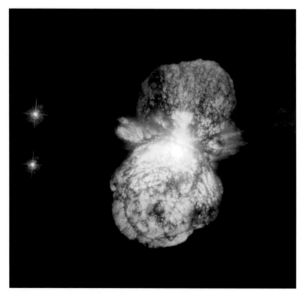

출처: ESA/Hubble

이 사진은 한때 밤하늘에서 시리우스 다음으로 두 번째로 밝았던 에타 카리나의 모습이다. 약 7,500광년 정도 떨어져 있으며, 태양 질량보다 약 100배 이상 무거운 별이고 쌍성으로 구성된 것으로 알려져 있다. 1843년에 한 번 폭발을 하였다. 하지만 아직 초신성 폭발을 하지는 않았으며 수백 년에서 수천 년 내에 질량만큼이나 엄청나게 거대한 초신성 폭발을 할 것으로 예상된다고 한다. 그때가 되면 우리의 후손들은 또 한 번 하늘에서 빛나는 별빛의 이벤트를 감상할 수 있을 것이다.

출처: ESA/Hubble

우리로부터 약 4,000광년 떨어져 있는, 비상하고 있는 나비 모양 성운의 모습이다. 나비의 날개에 있는 가스는 20,000도가 넘을 정도로 뜨겁게 가열되어 있고, 날개가 뻗어 나가는 속도는 무려 시속 950,000㎞에 이른다. 이 정도의 속도라면 지구에서 달까지 불과 20분 정도면 도달할 수 있는 속도이다. 이렇게 한때 우주를 호령했던 별이 죽어가는 과정에서 다시 우주 공간으로 쏟아내는 물질이 뿜어져 나가는 현장은 격렬하고 역동적이다. 한때 태양보다 약 5배 정도 무거웠던, 죽어가고 있는 별이 이 나비 성운의 몸통 안에 있을 것으로 여겨진다.

매혹적이지만 무서운 죽음의 그림자

이렇게 초신성 폭발은 그동안 별이 만들어왔던 수많은 물질을 엄청난 에너지의 폭발과 함께 우주 공간에 일시에 방출하는, 우주에서 일어나는 가장 거대하고 아름다운 이벤트 중 하나이다. 하지만 이때 물질과 함께 방출되는 강력한 감마선과 같은 방사선들은 주변에 존재하는 모든 천체들을 향해 빛의 속도로 퍼지며 죽음의 그림자를 드리우게 된다. 만약 초신성 근처에 생명체가 존재하는 행성이 있다면 초신성이 폭발하는 순간 이로부터 뿜어져 나오는 강력한 에너지를 감당하지 못하고 순식간에 절멸해버리는 운명에 직면하게 될 것이다. 초신성의 폭발이 생명체에 그 영향을 미칠 수 있는 영역은 최소 수 광년에서 수십 광년에 이른다고 하니 그 파장 또한 엄청나게 넓은 영역으로 퍼져나가는 것이다.

우리로부터 비교적 가까운 거리에 있어 잘 알려져 있는 적색 초거성인 베텔게우스도 조만간 초신성 폭발을 일으킬 것으로 예상된다. 언제 초신성 폭발을 해도 이상하지 않은 상태로 보이는 이 별은 다행히 우리로부터 약 500광년 떨어져 있기 때문에 우리에게 직접적인 영향을 미치지는 않을 것으로 보인다. 하지만 이 정도의 거리는 우주 스케일에서는 매우 가까운 편이라고 봐야 하기 때문에 완전히 마음을 놓아서는 안 될 것이다. 하지만 이러한 위험성에도 불구하고 베텔게우스가 초신성 폭발을 한다면 우리는 낮에도 이 폭발의 흔적을 명확하게 볼 수 있을 뿐만 아니라 밤하늘에서는 마치 불꽃 축제가 벌어진 것과 같은 장관을 한동안 경험하게 될 것이다.

아름답고 화려한 색깔을 가진 버섯이 독을 가지고 있는 것처럼, 우주의 생명과 진화에 꼭 필요한 초신성은 겉으로는 아름답고 화려한 모습을 보여주지만 그 주변에서 퍼져나가고 있는 엄청난 에너지에 의하여 매우 위험한 요소도 있다는 것을 잊어서는 안 될 것이다.

별이 죽어야만 만들어지는 원소들

우리는 지금까지 별들이 핵융합 반응을 통하여 작은 원소들을 좀 더 무거운 원소로 만드는 과정을 보아왔다. 즉, 별은 우리에게 빛을 선사해주는 고마운 존재일 뿐만 아니라 수소로부터 새로운 원소를 만들어주는, 물질의 생산 공장 역할도 해주고 있는 것이다. 그런데 여기에서 의문이 하나 제기된다. 이 세상 모든 별들이 살아 있는 동안 자연적으로 만들어낼 수 있는 가장 무거운 원소가 철(26번)이라고? 이 우주에 존재하는 모든 별들이 철 이상으로 무거운 원소들을 만들어낼 수 없다면 오늘 저녁 내가 시원한 맥주를 즐기는 데 도움을 주었던 주석(50번) 잔이나 내 몸을 이루고 있는 중요 성분 중의 하나인 요오드(53번), 그리고 내가 지금 목에 걸고 있는 금(79번) 목걸이를 이루고 있는 원소들은 도대체 어디에서 왔단 말인가? 철의 원소 번호는 고작 26번이다. 자연계에 존재하는 원소들이 총 92개임을 고려하면 이보다 더 무거운 원소들이 훨씬 많은 것이다. 그러면 살아 있는 별들이 만들어냈던 원소들은 자연계에 존재하는 원소들 중 아주 일부일 뿐이었다는 이야기가 아닌가! 그럼 원소를 만들어주는 존재가 별 말고도 또 있다는 것인가? 정말 저 어두운 심연에서 이보다 더 무거운 원소들을 비밀스럽게 만들어주고 있는 거대한 거인의 손이 있기라도 하다는 것인가? 쏟아지는 여러 가지 의문들이 있겠지만 잠시 숨을 고르고 지금부터 그 비밀을 알아가보도록 하자.

책의 전반부에서 언급했던 것처럼, 이 세상의 모든 원소들은 수소의 다른 모습이다. 즉, 가장 작은 원소들을 뭉치고 뭉쳐 더 무거운 원소들을 만들어나가는 과정이다. 이렇게 원소들을 융합시키는 일은 인간이 할 수 있는 영역이 아니다. 이 일은 밤하늘에서 빛나는 별들이 자신이 가지고 있는 거대한 중력과 에너지를 활용하여 해주고 있다. 하지만 별들이 핵융합으로 만들 수 있는 원소는 딱

'철'까지가 한계이다. 이보다 더 무거운 원소는 이 우주에 존재하는 아무리 거대한 별조차도 만들지 못한다. 분명 철보다 더 무거운 원소를 만들기 위해서는 이보다도 더 높은 온도와 압력이 있어야 할 것이다.

그렇다면 더 무거운 원소를 만들기 위한 온도와 압력은 도대체 어디로부터 오는 것일까? 놀랍게도 철보다 무거운 원소들은 바로 이러한 무거운 별들이 최후를 맞이하는, 초신성이 폭발하는 바로 그 순간에 만들어진다. 별들의 중심에서 철이 만들어지면서 별의 중심으로 급격하게 에너지가 흡수되면 일순간에 별이 폭발하게 되는데, 이러한 폭발로 인하여 순간적으로 발생하는 온도와 압력은 별들이 살아 있을 때 자신이 가지고 있던 힘을 엄청나게 초과한다. 따라서 별들이 폭발하여 초신성이 되는 그 찰나의 순간에는 별들이 살아생전에 만들어내지 못했던 엄청난 온도와 압력이 발생하게 되고 이로 인하여 몇 초도 안 되는 순간적인 시간에 철보다 무거운 중원소들이 도처에서 생겨나게 되는 것이다.

이렇게 초신성이 폭발하는 과정과 이로 인하여 중원소들이 만들어지는 과정을 살펴보면, 우리 주변을 구성하고 있는 물질의 분포가 왜 이런 모습이 되었는지도 조금은 이해할 수 있다. 태양은 대부분 수소와 헬륨으로 이루어져 있으며 지구에는 풍부한 탄소와 질소, 산소가 있다. 우리 주변에서 철은 지각에서조차 매우 흔하게 발견되고 있으며 지구 중심부의 대부분은 철 성분으로 응축되어 있다. 즉, 살아 있는 별들에 의하여 직접적으로 만들어질 수 있는 철보다 가벼운 원소들은 우리 주변에 상대적으로 많이 존재하고 있다. 특히 철까지 원소를 융합시킬 정도로 거대한 별이 흔한 것은 아니더라도 철은 별의 마지막 순간에 남아 있는 많은 원소들을 철로 변환시키며 급속도로 많이 만들어진다. 살아 있는 별이 만들 수 있는 최종 종착지가 바로 철인 것이다. 그 결과로 지금 우리 주변뿐만 아니라 다른 행성과 천체들에서도 철은 매우 흔하게 볼 수 있는 원소가 된 것이다. 이와는 달리 철보다 무거운 원소들은 초신성 폭발 직후 아주 짧은 시간에만 만들어질 수 있기 때문에 자연계에서는 그 비중이 매우 적을 수밖에 없다. 이렇게 비중이 적긴 하지만 이러한 중원소들은 생명체 탄생에 있어 없어서는 안 될 필수적인 요소이다. 그리고 만약 초신성 폭발이 없었다면 절대 만들어지지 못했을 것이다. 따라서 초신성이 생명의 기원이라는 누군가의 말은 결코 과장된 것이 아니다. 이러한 원소들은 바로 초신성이라는, 별이 죽어가는 마지막 순간의 이벤트가 있어야지만 만들어지기 때문이다.

지금도 순환의 고리를 돌고 도는 초신성의 후손들

여기에서 인류가 탄생하면서부터 오랫동안 가져왔던 의문, 즉 '나는 어디로부터 왔을까?'에 대한 대답이 우리에게 주어진다. 이 우주가 만들어졌던 바로 그 순간에 세상은 단지 수소와 헬륨이 대부분인 매우 단조로운 세상이었다. 거기에는 빛나는 금도 없었고 황이나 인처럼 생명의 기원을 이룰 수 있는 어떠한 원소도 없었다. 하지만 별들이 형성되면서 비로소 원소들이 융합하게 되어 상대적으로 가벼운 다양한 물질들이 생성되었고 이보다 아주 무거운 별들이 최후를 맞이하는 순간 철보다 무거운 원소들이 대량으로 만들어지면서 세상 바깥으로 쏟아져 나왔다. 이러한 원소들이 모이고 모여서 진화를 거듭하여 비로소 지금의 나를 구성하고 있는 성분들이 완성된 것이다. 즉, 내 몸을 이루고 있는 세포 하나하나의 주요 성분들은 바로 초신성 폭발로부터 만들어진 것이다. 물리적으로 보면 초신성이 결국 나의, 그리고 우리 인류, 그리고 이 세상 모든 것의 어머니인 셈이다.

나와 우리는 태양계가 형성되기 전 근처에 있던 한 거대한 별이 그 생명을 다하고 폭발하는 순간에 만들어졌으며 오랜 시간을 거쳐 지금의 모습으로 이어져온 것이다. 내 몸의 일부는 과거 지구를 구성하고 있던 한 성분이기도 하였으며 때로는 나무의 형태로, 때로는 물고기나 동물의 형태로 이어져오다가 인류가 탄생하며 지금의 모습으로까지 이어지고 있는 것이다. 지금 내 몸을 구성하고 있는 뼈는 1억 5천만 년 전 정글을 호령하던 티라노사우르스가 사냥을 성공한 후 거친 호흡을 들이키며 날카로운 이빨로 부숴버린, 가녀린 어느 작은 동물의 일부분이었을 수도 있으며, 명량 앞바다에서 일본군을 대파하며 기염을 토한 이순신 장군이 큰 칼을 휘두르며 병사들을 독려하였던 그 커다란 손을 구성하고 있던 일부분일 수도 있다.

초신성으로부터 만들어진 이러한 원소들은 지금까지도 낭비되는 것 하나 없이 그대로 유지된 채 순환의 고리를 돌고 있으며, 지금은 물론 앞으로 우리 태양계가 없어진 이후에도 또 다른 별과 누군가의 성분이 되어 그 영겁의 순환을 유지하게 될 것이다. 나는 어디로부터 왔을까? 답은 이러하다. 물리적으로 우리는 초신성으로부터 왔으며 내 육체와 정신이 사라진 이후에도 나를 이루고 있는 성분은 이 우주의 순환 고리를 그렇게 계속 돌고 돌 것이다.

물질의 최소 단위마저 압축해버리는 존재

지금까지 우리는 거대한 질량을 가진 별의 마지막 모습인 초신성에 대하여 살펴보았다. 역사적으로나 생물학적으로, 그리고 인문학적으로나 혹은 천문학적으로도 초신성이 가지는 의미는 상당히 크다. 뿐만 아니라 이렇게 초신성 폭발과 함께 화려한 마지막을 보여준 이 천체의 마지막 모습은 그 자신이 가졌던 의의만큼이나 매우 충격적이고 기괴한 모습을 우리에게 보여준다.

초신성 폭발로 갑자기 밝아진 별빛은 짧게는 수 주에서 길어야 수개월 동안 빛을 발하게 된다. 그 이후에는 다시 우리 눈에 잘 관측되지 않는 어두운 천체가 되어 사라지게 된다. 이처럼 급격한 변화를 거친 별의 중심은 앞서 백색 왜성의 경우보다 크기는 훨씬 작지만 그에 비할 수 없이 엄청나게 큰 중력을 가진 천체가 만들어지게 된다. 이 천체가 만들어 내는 힘은 너무나도 커서, 물질을 이루고 있는 가장 최소 단위인 원자마저도 압축시켜버린다. 즉, 원자핵과 전자로 이루어져 있는 원자의 가장 바깥 층에 존재하는 전자가 중력의 힘을 이기지 못하고 압축되어 원자의 중심에 있는 원자핵과 붙어버리게 되는 것이다. 이렇게 되면 원래 양성자였던 원자핵이 음의 성질을 가진 전자와 만나 극성을 잃고 중성자처럼 바뀌게 된다. 이처럼 너무나도 큰 중력으로 인하여 천체를 구성하고 있던 모든 물질들의 가장 작은 단위인 원자조차도 압축되어 물질에서 원자핵과 전자의 구분이 사라지면서 중성자처럼 변형되어 버린 천체를 '중성자별'이라고 한다.

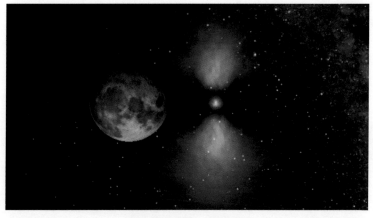

유니버스 샌드박스 시뮬레이션

이 이미지는 이렇게 압축이 된 중성자별 옆에 달을 배치해본 것이다. 달보다도 훨씬 작아 보이지만 이 중성자별의 질량은 상상을 초월할 정도로 무겁다. 한때는 태양보다 몇 배나 거대했던 별들도 마지막 순간에는 이렇게 작은 초라한 크기로 압축되어버린다. 중성자별 근처에서 밝게 빛나는 것처럼 보이는 흔적은 빠르게 회전하는 중성자별이 만들어내는 무시무시한 자기장 펄스를 보이도록 시각화한 것이다.

이처럼 화려한 폭발과 함께 수많은 새로운 원소들을 만들어내었던 초신성의 마지막 모습은 그 잔재 또한 결코 평범하지 않다. 만약 지구 백만 개를 집어넣을 수 있었던 우리의 거대한 태양을 중성자별로 압축한다면 그 직경이 불과 20㎞도 안 되는, 작은 소도시 크기로 축소가 된다. 중성자별은 이렇게 크기는 엄청나게 압축되었지만 질량은 대단히 크다. 따라서 이 천체의 밀도는 어마어마하게 높을 수밖에 없다. 만약 이 중성자별을 티스푼으로 한 번만 퍼가려고 한다면 지구상에 존재하는 모든 자동차를 동시에 견인할 수 있는 장비를 동원한다고 해도 쉽지 않을 것이다. 중성자별은 이렇게 엄청난 중력에 의하여 입자들이 매우 작은 공간에 압축되어 있는 천체이다. 따라서 이 천체의 내부에서는 거대한 중력에 의하여 억눌려져 있는 입자들이 엄청난 상태로 요동치고 있을 것이라는 것을 어렵지 않게 예측할 수 있다. 따라서 중성자별의 표면 온도는 수십만에서 수백만 도에 달할 정도로 매우 뜨겁다(주전자에서 요동치며 끓고 있는 물을 생각해보자. 요동치는 입자는 높은 온도를 의미한다). 또한 중성자별은 한 번 자전하는 데 불과 몇 초밖에 걸리지 않을 정도로 엄청난 속도로 회전하고 있다. 중성자별 중에서 빠른 것은 1초에 수백 번을 회전하는 경우도 있다고 한다. 이렇게 고밀도의 물질로 이루어진 천체가 매우 빠른 속도로 자전하고 있기 때문에 중성자별에서는 자기장의 형태를 통한 에너지가 펄스 형태로 매순간 격렬하게 방출이 되고 있다.

이렇게 격렬한 형태의 에너지 방출은 너무나도 강력해서 만약 주변에 생명체가 있다면 그들을 단번에 절멸시키기에 충분한 양이다. 따라서 당신이 만약 미래의 우주선을 타고 가다가 이러한 중성자별의 존재를 알아챘다면 서둘러 그 근처를 벗어나야 할 것이다.

그렇지 않으면 우주선의 모든 전자기기가 갑자기 고장 나면서 우주선의 모든 기능은 동작을 멈추게 될 것이다. 사실 그전에 우주선에 탑승하고 있는 사람들이 있다면 우주선이 고장 나는 순간조차 보지 못하고 다른 세상으로 떠나게 될지도 모른다. 따라서 먼 미래에 우주선을 타고 우주 이곳저곳을 여행하는 시대가 온다면 그때에는 이러한 중성자별들의 위치를 잘 파악하여 마치 바다를 운항할 때 암초가 위치한 곳을 피해 가듯이 이러한 천체들 근처를 회피하면서 여행을 해야 할 것이다.

이러한 펄스 형태의 에너지 방출은 천체의 자전 주기에 의해 결정되기 때문에 그 주기가 매우 규칙적이다. 따라서 과거 이 규칙적인 신호가 우리의 전파 망원경에 처음 포착되었을 때 혹시 또 다른 문명이 우주로 보내는 신호가 아닐까 하는 기대를 가지기도 했었다. 그도 그럴 것이, 우주 공간에 이렇게 규칙적인 신호를 만들어낼 수 있는 것은 문명을 가진 지적 생명체 말고는 없을 것이라고 생각했던 것이다. 하지만 이것은 외계 문명이 아닌, 초신성 폭발을 만들었던 거대한 천체가 만들어내는 마지막 모습이었다. 이렇게 중성자별은 우리가 육안으로 직접 볼 수 있는 천체 중 크기 대비 가장 무거운 질량을 가진 천체라고 할 수 있다. 만약 이보다 더 무거운 천체가 존재한다면, 더욱 강력한 중력에 의해 빛조차도 영원히 빠져나올 수 없는 블랙홀이 되기 때문이다.

시공간의 진동을 전달하는 중력파

간혹 이러한 과정을 거친 중성자별이 서로 가까운 거리에서 쌍성을 이루고 있는 경우가 있는데, 이때 이 중성자별들은 서로의 중력에 이끌려 빠르게 회전하다가 결국은 충돌하는 현상이 발생할 수 있다. 이렇게 서로 다른 두 중성자별의 융합 과정에서는 엄청난 폭발과 함께 에너지가 방출될 수밖에 없는데 이때 만들어지는 엄청난 에너지는 순식간에 무거운 중원소들을 만들어낸다. 특히 바로 이 순간에 우리 인류가 그렇게도 사랑하는 엄청난 양의 금이 만들어지는 것이라는 연구 결과가 나오기도 하였다. 이렇게 거대한 질량을 가진 두 천체의 병합은 별 하나만의 폭발력보다 훨씬 거대하기 때문에 보다 더 무거운 원소들을 많이 만들어낼 수 있는 환경을 만들어준다.

이렇게 거대한 이벤트가 만들어주는 원소도 중요한 의미를 가지고 있지만 이렇게 거대한 두 별의 충돌은 우리에게 또 다른 신비스러운 비밀을 알려준다. 이렇게 무거운 두 개의 천체가 회전하면서 충돌하는 현상은 거대한 시공간의 진동을 유발시키기 때문이다. 따라서 거대 질량을 가지고 회전하는 두 천체가 병합되면서 발생시킨 시공간의 진동은 마치 물결처럼 빛의 속도로 사방으로 퍼져나가게 된다. 그러므로 이때 발생한 시공간의 진동은 빛의 속도로 확산되며 멀리 떨어져 있는 지구까지도 전달이 되는 경우가 있을 것이다. 이렇게 감지된 시공간의 진동을 중력파라고 한다.

사실 아인슈타인의 상대성 이론에 의해 중력파의 존재는 이미 오래전에 예견되었다. 하지만 실제로 중력파를 감지해낼 수 있게 된 것은 비교적 최근의 일이다. 왜냐하면 이렇게 발생하는 시공간의 진동 폭이 원자 스케일에 이를 정도로 매우 작고 미세하기 때문이다(물론 두 중성자별이 충돌했던 바로 그 지점에서는 상당히 큰 폭의 시공간 변형을 만들었을 것이다). 과거에는 단지 이론적으로만 예견되었던 이러한 중력파의 존재가 관측 기술의 발전과 함께 모습을 드러내고 있다. 미국에 위치해 있는 중력파 감지 시설인 LIGO에서는 최근 이러한 중력파에 의해 발생하는 미세한 시공간의 진동을 직접 감지해내어 세상을 놀라게 하였다. 거의 원자 스케일밖에 안 되는, 이런 미세한 시공간의 변형을 감지해낸 기술도 참 대단하지만 과거 단지 사고 실험만으로 중력파의 존재를 예견했던 시공간에 대한 아인슈타인의 통찰력은 정말 감탄을 자아내게 할 뿐이다.

출처: LIGO

이 중력파 관측 시설에는 길이 4km에 이르는 거대한 두 다리가 90도 각도로 설치되어 있다. 시공간의 변형이 발생하면 여기에서 발생하는 빛의 위상차가 발생하게 될 것이므로 우리는 그 순간 시공간이 휘어졌다는 것을 인지할 수 있게 된다. 개념은 간단해 보이지만 엄청나게 먼 곳에서 발생한 중력파는 지구까지 도달하는 동안 그 크기가 많이 줄어들어 있을 것이다. 그러므로 그 진폭이 불과 원자 스케일 단위에 이를 정도로 매우 작다. 따라서 오차를 방지하기 위하여 이곳으로부터 약 3,000㎞ 떨어진 곳에 같은 시설을 건설하여 두 곳에서 동시에 시공간의 휘어짐을 관측하고 있다. 2015년 9월 우주에서 날아온 중력파가 서로 떨어진 두 곳의 중력파 관측소에서 실제로 최초 관측되면서 중력파가 실제 존재한다는 것을 세상의 많은 사람들에게 알려주게 된다.

우리는 이렇게 최근에서야 중력파를 본격적으로 탐지해내기 시작하면서 우주 관측 분야의 또다른 발걸음을 내딛고 있다. 중력파는 빛으로는 관찰하기 힘든 천체들의 존재를 파악하는 등 우주 연구 분야에서 그 중요성이 점점 커지고 있으며, 많은 학자들은 중력파가 앞으로 우리 우주의 숨겨진 비밀을 밝혀줄 또 다른 등대가 되어줄 것으로 기대하고 있다.

거기에 분명 있지만 또 분명 없는 존재

지금까지 알아본 중성자별도 분명 엄청나게 거대한 질량을 가졌던 별들이 보여주는 놀라운 결과물임이 분명하다. 그렇다면 이들보다 더 무거운 별들은 어떻게 될까? 태양보다 질량이 약 10배 이상인 별들이 초신성 폭발을 일으킨 후에는 중성자별보다 훨씬 더 높은 중력이 존재하게 된다. 양성자와 전자를 융합시킬 정도로 강력한 중력을 가지고 있던 중성자별보다도 더 강한 중력이 발생하는 그 중심에는 지금까지와는 전혀 차원이 다른 개념을 가진 마지막 별의 흔적이 남게 된다. 이렇게 엄청나게 더 무거웠던 별의 질량으로 중성자별보다 더 강한 중력이 발생하게 될 것이고, 이러한 힘으로 인하여 남아 있는 물질들은 더 작은 공간으로 구겨넣어지게 된다. 따라서 이러한 천체는 그야말로 엄청난 질량이 극도로 작은 영역에 수축되어 있는, 매우 기이한 형태를 가지게 된다.

우리가 이미 알고 있듯이 모든 별들은 자신들이 가진 거대한 중력으로 인하여 시공간을 변화시킨다. 하지만 이 천체는 이처럼 뭉쳐진 물질의 밀도가 너무나도 크기 때문에 주변의 시공간을 기존의 별들보다 훨씬 더 급격하게 변화시키면서 심지어 모든 시공간을 하나의 특이점으로 압축시켜버린다. 여기서 특이점이라는 것은 우리가 일반적으로 생각하고 있는 점이 아니다. 점도 작기는 하지만 분명 공간을 점유하고 있다. 여기에서 이야기하는 특이점은 차지하고 있는 공간이 너무 작은 나머지 크기가 아예 없는 것이다. 분명 물질은 거기에 엄청난 양이 존재하고 있는데 역설적으로 공간은 차지하지 않고 있는 것이다. 즉, 거기에 분명 무엇인가 존재는 하고 있지만 공간상으로는 사실 존재하지 않는 것이다. 선문답 같은 이러한 현상이 지금 저 우주 공간에서 실제로 벌어지고 있는 현상인 것이다. 이를 현실적으로 이해하기 위해서는 우리가 사는 세상의 기준으로는 공간을 차지하지 않고 있을 뿐이지 사실 차원이 다른 이 세상의 너머에서는 분명 무엇인가가 거기에 존재하고 있다고 봐야 할 것이다. 하지만 우리가 결코 인지할 수 없는 다른 차원에서 벌어지는 상황을 우리 세상의 언어로 표현할 방법은 없다. 그래서 특이한 점, 특이점이라고 부르는 것이다.

따라서 이러한 특이점 주변은 극단적으로 휘어진 시공간으로 인하여 특정 경계 내에 존재하는, 주변의 모든 물질들을 집어삼키게 되는데 물리적인 사건이 일어나는 경계가 되는 지점이라는 의미로 사건지평선(이벤트 호라이즌)이라고 한다. 모든 물질뿐만 아니라 심지어 근처를 지나가는 빛조차도 이 특정 경계 내로 한번 들어가면 영원히 그 흔적조차 나올 수 없게 된다. 따라서 빛조차도 이 경계를 넘어서 들어가게 되면 결코 탈출할 수 없는 이러한 천체들은 우리의 눈에는 아무것도 없는 암흑으로 보이게 된다. 이것이 바로 우리가 익숙하게 들어서 알고 있는 '블랙홀'의 모습이다.

가장 큰 모습으로 태어나서
가장 작은 모습으로 돌아가는 별의 일생

이것이 우리가 예견할 수 있는, 가장 무거운 별의 마지막 최후 모습이다. 영원할 것만 같았던 밤하늘의 저 별들도 언젠가는 그 빛이 꺼지게 된다. 아이러니하게도 살아 있을 때 가장 크고 밝게 빛났던 별의 가장 마지막 모습은 작은 점의 크기조차도 가지지 못한, 이 세상에서 가장 작은 모습으로 끝나게 된다. 살아생전에 세상을 주름잡았던 모든 사람들도 결국은 자신의 몸을 겨우 누일 수 있는 작은 공간 속에서 마지막을 맞이하듯이, 세상을 다 태워버릴 것같이 불타올랐던 거대했던 별들도 결국은 이 세상에서 가장 작은 모습으로 초라하게 일생의 끝을 맞이하게 되는 것이다. 영원할 것처럼 밝게 빛나고 있는 저 별들도 언젠가는 어둠의 저편으로 사라져간다.

별들은 자신이 태어날 때 부여받은 질량에 따라 자신의 정해진 일생을 살아간다. 이처럼 별들이 태어나고 또 죽어가는 과정에서 물질들이 만들어지고 다시 우주 공간 속으로 뿌려지며, 이것은 또 다른 별들이 태어나는 재료가 된다. 우리의 인생이 그러하듯이 별들도 죽음의 순간에는 자신이 가진 모든 것을 모두 다 우주 공간으로 다시 내어주고 돌아간다. 우리가 빈손으로 태어나 다시 빈손으로 돌아가듯이, 이 세상에서 가장 거대했던 별들조차도 또한 생전에 자신이 만들었던 수많은 원소들을 다시 자연으로 내어주고 빈손으로 죽어간다.

자연과 우주가 보여주는 이러한 질서를 생각할 때마다 나는 무엇인가 알 수 없는 경이로움이 내 마음 저 깊은 곳에서 끓어오르는 것을 느낄 수 있다. 심호흡을 한번 크게 하고 찬찬히 주위를 돌아보자. 자연으로부터 배우고 느끼며 감동받을 수 있는 수많은 것들로 가득 차 있는 이 세상의 한가운데 지금 내가 존재하고 있다는 것이 정말 행복하게 느껴지지 않는가? 혹시 느껴보지 못한 독자께서 계시다면 공기가 깨끗하고 한적한 곳으로 여행을 가서 맑고 달빛이 없는 날을 선택하여 잔잔한 음악과 함께 별들의 일생을, 또 내가 살아온 날들과 그리고 앞으로 살아갈 날들을 같이 생각하면서 밤하늘을 찬찬히 감상해보는 시간을 가져보도록 하자. 분명 전에 느껴본 적 없는 가슴 떨림을 경험해보실 수 있을 것이다.

출처: 픽사베이

　밤하늘을 아름답게 수놓고 있는 은하수. 하늘의 은하수와 호수에 반사된 은하수가 하나로 만나며 장관을 보여준다. 20세기 초까지만 하더라도 이 은하수가 우리 우주의 전부라고 여겨졌다. 은하의 중심에는 수많은 별들이 밀집되어 있기 때문에 밝게 보인다. 하지만 실제로 은하수의 중심을 보면 검게 보이는 부분이 많은데, 이는 별이 없는 것이 아니라 짙은 성운에 의하여 별빛이 가려져 보이지 않는 것이다. 적외선을 통하여 성운 속을 들여다보면 은하수 중심에 촘촘히 박혀 있는 별들을 확인할 수 있다.

　밤하늘을 가로지르는 우리 은하의 크기는 무려 10만 광년이나 된다. 은하의 한쪽 끝에서부터 서서히 다른 쪽 끝으로 우리 은하의 생김새를 찬찬히 한번 관찰해보자. 당신은 지금 지구의 한적한 호수에 앉아 순식간에 10만 광년이라는 거리를 한눈에 둘러보았다. 이렇게 거대한 은하를 중심으로 은하계의 변방에서 공전을 하고 있는 우리 태양계는 단 1초에 200㎞가 넘는 엄청난 속도로 은하계의 중심을 기준으로 공전하고 있지만 은하 전체 한 바퀴를 도는 데 무려 약 2억 5천만 년이나 걸린다. 이 은하는 도대체 얼마나 거대하단 말인가!

　달 없는 밤에 공기가 깨끗하고 광해가 없는 장소를 찾아 누워서 우리의 은하를 감상해보도록 하자. 잔잔한 음악과 함께라면 더 좋다. 지구라는 커다란 호화 유람선에서 편안히 앉아 이 거대한 우주 공간을 무서운 속도로 질주하는 우주여행을 마음껏 즐겨보도록 하자.

　백조자리 부근에서 별들이 많이 탄생하고 있는 지역. 이 사진의 중앙에서 새로 태어난 별은 진한 먼지구름에 덮여 있으며, 주변에서 나오는 빛들로 인해서 마치 아름다운 간접조명을 설치한 것과 같은 분위기를 만들어준다. 어두운 곳과 밝은 곳의 명암 차이와, 그 사이에서 빛나고 있는 별들을 자세히 보고 있으면 이미 저 깊은 우주의 심연 속에서 방황하고 있는 것 같은 자신을 발견하게 된다.

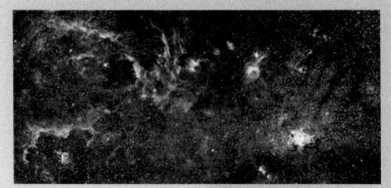

출처: ESA/Hubble

우리 은하의 중심을 허블 우주 망원경과 적외선으로 촬영하여 합성한 사진이다. 적외선을 사용하여 은하를 촬영하면 성운 너머 구름 속에 감춰져 있는 별들의 모습을 생생하게 볼 수 있다. 약 300광년이나 되는 거대한 영역을 보여주는 이 사진에서 우리는 은하의 중심에 가득 찬, 뜨겁게 빛나는 이온화된 가스와 촘촘히 박혀 있는 별들의 역동적인 장면을 생생하게 볼 수 있다. 이렇게 빛의 파장을 달리하여 우주를 관찰하면 가시광선으로는 볼 수 없는 우주의 숨겨진 모습을 관찰할 수 있다. 적외선보다 파장이 긴 라디오파 파장으로는 이온화된 가스가 분출되는 장면을 더 생생히 볼 수 있고, 가시광선보다도 파장이 훨씬 짧은 X선 혹은 감마선으로는 중성자별이나 블랙홀 등에서 뿜어내는 강렬한 빛을 볼 수 있다.

인류의 탄생 이후 우리의 선배들에 의해 켜켜이 쌓인 지식들로 인하여 지금 우리는 다양한 방법으로 어둠에 가려져 있는 장막을 걷어내고 저 우주를 보다 자세히 관찰할 수 있게 된 것이다. 그렇게 조금씩 저 우주는 우리에게 가까워지고 있다.

출처: ESA/Hubble

우리 은하와 비슷하다고 여겨지는 또 다른 나선 은하의 모습이다. 거대한 바람개비 모양을 하고 있는 은하의 팔에서는 활발하게 형성되고 있는 별들의 모습을 볼 수 있다. 다른 은하의 모습은 이렇게 쉽게 관찰할 수 있지만, 정작 우리가 살고 있는 우리 은하의 모습 전체를 직접 볼 수 있는 방법은 없다. 거울이 없던 시절 자신의 얼굴을 확인할 방법이 없었던 것과 마찬가지다. 만약 거울이 없던 시절에 우리가 살고 있다면 자신의 얼굴을 확인하는 방법은 다른 사람의 얼굴을 보고 나의 생김새를 상상해보는 방법밖에는 없을 것이다. 따라서 안타깝기는 하지만 우리 은하의 모습도 다른 은하들의 모습을 관찰하면서 지구에서 관찰되는 우리 은하의 모습들을 근거로 추론하여 상상하는 수밖에 없다. 상당히 아쉬운 일이기는 하지만 우리가 우리 은하의 밖으로 완전히 벗어나서 셀카를 찍지 않는 한 우리 은하의 모습을 정확하게 볼 수 있는 방법은 없다. 인류가 보낸 탐사선 중 가장 멀리 가 있는 보이저호가 이제야 겨우 태양계 경계를 벗어나는 위치에 있음을 상기해보자. 수백억, 수천억 년이 지나더라도 인류의 꿈이 담긴 이 탐사선이 우리 은하를 벗어나는 일은 결코 일어나지 못할 것이다.

출처: NASA

가시광선과 적외선으로 동일한 성운을 촬영한 모습. 마치 서로 다른 사진 같지만 파장을 달리하여 같은 성운을 촬영한 것이다. 우리가 우주를 바라볼 때 우리 눈으로 보이는 가시광선만 사용한다면 성운 등으로 어둠에 가려져 있는 내부의 모습은 보기 힘들다. 하지만 적외선을 활용하면 성운과 같은 입자들을 쉽게 통과할 수 있기 때문에 성운 내부에서 얼마만큼의 별들이 태어나고 있는지를 훨씬 더 정확하게 확인할 수 있다. 가시광선으로 바라본 왼쪽 사진에는 잘 보이지 않았던 별들의 모습이 적외선으로 바라본 오른쪽 사진에는 많이 관찰된다.

최근의 관측 천문학에서는 이처럼 가시광선뿐만 아니라 다양한 파장의 빛을 활용하여 우주를 관측함으로써 훨씬 더 많은 정보를 얻고 있다.

출처: ESA/Hubble

　허블 우주 망원경으로 남쪽 하늘에서 포착한 NGC7049 구상 성단의 모습. 구상 성단은 멀리서 보면 은하의 주위에서 반짝이는 별로 보이기도 하지만 그 자체만으로도 수십만~수백만 개의 별을 보유하고 있다. 주로 100억 년 이상 된, 나이가 많이 든 별들로 구성되어 있으며 보통 은하의 나이와 비슷한 것으로 알려져 있다. 아직도 새로운 구상 성단들이 많이 발견되고 있으며 이들은 우리의 은하 연구에 활발히 활용되고 있다.

출처: ESA/Hubble

　오리온 성운의 동쪽 일부를 보여주는 말머리 성운이다. 성운 내부에서 밝게 빛나는 부분이 바로 새로운 별들이 태어나고 있는 현장이다. 먼지와 가스 구름 속에서 하늘을 향해 솟구쳐오르는 듯한 이 말머리 성운은 우주에 존재하는 성운 중에서 우리에게 가장 널리 알려져 있는 것 중 하나이다. 지금도 성운 내부에서 태어나고 있는 별들은 강력한 항성풍을 만들어내며 주변의 성운을 침식시키고 있다. 이러한 모습이 이 성운에 더욱 생동감을 불어넣어주며 역동적으로 보이게 한다. 성운의 모습이 마치 말머리 같다고 하여 이러한 이름이 붙여진 말머리 성운은, 별이 태어나고 있는 현장을 역동적인 성운의 모습과 함께 잘 보여주고 있다. 우리로부터 약 1,500광년 떨어진 위치에 있으며 사진으로는 이 성운의 크기가 감이 잘 오지 않지만 이 사진에서 보이는 말 머리 부분의 크기만 약 4광년 정도 된다.

❺
우리 은하로 떠나는 여행

구름 한 점 없이 맑고 깨끗한 날에 달이 뜨지 않는 날을 골라서 광해(빛 공해)가 거의 없는 한적한 시골에서 밤하늘을 올려다보자. 그러면 별들이 쏟아져 내리는 배경 속에서 마치 별들이 흐르는 강물처럼 보이는 은하수와 마주하게 된다. 반짝이는 별들이 마치 흘러가는 물처럼 보인다고 하여 '은하수'라고 부르는 이것은 바로 우리가 살고 있는 태양계가 속해 있는 바로 우리의 은하 자신의 모습이다. 안타깝게도 근래에는 높아진 대기 오염도와 미세먼지, 그리고 너무나도 밝아진 도시들로 인하여 밤마다 펼쳐지는 이러한 별들의 빛나는 향연을 감상할 곳이 점점 줄어들고 있다. 하늘의 별들은 오늘도 먼 과거와 마찬가지로 변함없이 밤마다 축제의 향연을 열고 있다. 변한 것은 지구를 둘러싸고 있는 혼탁해진 대기와 밤을 환하게 비치는 문명의 불빛이다. 우리의 은하는 변함없이 우리 지구를 여전히 따뜻하게 품고 있으며 그 아름다움을 언제나 그랬듯이 앞으로도 우리에게 보여줄 것이다. 사실 이것 한 가지만으로도 우리가 자연을 지키고 보호해야 할 충분한 타당성과 이유를 가지게 된다. 이 세상에서 지구만큼 우주를 관람하기 안락한 조건을 가지고 있는 행성을 찾기는 매우 힘들 것이다. 그만큼 지금 우리가 타고 있는 우주선은 특별하며, 우리가 오염시키면 안 될 이유를 가지고 있다.

결코 직접 볼 수 없는 우리 은하의 모습

이렇게 아름다운, 우리가 살고 있는 우리 은하는 어떤 모습일까? 우리 은하의 모습이 어떻게 생겼는지 직접 볼 수 있으면 정말 좋겠지만 불행히도 이 우리 은하의 전체 모습을 직접 볼 수 있는 방법은 없다. 우리는 우리 은하 밖의 다른 은하들을 살펴보며 우리 은하가 어떻게 생겼는지를 추측할 수 있을 뿐이다. 이는 우리가 다른 사람의 얼굴을 볼 수는 있지만 우리 자신의 얼굴을 볼 수 없는 것과 같은 이치다. 물론 거울이 있으면 거기에서 반사된 빛을 통하여 나의 얼굴을 볼 수 있겠지만 우리 은하 전체를 비춰줄 수 있는 거울이 있을 리는 만무하다. 인류가 처음 탄생한 저 머나먼 옛날 우리 선조들은 태어나서 자신의 얼굴이 어떻게 생겼는지 한 번도 보지 못한 채 자신의 일생을 마쳤을 것이다. 단지 그는 주변 자신의 동료들의 얼굴로부터 자신의 얼굴이 어떻게 생겼는지를 상상하며 평생 동안 궁금증을 가슴에 안고 살아갔을지도 모른다.

이와 마찬가지로 우리는 우리의 은하가 어떤 모습을 하고 있는지 직접 볼 수 없다. 그래서 천문학자들은 우리 주변에 있는 수많은 은하들을 관측하고 이를 우리 은하와 비교하며 연구한다. 이를 통하여 우리 은하가 어떻게 생겼으며 이 거대한 은하 속에서 우리의 태양계는 어디쯤 위치해 있는지도 추정할 수 있기 때문이다. 과거 인류의 선조가 그러했던 것처럼 말이다. 차이가 있다면 거울이라는 것이 발견된 이후 인류는 드디어 자신의 얼굴을 객관적으로 또렷하게 볼 수 있는 방법을 찾게 되었지만 먼 훗날 많은 시간이 흘러도 우리가 살아가고 있는 은하를 직접적으로 볼 수 있게 될 수 있는 날은 결코 오지 않을 것이다. 우리는 단지 보다 발달된 관측 기술을 활용하여 주변 은하들의 모습을 관찰하면서 마치 흐르는 개울가에 비쳐진 자신의 얼굴을 바라보려고 애쓰던 우리의 선조처럼 우리 은하의 모습을 그려보려고 노력하고 있을 것이다.

하지만 이렇게 상상을 하는 과정에서 우리는 모두의 가슴속에 자신만의 방식으로 우리 은하의 또 다른 모습들을 그려볼 수 있으니 그것 또한 나름대로의 매력이 있을 것이다. 멀지 않은 과거 우리의 할아버지 세대들이 우리 지구의 모습을 궁금해하며 상상을 해왔던 것처럼 말이다. 그러면 지금부터 우리가 살고 있는 은하는 어떤 형태를 지니고 있는지, 이 은하와 같이 동반하여 살고 있는 우리의 이웃 별들은 또한 어떤 모습으로 무리를 이루고 있는지 차근차근 살펴보도록 할 것이다. 이제 우리는 본격적으로 태양계를 벗어나 또 다른 별, 그리고 또 다른 행성으로의 여행을 시작해보려 한다.

상상을 초월하는 은하의 크기와 별의 개수

우리 은하는 여러 개의 거대한 나선 모양의 긴 팔을 가지고 있는 나선 팔 은하로 여겨진다. 우리의 태양계는 이 거대한 나선 팔의 바깥쪽 한 귀퉁이에 위치해 있다. 우리 은하의 크기는 약 10만 광년 정도이다. 10만 광년이라고 하면 감이 잘 오지 않는다. 하지만 빛의 속도로 날아간다고 하더라도 은하의 끝에서 끝으로 여행을 하려면 10만 년이나 걸린다는 의미이므로 상당히 큰 크기라는 것은 분명하다.

약 반만 년 전에 고조선을 세워 우리 민족의 시조로 알려진 단군 할아버지가 태어나서 지금까지 빛의 속도로 여행을 하고 있다고 하더라도 그는 아직까지 우리 은하가 가지고 있는 여러 개의 나선 팔 한 개 사이의 거리조차도 벗어나지 못하고 있을 것이다.

우리 은하는 태양과 같은 별들을 최소한 약 1,000억 개 이상 가지고 있는 것으로 추정된다. 또한 이러한 별들이 각자 거느리고 있는 위성들까지 고려해본다면 금성이나 지구, 목성 같은 행성들의 개수는 최소 1조 개 이상은 되는 것으로 봐야 할 것이다. 이 우주에 존재하는 많은 은하들 중에 우리 은하의 크기는 중간 정도 되는 것으로 알려져 있다. 우리 주변에 위치하고 있어서 우리에게 잘 알려져 있는 안드로메다 은하는 직경이 약 20만 광년으로 우리 은하보다 상당히 크며, 최소한 2,000억 개 이상의 별들을 가지고 있는 것으로 보인다. 지금 우리는 단지 은하 하나의 규모를 상상해보고 있다. 그런데 이렇게 거대한 은하들이 이 우주에는 최소한 수천억 개 이상 존재할 것으로 여겨진다. 그렇다면 이 우주에 얼마나 많은 별들과 행성들이 존재한다는 것일까? 이것은 너무나도 큰 수이기 때문에 아마 감이 오지 않을 것이다. 우주가 창조된 직후부터 138억 년 동안 누군가가 쉬지 않고 1초마다 한 개씩 별의 개수를 계속 세고 있다고 하더라도 그는 아직 이 세상에 존재하는 별들의 극히 일부분만을 셀 수 있었을 뿐이다. 이 우주에 얼마나 많은 별들이 존재하고 있는지를 여러분들이 각자 한번씩 상상해보기를 바란다. 이러한 우주의 거대한 모습과 마주하게 될 때면 아무리 오만했던 사람이라고 할지라도 그 장엄함 앞에 고개를 숙이게 될 것이다.

은하력 18년

우리 지구가 태양을 중심으로 세차게 공전을 하고 있는 것처럼 태양계도 우리 은하를 중심으로 세차게 공전을 하고 있다. 우리 태양계가 은하의 중심을 기준으로 한 바퀴 공전하는 데는 무려 약 2억 5천만 년이 걸린다. 지구가 태양 주위를 한 바퀴 도는 데 1년(365일)이 걸리는 것에 비하면 정말 긴 세월이다. 공룡이 지구상에서 멸종된 것이 약 6,500만 년 전임을 고려하면 우리 지구는 공룡이 멸종된 이후로 이제 겨우 은하의 1/4 바퀴 되는 지점을 돌고 있는 셈이다. 그렇다고 태양계가 은하의 중심을 기준으로 공전하는 속도가 느린 것은 결코 아니다. 태양계 전체의 공전 속도는 지구의 공전 속도보다 무려 10배 가까이 빠르다. 태양계가 은하를 한 바퀴 공전하는 데 이렇게 오랜 시간이 걸리는 것은 태양계가 느리게 움직이는 것이 아니라 그만큼 우리 은하가 거대하다는 것을 의미한다. 태양계의 나이가 약 45억 년임을 고려해보면 태양계가 만들어진 후 태양은 우리 은하를 약 18번 정도 공전을 한 셈이다. 따라서 태양력이 아닌 은하력으로 따지면 우리 은하는 이제 겨우 18년을 넘어서고 있다. 먼 훗날 별과 별 사이의 여행이 가능해진다면 각각의 별들이 가지는 은하력이 별들의 수명과 상태를 가늠하는 데 상당히 폭넓게 사용될 것이다.

모든 은하 중심에 은밀하게 웅크리고 있는 존재

그러면 왜 태양계는 은하의 중심을 따라 공전을 하고 있는 것일까? 그렇다. 앞에서도 언급했지만 이는 우리 지구가 태양을 중심으로 공전하고 있는 이유와 정확히 같다. 지구가 태양의 질량으로 인하여 휘어진 시공간을 따라 움직이는 것처럼 태양계도 은하 중심에 존재하는 거대한 질량으로 인하여 휘어진 시공간을 따라 그렇게 빠르게 회전하는 것이다. 그렇다면 태양계의 중심에 가장 무거운 태양이 있는 것처럼 우리 은하의 중심에는 태양계와 같은 무리들을 공전하게 만드는 거대한 무엇이 존재해야 할 것이다. 그렇다. 우리 은하의 중심에는 태양보다 약 400만 배 무거운 블랙홀이 웅크리고 있는 것으로 추정된다. 뿐만 아니라 이러한 영향으로 은하의 중심에는 변두리보다 훨씬 더 많은 별들이 오밀조밀 밀집해 있다. 이것이 은하의 중심이 변두리보다 밝게 보이는 이유이다. 따라서 은하의 중심에 있는 블랙홀을 중심으로 시공간은 거대하게 휘어져 있고, 이렇게 휘어진 시공간을 따라서 우리 태양계는 은하 중심의 블랙홀을 향해 떨어지고 있는 것이다. 지금의 지구가 태양을 중심으로 공전 운동을 하는 것과 정확히 같은 이유로 말이다.

우리 태양계는 은하의 나선 팔 끝자락으로부터 약 1/3 지점에 위치해 있다. 은하계의 중심부에서는 좀 벗어난 변방에 있는 셈이다. 따라서 은하의 바깥쪽에 위치해 있는 태양계에서 은하의 중심을 바라볼 수 있기 때문에 화려하고 빛나는 별들이 모여 있는 은하의 아름다운 중심을 멀리서 바라볼 수 있다. 물론 은하에 존재하는 성운에 가려서 실제 빛나는 밝기를 모두 체험하기는 힘들다. 이렇게 우리 태양계는 은하의 한쪽 외곽에 위치하고 있다. 하지만 20세기 초까지만 하더라도 우리 태양계가 은하의 중심에 위치해 있다고 생각하는 사람들이 매우 많았다. 그렇게 생각한 근거로는 하늘에 보이는 별의 개수가 어느 지점에서 보나 비슷하게 보였기 때문이었다. 당시 사람들은 만약 태양계가 은하의 중심이 아닌 변방에 있다면 별들이 밀집해 있는 지역과 그렇지 않은 지역이 구분되어 보여야 한다고 생각한 것이다. 은하의 중심에는 별이 많을 것이고 변두리에는 별의 개수가 적기 때문이다. 그런데 밤하늘을 바라보면 어느 방향을 보나 비교적 균일한 별들의 개수를 확인할 수 있다. 20세기 초라고 하면 우리 지구가 우주의 중심이라는 생각이 깨어진 지 충분히 오랜 시간이 지난 시점이다. 그럼에도 불구하고 여전히 우리의 태양계가 은하의 중심일 것이라는 생각이 자연스럽게 드는 것은 어쩌면 인간의 본성일지도 모르겠다.

나중에 알려진 사실이지만 밤하늘의 별들이 어느 방향에서나 비교적 균일하게 보였던 것은 은하수 중심의 대부분이 짙은 성운에 의하여 가려져 있었기 때문이었다. 이러한 성운이 없었다면 은하의 변방에 있는 태양계의 위치에서 은하의 중심을 바라보면 당연히 훨씬 더 많은 별들을 관찰할 수 있었을 것이다. 따라서 현재의 기술로 이러한 성운들을 통과하여 우주를 관찰할 수 있는 적외선을 통하여 은하의 중심을 관찰하면 변두리보다 훨씬 많이 존재하고 있는 별들을 직접 확인할 수 있다. 공기가 깨끗하고 광해가 없는 한적한 곳에 갈 기회가 있다면 꼭 시간을 내어서 밤하늘을 올려다보자. 은하의 중심에 몰려 있는 별들로 인하여 밝게 보이는 부분 앞으로 성운에 의하여 검게 수놓아져 있는 거대한 은하수와 마주할 수 있을 것이다.

한번 상상해보자. 우리는 지금 태양계라는 거대한 유람선을 타고 우리 은하계의 한 변방에서 우리 은하 전체를 바라보고 있다. 우리가 은하의 중심이 아닌 변방에 있다고 해서 실망할 필요는 전혀 없다. 은하의 변방에 있는 덕분에 우리는 우리 은하를 중심부터 변두리까지 한눈에 감상할 수 있는 좋은 뷰 포인트에 살고 있는 것이다. 우주여행을 하는 데 있어서 우리 우주 여객선의 위치는 아주 훌륭한 셈이다.

생명체의 유지에 적합한 태양계 위치

만약 우리 태양계가 은하의 중심에 위치해 있었다면 어떨까? 우리의 하늘에는 지금에 비할 수 없이 수많은 별들이 반짝이는 장관이 매일같이 연출될 것이다. 황홀할 것 같기는 하지만 이러한 상황은 단지 상상으로만 즐기는 것이 좋다. 이런 수많은 별들의 아름다운 향연이 멀리서 보기에는 멋있게 보일 수 있으나, 이들이 뿜어내는 강력한 방사선들은 지구 위의 생명체의 흔적을 지워버리기에 충분한 에너지를 가지고 있다. 설사 지구의 위치가 정말 기적적으로 이들의 방사선을 피할 수 있는 위치에 있다고 할지라도 태양보다 훨씬 거대한 별들이 조밀하게 밀집해 있기 때문에, 수백에서 수천만 년에 불과한 짧은 생을 마감하며 수시로 일으키는 거대한 초신성 폭발로 인하여 주변에 존재하던 생명체는 순식간에 절멸의 길을 걷게 될 것이다(초신성 폭발의 영향은 수십 광년에 미친다). 그러고 보면 우리 은하 내에서의 태양계의 위치 또한 태양에서 지구의 위치가 그러했던 것처럼 생명체가 존재하기에 적당한 환경을 가지고 있는 것이다. 이렇게 우연인 것 같은 결과들이 연속되면서 지금 인류 문명이라는 필연으로 나타나고 있는 것이다. 참으로 오묘한 일이 아닐 수 없다.

별들의 삶을 기록한 자연의 묘비

우리는 지금까지 태양을 출발한 이후 지구를 거쳐 해왕성을 벗어나서 태양계가 속해 있는 우리 은하 전체를 둘러보는 긴 여행을 하였다. 상대적으로 한적한 은하의 변두리에 위치해 있는 우리 태양계의 위치 덕분에 우리는 은하 전체를 관찰하기에 좋은 명당을 차지하고 있을 뿐만 아니라 지금도 수시로 발생하고 있는 초신성의 폭발로부터도 비교적 안정된 거리를 확보하고 있다. 태양계 내에서 지구의 위치만큼이나 은하계 내에서 우리 태양계의 위치도 그만큼 절묘한 셈이다. 또한 우리 은하는 최소 1,000억 개가 넘는 별들로 이루어져 있는 거대한 별들의 집합이었다. 이 안에서 수많은 새로운 별들이 탄생하기도 하며 또 한편으로는 수많은 죽어가는 별들도 볼 수 있었다. 별들의 마지막 모습은 마치 우리의 인생사가 다양한 것처럼 똑같은 것이 하나도 없는 다양한 모습이었다. 그리고 생명을 다하고 꺼져버린 것 같던 별들의 중심에는 그들이 가지고 살아왔던 질량이 어느 정도였는지에 따라 그곳에 뚜렷한 흔적을 남겼다. 어떠한 별은 은은하게 빛을 발하는 백색 왜성으로, 어떤 별은 광풍의 전자기파를 내뿜는 중성자별로, 그리고 또 어떤 별은 암흑 속에서 주변의 모든 것들을 무조건 삼켜버리는 블랙홀의 모습으로 과거에는 이곳에서 세상을 밝게 비추던 별이 존재했었다는 것을 알려주고 있다. 비록 생명을 다하여 이전처럼 찬란한 빛을 발하지는 못하지만, 불빛이 다한 별들의 중심을 살펴보면 과거 그 자리에 어떠한 천체가 존재하고 있는지를 잘 알 수 있다. 이렇게 별의 마지막 흔적에 따라 그 별이 살아 있을 때 어느 정도의 크기와 밝기, 그리고 수명을 가지고 있었는지도 알 수 있다. 이렇게 별들의 타고 남은 마지막 흔적은 마치 별 자신이 삶을 기록한 묘비와도 같은 것이다. 별들은 이러한 방식으로 사후에 자연에 의하여 만들어진 묘비를 스스로 세우고 그렇게 자신이 살아왔던 시간보다 훨씬 더 오래 그 자리에 남아서 혹시나 주변을 지나갈지도 모르는 나그네들에게 자신의 존재를 알려주게 될 것이다.

지금까지 우리는 우리가 살고 있는 은하를 여행하면서 은하를 구성하고 있는 여러 가지 존재들에 대하여 관찰하고 알아보는 과정을 거쳐왔다. 이제 우리는 지구를 벗어나 태양계를 거쳐서 끝이 없을 것같이 거대했던, 10만 광년의 크기를 가진 우리의 은하의 끝자락에 와 있다. 우리는 지금 한때는 우주의 전부라고 생각했던 은하 전체를 거슬러 올라왔다. 하지만 우리 우주는 이것이 전부가 아니다. 이 우주는 우리와 같은 셀 수 없이 많은 은하들로 가득 차있다. 그리고 그 은하들 하나하나는 지금까지 우리가 여행해왔던 은하의 생태계와 흡사한 모습을 하고 있을 것이다. 앞서 우리가 태양계를 이루고 있는 천체들을 여행하고 나서 밤하늘의 작은 별빛들 하나하나가 우리의 태양계와 같은 거대한 생태계를 구성하고 있다는 것을 잘 느끼게 되었던 것처럼 저 멀리 마치 하나의 별처럼 보이는 은하들 또한 이렇게 더욱 거대한 자신만의 생태계를 유지하며 그들의 의미를 우리에게 보여주고 있다.

그러면 이 거대한 우주가 보여주는, 끝을 알 수 없을 것 같은 거대한 생태계를 한번씩 상상해보면서 이제 본격적으로 우리 은하를 벗어나 또 다른 은하들로의 여행을 시작해보도록 하자.

출처: ESA/Hubble

M74 은하. 은하에 존재하는 나선 팔이 아주 뚜렷하게 보인다. 보통 대부분 은하의 중심에는 거대한 블랙홀이 존재하는 것으로 알려져 있다. 거대 질량을 가지고 있는 이 블랙홀이 수천억 개에 달하는 은하 내 모든 별들의 운동을 좌우하고 있다. 마치 태양계의 태양에 의하여 지구를 비롯한 행성들의 운동이 결정되는 것처럼 말이다. 은하의 중심에는 별들의 밀도가 매우 높아서 밝게 보인다. 우리 은하의 중심의 모습도 이와 같이 매우 밝게 빛나고 있지만 아쉽게도 성운으로 인하여 우리 눈에는 대부분이 가려진 채 관찰이 된다. 이처럼 수많은 은하들의 모습도 하나하나가 별들의 모습만큼 다양하다. 하지만 그 속에서도 모양이 비슷한 부류들이 존재하며, 그 형태의 특징별로 나선 은하, 타원 은하 등으로 분류할 수 있다.

출처: ESA/Hubble

 우리에게 가장 친숙한 안드로메다 은하. 아마 우주에 별로 관심이 없는 사람들조차도 안드로메다라는 이름을 한 번쯤은 들어봤을 것이다. 우리로부터 약 230만 광년 떨어져 있는 이 은하는 은하치고는 우리와 매우 가까운 편에 속한다. 어두운 곳에서는 맨눈으로도 관측이 가능할 정도이다. 우리와 매우 흡사한 모습일 것으로 여겨지는 이 은하는 소설이나 SF 영화에서도 자주 등장하며, 지금도 우리 은하와 가까워지고 있어 언젠가는 우리 은하와 충돌하며 하나로 합쳐질 것으로 보인다.

출처: ESA/Hubble

　센타우루스 별자리 방향으로부터 1억 광년 이상 떨어진 웅장한 나선 은하 NGC 4603. 은하의 한쪽 부분을 확대해서 보여주고 있는 이 이미지는 나선 은하의 팔에서 활발하게 생성되고 있는 젊은 별들을 아주 잘 보여주고 있다. 나선 팔 부분에서 관찰되는 갈색 필라멘트는 성운의 농도가 매우 높은 지역이며, 따라서 이곳에서 별들이 활발하게 태어나고 있다.

출처: ESA/Hubble

우리로부터 약 1,600만 광년 떨어져 있는 M94 은하. 특이한 것은 은하의 외곽 주변의 밝은 고리에서 수많은 새로운 별들이 태어나고 있다는 점이다. 이것은 은하 중심에서 발생하는 압력파가 은하의 외곽에 존재하는 성운을 압축하면서 발생하는 현상으로 여겨진다. 이러한 이유로 은하의 중심에 있는 나선 팔보다 외곽 부분에서 훨씬 더 많은 별들이 태어나고 있다. 은하의 외곽을 둘러싸고 있는 수많은 젊은 푸른 별들이 은하의 중심과 대비를 이루며 장관을 선사해준다.

❻
우리 은하수를 넘어 은하들의 바다를 향해

우리가 본격적으로 우주로 시선을 돌리고 관찰하며 여행을 시작할 수 있게 된 것은 1900년대 초반부터다. 아인슈타인이 중력이란 무엇인가를 밝혀내고 시공간이라는 비밀의 열쇠를 풀어준 이후 우리의 시선은 비로소 지구를 벗어나 태양계를 넘어 저 우주 머나먼 곳까지 이어질 수 있게 되었다. 그 이전까지 우리의 우주적 세계관은 뉴턴의 중력 법칙이 가진 한계로 인하여 태양계 내 행성들의 운동과 가끔 지구 근처를 방문하는 혜성 정도의 움직임을 근사적으로 예측하던 수준에 머물러 있었다. 하지만 아인슈타인에 의하여 중력의 근원에 대한 개념이 완성되면서 우리는 모든 비로소 천체의 운동에 대한 명확한 이해를 할 수 있게 되었다. 그리고 이를 바탕으로 태양계는 물론이고 우리 은하계마저도 넘어 이 우주를 새로운 시선으로 바라볼 수 있게 된 것이다. 이러한 은하의 개념에 대하여 당 시대의 사람들이 가지고 있었던 우주관의 껍질을 깨기 시작한 사람은 바로 '에드윈 허블'이었다.

우주의 크기보다 훨씬 더 먼 곳에 존재하는 천체

당대의 저명한 관측 천문학자였던 그는 기존에는 몇 개의 별들과 그 주변의 먼지구름이 드리워져 있어 '성운'이라고 불리는 것들 중의 일부는 단순히 몇 개의 별들의 무리가 아니라 저 멀리 떨어져 있는, 우리와 동일한 구조의 또 다른 은하라고 생각하였다. 허블의 이러한 생각은 당시만 해도 우주의 크기에 대한 생각의 틀을 깨는 혁신적인 주장이었다. 20세기 초까지만 하더라도 우리의 은하가 이 우주의 전부라고 생각되던 시기였기 때문이다.

그러면 허블은 어떻게 우리 은하가 우리 우주의 전체라고 생각되었던 당시의 우주관을 뛰어넘어 이런 큰 도약을 할 수 있었던 것일까? 당 시대에는 이미 별들과의 거리를 측정하는 방법이 잘 알려져 있었다. 그리고 망원경의 성능이 급속도로 향상됨에 따라 새롭게 관찰되는 별들의 개수도 점차 증가하게 되었다. 이러한 시대적 배경으로 인하여 당시에는 밝기가 주기적으로 변하는 별을 찾아서 그 주기를 관측하는 방법을 통하여 별들과의 거리를 측정하는 일이 본격적으로 많이 벌어지고 있었다. 세페이드 변광성이라고도 불리는, 밝기가 주기적으로 변하는 이 별들은 변광 주기가 길수록 더 밝은 빛을 발산한다. 따라서 이러한 별들의 변광 주기를 파악하면 그 별이 가진 실제 밝기가 어느 정도인지를 알 수 있게 되는 것이다. 이렇게 원래 별이 가진 밝기를 기준으로 등급을 나눈 것을 별의 밝기의 절대 등급이라고 한다. 하지만 이 별이 실제 우리 눈에 얼마나 밝게 보이는지는 관측 대상이 지구와 얼마나 멀리 떨어져 있는지에 따라 결정될 것이다. 이렇게 실제 지구에서 우리 눈에 관찰되는 별의 밝기를 별의 겉보기 등급이라고 한다. 따라서 이 변광성 밝기를 통하여 별의 절대 등급을 확인하고 실제 우리 눈에 관찰되는 밝기를 통하여 별의 겉보기 등급을 파악하여 두 등급의 차이를 분석하면 그 별까지의 거리를 대략 파악할 수 있는 것이다.

이것이 우리로부터 별들까지의 거리를 측정하는 가장 일반적인 방법이다. 그러던 중 허블은 안드로메다 성운으로 알려진 부분에서 특이한 변광성을 발견하게 되는데 위와 같은 과정으로 당시 관찰한 별의 밝기와 주기를 관찰한 결과 놀라운 사실을 알게 되었다. 우리와 안드로메다 성운까지의 거리가 대략 100만 광년 이상으로 계산된 것이었다(실제로 안드로메다 은하는 약 230만 광년 떨어져 있다). 당시는 우리 은하가 우주의 전체라고 알려져 있었으며, 우주 전체의 크기는 약 30만 광년 정도라고 생각되던 터였다. 크기가 30만 광년으로 생각되는 우주 안에서는 결코 100만 광년이 넘게 떨어져 있는 별이 관찰될 수는 없었다. 따라서 이런 일이 발생하는 경우는 두 가지 중의 하나일 것이다. 무엇인가 계산이 잘못되었든가, 혹은 우주 전체라고 생각되었던 우리 은하 너머에도 정말로 또다른 은하가 더 존재하고 있는 것이든가…. 허블은 이 중 후자를 선택했다. 그는 안드로메다 성운이라고 불리는 이 성단이 단순한 성운이 아니라 바로 우리 은하 너머에 있는 또 다른 은하의 모습이라고 생각을 한 것이다.

평범한 작은 부스러기

이는 기존에 인류가 가지고 있던 우주관을 깨고 우주의 범위를 대폭 확장시켜주었던, 천문학사에 획기적인 큰 사건이었다. 고대 우리 우주의 전체가 태양계라고 생각했던 것을 깨고, 우리의 태양 이외에 또 다른 무수한 별들이 존재한다는 사실로 은하까지 우주의 개념은 크게 확장되었다. 그런데 허블에 의하여 다시 한번 우주의 전부라고 생각되었던 우리 은하 너머에 또 다른 은하가 존재한다는 사실을 확인하게 된 것이다. 이것은 우리가 생각했던 우주의 크기를 대폭 확장시키는 매우 중요한 전환점이 되는 사건이었다. 또한 이는 우리가 살고 있는 은하 또한 유일한 은하가 아니며, 이 우주에는 또 다른 수많은 은하가 존재하는 것을 알리는 신호탄이기도 했다. 이것은 지구가 우주의 중심에 서서 태양과 달이 지구의 주위를 도는 것이 아니라, 다른 모든 행성과 마찬가지로 태양의 주위를 도는 일개 행성에 불과하다는 사실이 일반화된 이후 다시 한번 우주 속의 우리 존재를 더욱 겸손하게 만드는 사건이기도 했다. 또 다른 은하가 저 너머에 존재한다는 의미는 우리와 같은 은하가 우주 어디에서나 존재하며, 따라서 우리 역시 별다를 것 없는 평범한 존재일 것이라는 것을 반증하기 때문이다. 지구가 그러했고 태양이 그러했던 것처럼 우리의 은하조차도 우주 유일무이한 존재가 아니라 단지 우주 전체에 널리 퍼져 있는 평범한 작은 부스러기에 불과했던 것이다.

그렇다면 우리 우주는 과연 하나일까?

태양계를 깨고 또 다른 태양을 찾아 나선 이후 우리는 이 우주에 하나뿐일 것이라고 생각했던 모든 것들이 이 우주에서 너무나도 평범하고 수없이 많이 존재하는 것이었음을 진리로의 여정에서 여러 번 깨달아왔다. 우리가 살고 있는 지구와 같은 행성이 그러하였고 우리의 태양이 그러하였으며 이제 우리의 은하 또한 그러한 존재라는 사실과 마주하고 있다. 이러한 생각을 확장시키면, 하나뿐일 것이라고 생각하는 이 우주 또한 과연 세상에서 운 좋게 생성된 단 하나의 우주일까 하는 생각에 자연스럽게 도달하게 된다. 그래서 이 세상에는 셀 수 없이 다양한 우주가 존재한다는 '다중 우주론'이 학자들뿐만 아니라 많은 일반인들에게도 매력적인 개념으로 전달이 되고 있는 것이다.

과거로부터 인류는 각자가 이 세상에 존재하는 유일무이하고 특별한 존재로 생각을 해왔다. 역사를 되짚어보더라도 동양과 서양에서, 혹은 그들 내부에서조차도 각각 나름대로 자신들이 유일한 세계의 중심이며 나와 다른 것은 이단이고 열등한 것이라고 생각하는 배타적인 면을 많이 보여왔다. 이러한 경향은 부족 사회를 구성했던 선사 시대 때도 그러하였던 것을 보면 어쩌면 인간 본연의 종족 보전 본능에 의한 것일지도 모를 일이다. 자기 자신 혹은 자신과 동일한 인종만이 우수하고 뛰어난 능력을 지닌 유일한 존재라고 생각하는 것 자체가 다른 사람 혹은 다른 종족과의 생존 경쟁에서 스스로 살아남기 위한 본능일지도 모르겠다는 의미이다.

하여간 인간의 본능일지도 모르는 이러한 고정관념을 지속적으로 깨트리는 과정에서 인류의 역사는 성장을 해오고 있다. 이제 우리는 우주의 크기와 범위에 대한 고정관념을 깼다. 우리 은하 너머 저곳에는 우리와 닮은 또 다른 은하가 존재하고 있으며 이로써 우리 우주의 범위는 은하를 넘어서 상상을 초월할 정도로 크게 확대되었다. 이렇게 확장을 거듭하고 있는 우주 자체가 정말 우리가 살고 있는 우주 단 하나일까 하는 물음에 대한 답은 이렇게 아직도 우리에게 질문을 던진 채 열려 있다. 당신은 어떤 생각을 가지고 있는가?

우리 은하와 충돌할 운명을 가지고 있는 거대 은하

그렇다면 이제 우리 은하를 넘어 다른 은하로의 여정을 본격적으로 떠나보도록 하자. 우리 주변 은하들 중 우리에게 가장 잘 알려져 있는 것은 바로 안드로메다 은하이다. 허블 이전까지는 단순히 성운 속에 가려진 별들의 무리로 여겨졌기 때문에 안드로메다 성운으로 불리던 천체이다. 우리가 가끔 생활하면서 너는 정신을 안드로메다에 두고 왔느냐 하는 우스갯소리를 하기도 하는 이 은하는 지구로부터 약 230만 광년이나 멀리 떨어져 있다. 이렇게 먼 거리에 정신을 두고 지구로 다시 돌아올 수 있었다면 오히려 대단한 능력자일 지도 모르겠다.

아무튼 이렇게 멀리 떨어져 있는 것으로 여겨지는 안드로메다 은하는 사실 우리와 매우 가까운 편에 속하는 대형 은하이다. 이 은하가 가지고 있는 별들의 개수는 우리 은하보다 최소 2배 이상 많은 것으로 알려져 있다. 비교적 가까운 곳에 위치한 거대한 은하이면서 우리와 닮은 점이 매우 많다는 점에서 대중에게도 인지도가 높은 은하이다. 또한 상대적으로 가까운 거리 덕분에 우리가 비교적 자세하게 관찰할 수 있는 은하이기도 하다. 안드로메다 은하는 시상이 아주 깨끗한 장소에서는 육안으로도 관찰이 가능한데, 하늘에서 차지하는 안드로메다 은하의 크기는 보름달보다도 훨씬 크다. 이렇게 가까운 거대 은하를 관찰하는 것은 우리에게 여러 가지 의미로 다가온다. 우리가 우리의 얼굴을 보기 힘든 것처럼 우리가 살고 있는 우리 은하의 모습을 정확하게 바라본다는 것은 불가능하다. 따라서 이렇게 주변 은하들의 움직임과 모습 등을 잘 관찰해본다면 우리 은하의 모습과 과거, 그리고 미래까지도 예측해볼 수 있는 것이다. 천체 관측자들에게 아름다운 모습을 보여주는 매력적인 안드로메다 은하는 지금도 우리 은하와 점점 가까워지고 있다. 서로의 중력에 이끌려 점점 가까워지고 있기 때문에 우리 은하와 안드로메다 은하는 약 50억 년 뒤에 서로 합쳐지면서 거대한 하나의 은하를 형성할 것으로 예상된다. 이렇게 우리의 은하와 안드로메다가 합쳐지면서 만들어질 새로운 거대한 은하를 '밀키메다'라고 부르기도 한다.

이렇게 서로 다른 은하와 은하가 중력에 의하여 서로 합쳐지게 되면 어떤 일이 일어날까? 수천억 개에 달하는 수많은 별들을 가지고 있는 거대 은하들이 서로 충돌하면 마치 원시 태양계의 초기와 같은 상황이 벌어지며 별들의 충돌로 인하여 지옥의 아비규환과 같은 혼돈이 발생할 것을 긱정하는 이가 있다면 안심해도 된다. 우리 눈에 은하들은 매우 **빽빽**하게 별들로 가득 채워져 있는 것으로 보이지만 그것은 은하가 우리에게 매우 멀리 떨어져 있기 때문에 보이는 착시 현상이다. 실제로 별들과 별 사이는 매우 멀리 떨어져 있다. 현재 우리 태양과 가장 가까운 별도 우리와 4.2광년이나 되는 거리에 있을 만큼 멀다. 이 정도 거리라면 서로 다른 두 별이 충돌한다는 것은 수도권의 어느 아파트 방 안에 앉아 있는 내가 지금 야구공 하나를 던져서 태국의 한 놀이동산에 있는 인형의 머리를 맞춰야 하는 것과도 같다.

이처럼 별과 별 사이의 공간은 대부분 비어 있다. 그러므로 서로 다른 은하들이 충돌한다고 해서 별들이 서로 마구 충돌하는 대혼돈의 상태는 벌어지지 않는다. 다만 두 은하가 만나면서 질량 분포의 변화로 인하여 시공간이 크게 영향을 받으면서 각기 두 은하가 가지고 있던 별들을 마구 섞어놓게 될 것이다. 50억 년이라고 하면 지금으로부터 너무나 먼 미래의 일이라서 태양조차도 그 빛을 잃은 후겠지만 만약 태양계를 벗어나 또 다른 태양계를 찾아 정착한 인류 문명이 여전히 우리 은하계에 존재한다면 그들은 밤하늘에서 지금보다 몇 배 이상의 많은 별들로 넘쳐나는 정말 거대한 장관을 감상할 수 있게 될 것이다.

다양함 속에서도 공통적인 유형을 가지고 있는
은하들의 모습

사람들이 다양한 인종과 얼굴의 개성을 가지고 있듯이 은하들 또한 각자의 개별적인 특징을 가지고 존재감을 나타내고 있다. 하지만 은하도 인간과 마찬가지로 큰 틀에서 동일한 유형으로 그 특징들을 분류할 수 있다. 그러면 지금부터 우주의 은하들이 어떤 다양한 모습을 가지고 있는지 감상하는 시간을 잠시 가져보도록 하자.

은하들의 모습은 다양한 형태를 가지고 있는데 그 특징이 유사한 것들을 기준으로 크게 분류를 해보면 우리 은하와 같이 마치 소용돌이가 발생하고 있는 듯한 모양의 나선 은하와 거대한 구형 모형을 하고 있는 타원 은하로 나뉜다. 나선 은하 중에서 특히 은하의 내부에 막대 모양의 거대한 구조를 가지고 있는 은하를 막대 나선 은하로 분류하는데, 우리 은하도 이러한 막대를 가지고 있는 막대 나선 은하로 여겨진다. 우주에 존재하는 은하들의 대부분은 나선 은하의 형태를 가지고 있으며 타원 은하의 비중은 10~20% 수준 정도로 알려져 있다. 나선 은하는 성운을 풍부하게 많이 가지고 있다. 성운은 별들의 씨앗이다. 따라서 나선 은하에서는 별들이 역동적으로 많이 만들어지고 있다. 특히 이러한 별들의 탄생은 나선 은하의 팔 부분에서 활발하게 이루어지고 있어, 이 지역에 푸른 빛을 가지고 있는 별들이 많이 관찰된다. 앞서 별들의 수명은 자신이 가진 질량에 의해 결정된다고 하였다. 푸른 별들이 존재한다는 것은 주변에 별들의 재료가 되는 성운이 풍부하게 존재한다는 것이다. 또한 거대한 질량으로 인하여 푸른 빛을 발산하며 타오르는 거대한 별들은 수명이 수백만에서 수천만 년에 불과하다. 따라서 어떤 은하에서 이러한 푸른 별들이 관찰된다는 것은 비교적 최근까지도 주변에서 별들이 활발하게 만들어지고 있는, 역동적인 공간이라는 것을 우리에게 알려준다. 이렇게 나선 은하에는 여기 저기에서 별들이 탄생하고 소멸하는 활발한 별들의 생태계가 잘 조성되어 있다.

하지만 모든 은하가 이러한 모습을 보여주는 것은 아니다. 나선 은하와는 달리 타원 은하에서는 주로 대부분 붉은 별들만 관찰된다. 이것은 별들이 만들어지는 시점에 푸른 별들을 만들 만큼의 충분한 별들의 재료가 존재하지 못했다는 것을 의미한다. 물론 이렇게 주로 붉은 빛의 별들을 가지고 있는 은하들도 과거 한때는 풍부하게 존재하였던 성운으로 인하여 별들의 탄생이 활발하게 이루어졌을 것이다. 하지만 한때 풍부했던 별들의 재료는 푸른 별빛으로 짧은 별의 일생을 마치고 상대적으로 작은 질량을 가져 수명이 긴 붉은 별들만 남게 된 것이다. 따라서 타원 은하에서는 성운이 잘 관찰되지 않으며, 별들이 만들어지는 활동 또한 별로 보이지 않는다. 이런 이유로 타원 은하가 가지고 있는 별들은 주로 오래된 붉은 별들이 많은 것이다. 대신 타원 은하는 나선 은하보다 일반적으로 훨씬 더 큰 규모로 많은 별들을 가지고 있다. 이렇게 나이가 든 별이 많고 나선 은하보다 훨씬 더 많은 별들을 보유하고 있다는 점 때문에, 나선 은하가 오랜 시간 동안 서로 계속 합병하면서 결국에는 거대한 타원 은하로 발전된 것이라는 가설이 설득력을 얻고 있다. 즉, 은하의 오래된 진화 형태 중의 하나가 타원 은하라는 것이다. 나선 은하가 젊을 때의 활발하고 당찬 모습이라면 타원 은하는 노년기의 여유롭고 풍성한 모습을 가지고 있는 셈이다. 은하들 중에는 이렇게 정형화된 모습을 가진 은하들 이외에도 간혹 은하의 모양을 특정하기 힘든, 완전히 다른 모양의 비정형의 은하들도 관측이 된다. 이것은 은하들이 서로의 인력에 끌리면서 합병하는 순간 만들어지는 것으로 보인다. 즉, 이러한 비정형 은하들은 서로 다른 은하가 충돌하는 순간의 모습을 우리가 보고 있는 것이다. 오랜 시간이 지나면 이러한 은하들은 또 다른 나선 은하로 발전하든지 혹은 타원 은하로 변모하게 될 것이다.

성장하며 변화하는 은하의 모습

최소 수백억 개에서 수천억 개의 별들로 이루어진 거대한 은하를 상상하고 있으면 우주의 광활함에 다시 한번 경외심이 든다. 지금 우리에게 관찰되는 은하들의 모습은 은하들의 일생에 있어서 아주 짧은 찰나의 순간에 촬영된 스냅 사진에 불과하다. 과거 사진 속의 내가 지금의 나와 다른 모습으로 변해 있듯이 은하들 또한 지금 이 순간도 역동적으로 움직이며 그 모습을 바꿔가고 있다. 은하들도 마치 살아 있는 생명체들처럼 자신의 모습을 끊임없이 바꿔가며 그렇게 나이를 먹고 있는 것이다. 따라서 지금 우리가 바라보는 은하들의 모습뿐만 아니라 지금은 이렇게 보이는 은하의 모습들이 앞으로 먼 미래에 어떠한 모습으로 바뀌어갈지를 생각해보는 것도 이 우주여행의 묘미가 아닐까 한다.

　사실 상당히 먼 미래에도 우리는 우리와 가장 가까운 별까지의 직접적인 여행조차 실현시키지 못하겠지만, 다행히도 수많은 별들의 무리인 은하는 우리들에게 상상 속의 여행을 여전히 허용하고 있다. 가끔은 차 한잔과 차분한 음악과 함께 시간과 공간을 넘어서 별들과 별들, 그리고 은하와 은하 사이를 자유롭게 여행해보도록 하자. 그곳에는 어두운 성운 속에서 지금 막 태어나는 별들 너머로 자신이 가진 질량에 따라 다양한 색깔과 빛을 내는 수많은 별들이 빛나고 있을 것이다. 어떤 별들은 적색 거성으로 변해가면서 자신의 삶이 끝나는 것을 아쉬워하며 마지막 거친 숨을 내쉬고 있을 것이다. 또 어떤 별들은 이미 자신의 수명을 다하고 자신이 가졌던 모든 물질들을 우주 공간에 던져놓은 채 아름다운 행성상 성운으로 적막하기만 했던 우주 공간을 오랜 시간 동안 아름답게 장식해줄 것이다. 이렇게 아름다운 행성상 성운의 모습들 중 이 우주에서 같은 것은 단 하나도 없다. 지금도 우주 어느 곳에서 새롭게 태어나는 별들이 있는 것처럼 또 어느 한 공간에서는 별들이 자신의 생애를 마치며 마지막 거친 숨을 내쉬며 아름다운 행성상 성운을 만들어내고 있다. 그리고 그들이 만들어낸 마지막 모습은 별들의 개수만큼이나 다양하게 우주 공간에서 오랜 시간 동안 그렇게 자신의 존재감을 드러내고 있을 것이다.

　그뿐만이 아니다. 드물게 일어나는 일이지만 여행 과정에서 운이 좋으면 우주 공간에서 발생하는 가장 큰 이벤트 중의 하나인 초신성 폭발도 멀리서나마 감상할 기회도 가지게 될 것이다. 단 하나의 초신성 폭발은 은하 전체의 밝기를 넘어서기도 한다. 하지만 그 아름다움에 매혹되었다고 해도 초신성 근처로 너무 가까이 가지는 않는 것이 좋다. 초신성 폭발 시 온 우주로 뻗어 나가는 엄청난 강도의 감마선은 우리 몸의 모든 세포를 하나하나 녹아내리게 할 만큼 강하다. 이 여파는 최소 수 광년에서 수십 광년까지 뻗어 나간다. 뿐만 아니라 초신성 폭발 후에도 그 중심에는 무서운 방사선을 내뿜는 중성자별이 펄스를 엄청난 속도로 방출하고 있기 때문에, 이러한 우주의 거대한 이벤트를 멀리서 감상한 것만으로 만족하고 먼 곳으로 돌아가는 선택을 하도록 하자. 이 밖에도 우주 공간에는 빛조차도 흡수해버리는 블랙홀이 도처에 존재하고 있으므로 우주 지도에 표시된 비행 금지 구역은 꼭 준수하는 것이 좋을 것이다.

이렇게 은하에는 개성을 가진 다양한 천체들이 역동적으로 움직이며 숨 쉬고 있다. 빛나는 별들의 무리로만 보이는 은하는 그 속에서 별들의 탄생과 죽음이 순환하면서 매 순간 다양한 모습을 보여주며 지금도 진화하고 있다. 또한 그 안에는 우리가 아직까지 밝히지 못한 수많은 비밀 또한 여전히 봉인된 채 깊숙이 숨겨져 있다. 혹시 우리 주변 도처에 존재하고 있는 블랙홀이 미지의 세계나 또 다른 우주로 통하는 관문일지 누가 알겠는가? 우주는 항상 우리가 상상하는 것 이상의 비밀을 간직한 채 그 비밀의 문이 우리의 손에 의해 열려지기를 기다리고 있지 않은가! 이처럼 은하는 수많은 비밀을 간직한 채 돌고 도는 별들의 일생이 다양하게 담겨 있는 또 다른 생태계이다. 그리고 지금도 그렇게 우리의 여행을 기다리고 있다.

출처: ESA/Hubble

막대 나선 은하 NGC1672. 은하의 중심을 따라서 마치 거대한 막대가 가로지르고 있는 것같이 보인다.

은하가 가진 나선 팔을 따라서 뜨겁고 젊은 별들이 태어나고 있다. 나선 팔에는 성운의 밀도가 매우 높아 별들이 생성되기 좋은 환경을 가지고 있다. 이렇게 태어난 별들로 인하여 나선 팔의 형태가 뚜렷하게 관찰되는 것이다. 우리가 살고 있는 은하는 나선 은하 중에서도 약한 모양의 막대를 가지고 있는 막대 나선 은하로 추정된다고 한다.

출처: ESA/Hubble

　중앙에 보이는 것이 타원 은하의 모습이다. 얼핏 보면 마치 구상 성단처럼 보이기도 하지만 은하의 내부에 존재하는 구상 성단과는 그 규모가 완전히 다르다. 타원 은하는 모양이 타원 또는 원형으로 보이는데 이를 구성하고 있는 별들의 나이가 수십억 년 이상으로 매우 많아서 은하 중에서는 가장 오래된 형태로 보여진다. 타원 은하는 나선 은하보다 보통 많은 별들을 보유하고 있다. 하지만 은하 내부에는 성운이 별로 없기 때문에 별들의 생성 활동이 매우 약하다. 타원 은하의 오른쪽 상단에 보이는 것은 NGC 4647의 나선 은하로, 지금도 많은 별들을 만들어내며 마치 젊음을 과시하고 있는 모습처럼 보인다. 물론 타원 은하는 나선 은하보다 훨씬 먼 거리에 위치해 있다. 두 은하가 근거리에 있는 것처럼 보이는 것은 착시 현상 때문이다. 이 사진에서 우리는 나이 든 은하와 젊은 은하의 모습을 함께 확인할 수 있다. 은하도 마치 우리네 인생처럼 이렇게 나이를 먹어감에 따라 다른 모습을 보여준다.

출처: ESA/Hubble

　허블 우주 망원경으로 촬영한 NGC3717 은하. 이 은하는 우리와 유사한 나선 은하로 보여진다. 은하의 옆 모습이 촬영되면서 은하의 원반이 어떻게 구성되어 있는지를 잘 보여준다. 은하의 중앙에 별들로 가득 차서 빛나는 은하의 중심이 돌출되어 잘 보인다.

출처: ESA/Hubble

 스테판 5중주라고 불리는 은하들의 사진. 5개의 은하가 같이 모여 있는 것처럼 보이지만 왼쪽 상단의 은하는 다른 은하들보다 지구에 7배나 가까이 위치해 있다. 오른쪽 상단의 은하는 막대 나선 은하의 형태를 잘 보여주고 있다. 중앙에 있는 2개의 은하는 전형적인 은하의 형태를 완전히 벗어난 모양을 보여주는데, 이것은 2개의 은하가 서로의 인력으로 하나로 합쳐지는 과정에 있는 것이다. 서로 합쳐지고 있는 2개의 은하 주변을 잘 보면 이러한 상호작용의 결과로 주변에서 별들이 활발하게 만들어지고 있는 것을 볼 수 있다. 은하들이 서로 합쳐지는 일은 우주에서 드물지 않게 일어나는 이벤트이다. 실제로 은하들은 지속적인 합병 과정을 통해서 더 큰 은하로 성장하기도 한다. 왼쪽 아래에는 전형적인 타원 은하의 모습을 볼 수 있다. 왼쪽 위의 은하와 나머지 4개 은하의 색깔이 완전히 다르게 보인다. 이것은 지구와 가까이 있는 푸른 은하는 젊은 별들이 활발하게 많이 형성되고 있는, 혈기 왕성한 은하의 젊은 모습임에 반하여 거리가 먼 나머지 붉은 은하들은 중년이 된 은하의 모습이기 때문이다.

 이 사진 한 장 속에서 우리는 은하의 다양한 모습은 물론이고 은하들이 하나로 융합하는 모습까지도 확인할 수 있다. 단 한 장의 사진으로 은하의 다양한 성장 과정들을 확인할 수 있는, 아주 매력적인 사진이다. 잠시만 책을 내려놓고 이 은하들을 감상하면서 각자의 은하가 겪어 왔을 긴 여정을 돌이켜보도록 하자.

출처: ESA/Hubble

　서로의 인력에 이끌려 충돌하고 있는 서로 다른 2개의 은하. 이렇게 하나로 융합되고 있는 은하의 모습을 보면 수많은 별들의 충돌이 발생하는 아비규환의 세상이 벌어지고 있을 것이라고 생각하기 쉽다. 하지만 예상과는 달리 서로 다른 2개의 은하가 하나로 융합이 되는 과정에서 은하의 별들이 서로 충돌하는 일은 거의 일어나지 않는다. 우리가 관찰하기에 은하가 수많은 별들로 빽빽하게 보이는 것은 은하와의 거리가 엄청나게 멀기 때문이다. 실제로 은하는 대부분이 빈 공간으로 이루어져 있으며 별들의 밀도는 상당히 낮다. 따라서 은하가 서로 충돌한다고 해서 별들까지도 충돌하는 일은 일어나지 않는다. 다만 서로의 인력에 의한 중력의 영향으로 가스 구름이나 성운이 급격한 운동을 하며 이 과정에서 새로운 별들을 활발하게 만드는 역할을 한다.

　두 개의 은하가 융합이 되면 이 은하는 더 거대하고 새로운 모습을 가진 새로운 모습의 은하로 다시 태어나게 될 것이다. 우리 은하도 안드로메다 은하와 먼 미래에는 하나로 융합이 될 것으로 예상된다. 비록 그 장관을 직접 보지는 못하겠지만 위 사진을 감상하며 먼 미래에 우리 은하에서 어떤 일이 벌어질지 상상해보는 것도 재미있을 것이다.

❼
우주의 크기

지구의 지평선 너머를 상상하던 인류가
우주의 끝을 고민하다

이 우주의 크기는 얼마나 될까? 우주 관련해서 전문적으로 공부를 하는 사람이 아니더라도 누구나 한 번쯤은 이런 의문을 가져본 적이 있을 것이다. 이 우주가 얼마나 큰지를 조금이나마 가늠해보기 위해 하늘에 펼쳐진 거대한 우주를 바라보면서 상상의 나래를 펼치다 보면 어느덧 우리는 우주의 끝, 그 한계와 만나게 된다. 우주는 도대체 얼마나 큰 것이며 우주의 끝이 있다면 그 끝의 바깥쪽에는 또 무엇이 존재하는 것일까? 생각과 상상이라는 것을 할 수 있는 인류라는 종이 세상에 출현하면서부터 이 세상의 끝은 어디에 있고 그것은 무엇인지를 탐구하고자 하는 호기심은 시작되었다. 인류 탄생 초기에는 눈앞에 보이는 지평선 방향으로 계속 가다 보면 무엇이 나오는지 그리고 지평선 너머의 저 땅끝은 도대체 어디와 연결이 되어 있을지 하는, 단지 눈앞에 보이는 의문으로부터 그 호기심은 시작되었을 것이다. 그러다가 세월이 흘러 용기와 모험심이 충만한 어느 탐험가가 출현하여 산을 넘고 바다를 넘는 여정을 계속하면서 결국 지구가 둥글다는 것을 알아내었다. 그리고 이제 우리의 호기심은 지구는 물론 태양계와 은하까지 벗어나 '저 우주의 끝은 어디일까?'를 궁금해하는 수준까지 온 것이다.

이제 지금부터 우리는 우주의 끝까지 가는 여정을 시작할 것이다. 이 여정을 위해서 빛의 속도로 움직일 수 있는 상상 속의 우주선에 탑승하도록 하자. 물론 이미 여러분들은 빛을 제외한 이 우주의 어떤 것도 빛의 속도 이상으로 달릴 수 없다는 것을 알고 있다. 하지만 우주 끝으로의 여정을 위해서는 이런 우주선이 없다면 우리는 결코 우주의 끝을 보지 못하게 될 것이다. 그리고 다행스럽게도 여러분과 내가 가지고 있는 상상력은 우리의 우주선이 빛의 속도로 달리는 데 어떠한 제약도 부여하지 않는다. 그러므로 지금부터 빛의 속도로 달리는 상상 속의 우주선에 탑승하고 저 우주의 끝을 향한 여정을 떠나보도록 하자. 이 책의 전반부를 충실히 따라온 독자들이라면 이미 이 여행을 제대로 즐기기에 충분한 사전지식을 확보하고 있을 것이다. 따라서 빛의 속도로 달리는 우주선에 탑승해 있는 여러분들의 시간은 전혀 흐르지 않는다는 것을 이미 잘 알고 있을 것이다.

즉, 우주선에 탑승해 있는 우리는 우주 어느 곳의 목적지라도 아무런 시간 소요 없이 바로 도착할 수 있다는 이야기이다. 따라서 길고 지루한 우주여행을 위하여 신진대사의 움직임을 최소화하기 위한 수면 캡슐 따위에 들어가야 할 필요도 없다. 우리는 아무리 먼 곳도 그야말로 눈 깜짝할 사이에 도착할 수 있기 때문이다. 심지어 우주 저 끝까지도 말이다. 우리에게 필요한 것은 단지 여행지에 도착한 이후 찬찬히 주변을 둘러보며 감상하기 위한 시간만 있으면 될 것이다. 다만 이렇게 빠른 우주선을 타고 우주여행을 한

후 지구로 돌아왔을 때는 우리가 출발할 때 보았던 그 지구를 기대해서는 안 될 것이다. 빠르게 이동하는 우주선과 지구에서 흐르는 시간의 상대적 빠르기의 차이로 인하여 빠른 속도로 여행을 하고 있는 나의 시간은 얼마 흐르지 않았어도 우리의 지구에서는 아마 최소 수백에서 수천만 년, 혹은 수십억 년이 흐를 것이기 때문이다. 하지만 너무 걱정하지는 말자. 이 상상 속의 우주선은 고맙게도 이 부분에서만큼은 아인슈타인의 상대성 이론을 따르지 않는다. 그러니 주변인들과의 작별 인사를 어떻게 할지 고민할 필요 없이 안심하고 우주선에 탑승해서 머나먼 여정을 떠나보도록 하자.

시간으로 표현되는 우주의 크기

우주의 크기를 알아보기 위해서 먼저 태양으로부터 출발해보도록 하자. 여러분들도 이미 알고 있듯이 우주는 너무나도 거대하여 그 크기를 가늠조차 하기 힘들다. 따라서 우주의 크기를 이야기하기 위해서는 우리가 지구에서 통상 사용하는 m, ㎞처럼 거리를 나타내는 단위로는 그 크기를 지면 위에 모두 기입조차 하기 힘들다. 따라서 우주여행을 위해서는 거리를 나타낼 때 이와는 다른, 무엇인가 커다란 단위가 필요함을 알 수 있다. 이때 사용하는 단위가 바로 빛이 이동하는 데 걸리는 시간이다. '아니, 거리를 이야기하는데 왜 단위가 시간으로 표현되는 거지?'라고 생각되는 독자가 있다면 시간과 공간은 결코 분리될 수 없는 것임을 다시 한번 상기하면서 시간과 공간이 묘하게 어우러져 있는 시공간의 개념을 상기해보도록 하자. 시간과 공간은 서로 분리되어 있는 것이 아니라 하나로 엮여 있는 개념이다. 따라서 시간 개념만을 사용하여 거리를 표현하여도 거리감을 드러내기에 아무런 문제가 없다. 만약 우주 공간 어느 두 지점의 거리가 300,000㎞ 떨어져 있다고 하면 그곳까지의 거리는 '1광초'로 표현이 된다. 이런 표현 방법을 통하여 300,000㎞라는 숫자가 매우 간결해질 수 있다. 이것이 표면적으로는 우주의 크기를 이야기하기 위해 빛이 이동하는 데 걸리는 시간을 쓰는 가장 큰 이유이다.

하지만 여기에는 아주 중요한 의미가 동시에 숨어 있는데, 그것은 이 우주 공간에서 관찰자에 상관없이 오직 변하지 않는 것은 빛의 속도뿐이기 때문이다. 우리가 이미 살펴보았듯이 우주 스케일에서 시공간은 휘어지고 왜곡되는 변화무쌍한 값이다. 나에게 있어 100㎞의 속도가 우주 누군가에게는 1,000㎞로 보일 수도 있고 나에게 1㎞의 거리가 누군가에게는 10㎞로 보일 수도 있다. 따라서 이런 방식으로는 우주에 존재하는 어떤 대상의 거리를 객관적으로 이야기하기 힘들 것이다. 하지만 우주 공간 어느 곳에서든, 혹은 어떤 운동 상태를 가지고 있든 동일한 빛의 빠르기를 이용한다면 전 우주에 걸쳐서 동일한 기준으로 거리를 이야기할 수 있다. 이렇게 우주 어디에서나 동일한 관점으로 보이는 빛의 속도를 이용하여 우리는 어느 위치에서든 우주의 거리를 객관적으로 표현할 수 있게 된다. 이런 이유들로 우주의 크기를 이야기할 때 빛의 속도를 이용하는 것은 매우 현명한 방법이 아닐 수 없다. 어쨌든 지금부터 우리는 이 우주의 크기가 어느 정도 되는지를 빛의 속도로 달리는 우주선을 타고 탐사해보도록 하자.

빛이 4시간 동안 달릴 수 있는 거리

태양에서 출발한 우주선은 지구까지 도달하는 데 약 8분 20초 정도가 걸린다. 여기에서 중요한 것은, 8분 20초라는 것은 지구에 있는 관찰자가 우주선을 관찰하였을 때 소요되는 시간이다. 이미 빛의 속도로 달리는 우주선에 탑승해 있는 우리(탑승객) 기준으로는 태양에서 지구까지의 여행에도 전혀 시간이 걸리지 않았다. 빛의 속도로 달리게 되면 시간이 흐르지 않는다. 시간이 존재하지 않으므로 공간 또한 존재하지 않는다. 따라서 우주선에 탑승해 있는 우리의 기준으로 보면 시간이 흐르지 않는 게 아니고 목적지까지의 거리가 가까워진 것이다. 빛의 속도로 달리는 우주선에서는 이 온 세상이 모두 우주선 안에 들어 있다. 방문을 여는 순간 우리는 원하던 목적지의 장소와 마주하게 된다. 태양에서 출발한 우리는 방문을 한 번 열고 닫았을 뿐인데 지구에 도착할 수 있다. 그리고 이러한 방식으로 우리는 우주 끝까지 여행할 수도 있다.

지구에 도착한 우리 우주선은 잠시 정차하였다. 우리의 눈에 보이는, 우주 공간 속에 위치해 있는 지구는 정말 검은 공간 속에서 돋보이는 오아시스와 같이 빛나고 있다. 물론 지구를 잠시 감상하기 위해 멈춘 현재 기준으로 우주선에서의 시간은 지구에 있는 관찰자와 동일한 방식으로 흘러간다. 잠시 우리가 살고 있는 아름다운 지구의 모습을 여유 있게 감상한 후 잠시 정차했던 우주선은 토성의 고리를 만나기 위해 다시 떠난다. 빛의 속도로 달리는 우리의 우주선도 지구의 관찰자가 보기에는 토성에 도착하는 데 약 2시간이라는 시간이 걸린다. 토성이 지구로부터 약 1,400,000,000㎞ 떨어져 있다는 것을 고려한다면 이해도 될 일이다. 그리고 태양계의 마지막 행성인 해왕성까지 바로 이동해본다. 이곳까지 오기 위해서는 태양으로부터 출발한 빛도 약 4시간 정도 소요된다. 빛이 도달하는 데 이 정도 시간이 걸릴 정도이니 상당히 먼 거리임을 알 수 있다. 만약 당신이 시속 200㎞의 고속 스포츠카를 타고 달린다면 2,450년 동안을 쉬지 않고 운전을 해야 이동할 수 있는 거리이다. 태양계는 이처럼 광활하고 거대한 운동장이다(태양계의 크기의 정의는 태양풍이 영향을 미치는 공간이다. 사실 이러한 정의를 기준으로 하면 태양계의 크기는 해왕성을 넘어서도 훨씬 확장되지만 여기에서는 단순하게 해왕성까지만으로 한정해보도록 하자).

여기에서 바라보는 태양은 다른 별에 비하여 밝게 빛나긴 하지만 여기에 떨어지는 태양 빛은 지구의 1/900에 불과하다. 따라서 이 머나먼 곳에서는 항상 어머니와 같은 태양의 따스한 온기는 거의 느낄 수가 없다. 저 멀리서 조금 밝게 빛나는, 마치 또 다른 별처럼 보이는 태양을 감상하며 잠시만 커피 한잔의 여유를 가져보도록 하자. 지금까지 참 먼 거리를 이동해 온 것 같다. 하지만 이러한 태양계도 우리 은하를 중심으로 빠르게 공전하고 있는 100,000,000,000개의 별들 중 하나의 작은 항성계에 불과하다는 것을 생각해보면 우리의 우주선은 이제 막 출발선에 선 셈이다. 그러면 이제 본격적으로 우리의 고향인 태양계를 벗어나서 더 머나 먼 곳으로 이동해보도록 하자.

실제로 관찰된 대상은 우리로부터 상상력이라는 무한한 가능성을 빼앗아 간다

태양계의 끝부분에 다다른 우리 우주선은 이제 은하의 건너편 가장 먼 끝부분으로 이동해보려고 한다. 우리 은하의 크기는 약 10만 광년으로 알려져 있다. 자동차도 아닌 빛의 속도로 10만 년을 달려야 할 정도이다. 그토록 거대하게 느껴졌던 우리 해왕성까지의 거리를 4시간 만에 주파한 빛조차도 은하계의 건너편 끝으로 가기 위해서는 약 10만 년이라는 시간이 걸린다니…. 정말 상상을 초월하는 크기가 아닐 수 없다. 혹시 누군가 위에서 등장했던 고속 스포츠카로 은하를 횡단하고자 한다면 약 5,400억 년이라는 시간이 걸리게 될 것이다. 우주의 역사가 138억 년임을 상기하자. 따라서 이런 시도는 아예 하지 않는 것이 좋을 것이다. 애초에 은하 정도의 크기만 되어도 빛의 속도 말고는 그 크기를 가늠하기는 불가능하다.

하지만 이러한 거리도 우리의 광속 우주선에게는 전혀 문제가 되지 않는다. 아까 태양계의 한 귀퉁이에서 잠시 마시던 커피 잔이 채 식기도 전에 어느새 우리는 우리 은하의 건너편 가장 끝 지점에 도착해 있다. 은하의 건너편에 있는 또 다른 나선 팔의 가장자리에서 우리가 살아왔던 태양계가 있을 법한 지점을 바라보며 우리 은하를 감상하는 느낌은 또 다른 감동을 안겨준다. 지구에 있을 때 우리가 저 멀리 바라보았던 바로 우리 은하의 반대편에 서서 지금은 반대로 지구를 바라보고 있다. 이때 갑자기 선장의 안내 목소리가 선내 방송을 타고 들려온다. 지금까지 우리의 우주선은 은하의 원반 면을 따라서 수평 방향으로만 이동을 해왔는데, 좀 더 명확한 은하의 모습을 보기 위하여 지금부터는 우리 은하 원반의 수직 방향으로 10만 광년을 이동하겠다는 것이다.

갑자기 가슴 한구석에서 심장이 요동친다. 우리는 이제 드디어 우리가 살던 은하가 어떤 모습으로 생겼는지를 처음으로 직접 볼 수 있게 되는 것이다. 지구에서 20만 년을 번성하였던 호모사피엔스가 그들이 살던 지구의 모습을 비로소 볼 수 있게 된 것은 그로부터 약 20만 년 후인 1970년대 인류가 지구 밖으로 위성을 쏘아올리게 되면서부터였다. 그 전까지 지구의 모습은 우리 모두의 머릿속에서 상상으로만 존재하는 다양한 모습이었다. 즉, 지구의 모습은 그것을 상상하는 사람들의 머릿속에서만 존재하며 그렇게 다양한 모습으로 오랜 시간 동안 존재해왔다. 하지만 1970년대 우주로 쏘아올려진 위성으로부터 촬영되어 전송된 사진으로 드디어 우리는 지구의 정확한 모습을 객관적으로 목격할 수 있게 된 것이다. 인류 역사에 있어서 실로 대단한 쾌거가 아닐 수 없다. 하나 아쉬운 점이 있다면, 지구의 모습이 이렇게 사진으로 온 세상에 알려지는 순간 오랜 시간 동안 인류 각자의 상상 속에서 다양하게 존재하던 수많은 지구의 모습은 모두 설 자리를 내주어야 했다는 것이다. 각자 상상하던 대로 다양한 모습으로 존재하던 지구의 모습은 우리의 직접적인 관찰 이후, 이제는 더 이상 다양성이 존재하지 않고 오직 하나의 모습으로만 존재하게 된다.

우리가 살고 있는 이 거대한 은하도 이와 같을 것이다. 다른 사람의 얼굴을 관찰하면 나의 얼굴을 상상할 수 있듯이 그동안 우리는 우리에게 관찰되는 다른 은하들의 모습을 보면서 우리 은하의 모습을 상상해왔다. 이제 우리는 상상 속으로만 그려왔던 우리의 은하를 보게 된다. 잠시의 눈 깜박임 후 우리는 은하를 굽어볼 수 있도록 은하의 원반 면으로부터 10만 광년을 이동했다. 은하의 원반 상단에서 우리가 그동안 살아왔던 은하를 직접 바라보니 감회가 새롭다. 이 위치에서는 우리 은하의 모습 전체가 너무나도 잘 보이는 것이다. 은하의 중심을 가로지르는 막대가 우리의 상상보다는 희미하기는 하지만 우리의 고향이기 때문인지는 몰라도 왠지 이제껏 관찰했던 다른 모든 은하들 중에서도 가장 아름답게 보인다. 전 우주가 한 식구가 되는 우주 시대가 된다고 하더라도 우리 은하에 애착이 가게 되는 지역주의는 어쩌면 사라지지 않을 것 같은 느낌이다. 우리 은하의 모습을 직접 보고 나니 감격스럽기도 하지만 그동안 모든 인류의 머릿속에 존재하고 있었던, 자신만의 다양한 은하의 모습은 없어진다고 생각하니 가슴 한편으로는 조금 아쉬운 마음이 들기도 한다.

은하들의 무리

우리 은하와 같은 별들의 집단은 보통 최소 약 1,000억~4,000억 개의 태양과 같은 별들을 보유하고 있으며, 이 우주에는 이러한 은하들이 또 최소한 수천억 개 이상 있는 것으로 알려져 있다. 은하들의 크기 또한 매우 다양한데, 작은 것은 몇만 광년에서 큰 것은 그 크기가 약 수백만 광년이나 되는 것도 있는 것으로 알려져 있다. 이렇게 거대한 은하들조차 자신들끼리 중력의 영향을 주고받으며 마치 별들이 그러하는 것처럼 무리를 형성하고 있는데 보통 수십 개 정도의 은하들이 묶여 있는 은하들의 무리를 은하군이라고 한다. 이제 우리가 보려고 하는 것은 이렇게 수십 개의 은하들이 모여 있는 은하군이다. 이렇게 거대한 은하들의 집단을 보려면 지금보다 훨씬 먼 거리인, 최소 수백에서 수천 광년을 이동해서 관찰을 해야 한다. 따라서 지금부터 우리가 관광해야 할 범위는 개별 은하의 범위를 훨씬 넘어선다.

우리는 이제 은하들이 군집을 이루고 있는 은하군을 관찰하러 갈 것이다. 역시나 광속으로 달리는 우주선을 타니 우리가 원하는, 수천 광년에 이르는 지점까지도 신속하게 이동이 된다. 이렇게 먼 거리에서 은하들을 바라보니 그렇게 거대해 보였던 우리 은하는 마치 밝게 빛나는 조그마한 성운을 가진 작은 별들의 무리처럼 보인다. 눈을 크게 뜨고 자세히 보면 마치 고사리 손처럼 아기자기하게 뻗어 있는 작은 나선 팔의 흔적이 귀엽기까지 하다. 우리 은하 주변에 있는 대마젤란 은하와 소마젤란 은하, 그리고 안드로메다 은하도 마치 동네 이웃처럼 가까이에서 사이좋게 군집을 이루고 있다. 우리 은하보다 조금 더 큰 것처럼 보이는 안드로메다 은하는 우리 은하와 점점 가까워지고 있으며, 먼 미래에는 더 거대한 하나의 은하로 다시 태어나게 될 것이다. 잠시 여유를 가지고 하나로 융합된 거대한 '밀키메다'의 모습을 한번 상상해본다.

이렇게 은하군의 모습을 조용히 감상하고 있으니 우주선은 어느새 더 먼 거리를 이동하고 있다. 이제 수백 개에서 수천 개 이상의 은하들로 묶여 있는 은하군보다 훨씬 더 큰 구조인 은하단을 살펴보기 위해 이동을 한 것이다. 물론 이 정도의 수많은 은하들을 한눈에 관찰하기 위해서는 최소 수천만에서 수억 광년을 이동해야 할 것이다. 하지만 광속으로 달릴 수 있는 우주선을 타고 있는 우리에게는 여전히 문제가 되지 않는다. 우리는 바로 순식간에 공간을 뛰어넘어 수백에서 수천 개의 은하들이 마치 밤하늘의 별들처럼 어우러져 빛나고 있는 곳에 도착하였다. 이곳은 처녀자리 은하단이라고 불리는 곳이다. 지구로부터 는 약 5천만 광년 떨어져 있으며, 우리 은하와 가장 가까이에 있는 은하단이다. 이 은하단은 약 2천여 개가 넘는 은하들로 구성이 되어 있다. 이 정도로 멀리 떨어진 거리에서는 항성 정도의 밝기는 아예 구분이 되지 않는다. 저기 검은 하늘을 배경으로 밝게 빛나고 있는 구성원 하나하나가 모두 별이 아닌, 천억 개 이상의 별들로 이루어진 은하들이다. 이렇게 먼 거리에서는 거대한 은하조차도 하나의 별처럼 보이는 것이다.

처녀자리 은하단을 이렇게 먼 거리에서 감상하고 있으니 지구위에 살고 있는 우리의 모습이 떠오르며 다시 한번 이 거대한 우주 앞에 겸손해짐을 느끼게 된다. 이러한 은하단의 이미지를 조금씩 확대해서 자세하게 살펴보면 각각의 빛나는 은하들의 다양한 모습을 관찰할 수 있다. 과연 별들이 활발하게 탄생되고 있는 젊은 나선 은하가 가장 많이 관찰되고, 타원 은하와 불규칙 은하들의 모습도 적지 않게 관측이 된다. 보통 불규칙 은하는 서로 다른 은하가 근접하여 서로의 인력으로 인하여 영향을 미치거나 혹은 아예 충돌을 하고 있는 모습일 경우가 많다. 이들은 오랜 시간이 지나면 자연스럽게 그들의 모습을 변형시키며 무슨 일이 있었냐는 듯 더 거대한 나선 은하나 타원 은하 등의 모습으로 새롭게 태어나게 될 것이다. 만약 우리에게 충분한 시간이 있다면 수많은 은하들의 모습을 하나하나 감상하면서, 서로 간에 영향을 주고받으며 은하들이 걸어온 과거의 여정을 조금씩 음미하는 것도 의미 있을 것이다. 하지만 우리에게는 여전히 가야 할 길이 많이 남아 있으니 다시 발걸음을 재촉해보도록 하자.

하나의 거대 구조로 모두 연결되어 있는 별들

앞서 수백 개에서 수천 개 이상의 은하로 묶여 있는 경우를 은하단이라고 하였다. 그런데 이러한 거대한 은하들의 집단 무리인 은하단들도 서로 모여 이보다도 더 거대한 은하단들의 집합으로 서로 연결이 되어 있다. 이런 것을 초은하단이라고 한다. 이러한 초은하단을 한눈에 내려다보기 위해서는 최소 수억에서 수십억 년을 더 이동해야 한다. 그런데 갑자기 선내가 소란스러워진다. 우주선에서 갑자기 선장의 안내 방송이 흘러나오고 있다. 선장은 안내 방송을 통하여 흥미로운 제안을 하였다. 이번에는 우주선의 속도를 광속으로 맞추는 것이 아니라 광속의 99.999%로 맞추겠다는 것이다. 이렇게 되면 우리는 조금이나마 시간의 흐름을 느낄 수 있다. 시간의 흐름을 느낄 수 있다는 것은 우리 우주선이 이동하는 도중에 우주선의 창밖을 통하여 조금씩 멀어지는 은하단들의 모습을 감상할 수 있다는 것이다. 충격에 대비하라는 선장의 안내 방송과 함께 안전벨트를 착용하라는 메시지가 상단의 전광판에 표시된다. 우주선은 서서히 가속을 시작하여 순식간에 빛의 속도의 99.999%에 도달한다. 실제 정지해 있던 우주선이 이런 속도까지 가속이 된다면 그때 느껴지는 중력 가속도는 상상을 초월할 정도로 세기 때문에 이 정도의 중력 가속도에서 살아남을 수 있는 생명체는 거의 없다(일단 원하는 속도에 도달한 후에는 등속도 운동으로 바뀌기 때문에 빛에 근접한 속도로 달리더라도 마치 집처럼 편안한 상태가 된다). 하지만 우리 상상의 우주선에서는 고맙게도 이런 고민스러운 일은 일어나지 않는다. 빠르게 달리는 우주선에서 창밖을 한번 응시해보자. 방금 전 보았던 처녀자리 은하단의 모습이 저 멀리 빠르게 멀어져간다. 이렇게 시간의 흐름을 느끼면서 멀어지며 우주를 관찰하면 마치 하나의 별들처럼 보이던 은하들조차도 그 거리가 서로 가까워지면서 은하 하나하나를 개별적으로 구분할 수 없을 정도가 된다. 마치 빛으로 이루어진 점들이 조금씩 점차 모이면서 하나의 선이 되는 느낌이다. 책에 인쇄되어 있는 활자를 아주 가까운 거리에서 현미경으로 관찰해보면 하얀 종이 위에 검은 점들이 간간이 찍혀 있는 것으로 보인다. 하지만 초점을 점점 더 먼 거리로 이동하면서 책을 관찰해보면 분명 단순한 점들이 찍혀 있었던 종이 위에 우리가 알아볼 수 있는 글자들이 드러나게 된다. 현미경으로 가까이에서 바라보았을 때에는 분명 서로 다른 점들의 집합으로 보였던 것들이 먼 거리에서는 매끄럽게 이어진 직선으로 보이며 우리에게 의미 있는 글자로 보이게 되는 것이다. 지금 광속에 가까운 속도로 달리고 있는 우주선에서 약간의 시간 흐름을 느끼면서 바라보는 은하들도 바로 이와 같은 모습으로 우리에게 보여진다.

은하들로부터 멀어지면 멀어질수록 서로 엄청난 거리로 떨어져 있는 것처럼 보였던 은하들은 빠른 속도로 점차 서로 가까워지며 마치 사슬처럼 이어지는 것으로 보이게 된다. 우주선이 멀어지면 멀어질수록 처녀자리 은하단 주변의 또 다른 거대 은하단들도 서서히 한눈에 들어오게 된다. 이러한 은하단과 은하단들은 서로의 중력에 묶여서 연결이 되어 멀리서 보니 마치 은하단이라는 점들로 만들어진 거대한 긴 사슬이 만들어지는 것 같은 광경이 눈앞에서 펼쳐지고 있다. 이렇게 거시적인 관점에서 우주를 바라보면 모든 은하와 별들은 거대한 사슬로 서로 연결되어 있는 것처럼 보인다. 이를 우주의 거대 구조라고 한다. 실제로는 우리 태양계에서 가장 가까운 별도 약 4.2광년이라는 먼 거리만큼 떨어져 있으며, 은하와 은하 사이의 거리는 이보다도 더 비할 바 없이 멀리 떨어져 있다. 하지만 누군가 우리의 우주 전체를 이렇게 아주 먼 거리에서 거시적으로 관찰하면 작은 점들이 모여 선이 되는 것처럼 모든 우주의 별들 하나하나가 연결되어 마치 거대 사슬로 이어진 것처럼 보이는 것이다. 거시적 관점에서 보면 지금 태양 주위를 공전하고 있는 우리 지구도 이러한 방식으로 우주의 끝까지 연결이 되어 있는 것이다. 우리는 결코 이 우주 공간에 고립되어 있는 외로운 존재가 아니다. 우주의 모든 별들은 서로 연결되어 있으며, 그러한 방식으로 창조되었다.

빈익빈 부익부 현상이 지금의 우주를 만들었다

우리는 지금 우주를 이루고 있는 모든 은하들이 서로 엮여 있는, 마치 사슬처럼 보이는 빛나는 별들의 무리를 먼 거리에서 바라보고 있다. 이런 과정을 통해서 별들을 관찰해보니 우주는 은하단들이 서로 연결되어 별들로 가득 차 있기 때문에 밝은 선처럼 보이는 부분과 밝은 선들 사이에 별이 존재하지 않는 어두운 빈 공간으로 명확히 나눠져 있는 것으로 보인다. 이렇게 별들로 이루어진 밝은 선 부분을 우주의 필라멘트 구조라고도 부른다. 이 우주는 밝게 빛나는 필라멘트 구조와 그 사이 어두운 빈 공간으로 명확하게 구분되어 있는 것처럼 보인다(백열전구의 필라멘트와 그 빈 공간을 생각해보자). 한적한 시골의 맑은 날 밤에 하늘을 바라보면 하늘을 수놓고 있는 별들이 많이 보인다. 실제 우리 눈에는 보이지 않는 별들까지 고려한다면 이 우주는 어두운 공간을 바탕으로 모든 공간에 균일하게 별들이 채워져 있을 것 같은 생각이 든다. 하지만 이렇게 먼 거리에서 관찰되는 우주는 결코 이처럼 균일한 모습이 아니다. 별들로 촘촘하게 가득 차 있는 필라멘트를 이루고 있는 밝은 영역과 별들이 없어 텅 비어 있는 어두운 공간이 뚜렷이 구분되어 있다.

이렇게 이 우주는 별이 존재하는 곳과 그렇지 않은 곳이 명확히 차이가 나는, 매우 불균일한 상태인 것이다. 지구 궤도를 공전하는 인공위성에서 어두운 밤에 지표면을 찍으면 불빛으로 가득 차 있는 도시와 그렇지 못한 어두운 시골 지역으로 명확하게 구분되어 있는 이미지와 거의 동일하다고 보면 된다. 인류가 존재하지 않던 시절에는 밤이 되면 지구 어느 지역에서도 불빛은 찾아볼 수 없었을 것이다. 즉, 어둠이 균일한 상태였다. 하지만 시간이 지나면서 인류의 출현 이후 밤에도 불을 밝히는 지역이 점차 늘어나게 되었다. 그리고 이런 방식으로 사람들이 모이는 도시가 발달함에 따라 사람들이 많이 모여드는 곳은 밤에도 더욱 밝아지게 되면서 마침내 지금의 불균일하게 보이는 밤의 모습으로 점점 변화가 되었다.

이 우주가 이렇게 불균일한 별의 분포를 가지게 된 것도 이와 매우 유사하다. 사실 이 우주는 태어날 때는 상당히 균일한 상태였다. 하지만 여기서 '상당히'라는 표현은 완벽히 균일한 상태는 아니었다는 것을 의미한다. 물질이 이 세상에 처음으로 태어났을 때 이들의 분포에는 아주 미세한 작은 불균일성이 만들어졌다. 그리고 시간이 지남에 따라 서로의 중력에 의하여 물질이 조금이라도 더 많은 곳에서는 주변의 물질을 더 끌어들이며 점점 불균일성이 커지는 방향으로 진화가 이루어졌다. 따라서 물질이 있는 곳에서는 더욱 물질이 증가하고, 그렇지 못한 지역은 더욱 물질이 감소하는 물질의 빈익빈 부익부 현상이 벌어지게 된 것이다. 우주는 지금까지 이러한 방식으로 진화해온 것이다. 우리 사회가 가진 가장 큰 단점 중의 하나가 이 세상이 만들어진 초기 우주의 역사에서부터 실현되면서 지금 현재의 우리 우주를 만들어가고 있는 것이다.

때로는 부족한 것이 미덕이 된다

모든 것이 조화로운 질서 속에서 운영될 것만 같던 이 세상도 사실 처음 만들어지던 시점에 미세한 불평등이 존재하였으며 빈익빈 부익부 현상을 거치면서 지금의 완전히 불균일한 세상으로 만들어졌다. 혹시 우주가 처음으로 만들어진 순간부터 가지고 있던 이러한 불균일성에 대하여 실망을 하신 분이 있을지도 모른다. 무엇인가 완벽한 조화로운 질서를 보여줄 것 같던 우주도 그 탄생 초기부터 이런 불완전한 성질을 가지고 있었다니…. 약간은 아쉬운 마음이 드는 것도 사실이다. 하지만 우리 우주가 만들어지던 시점에 존재하던 물질이 완벽한 균일성을 가지고 있었다면 어떻게 되었을까도 한번 상상을 해보자. 이 세상이 만들어지던 시점에 존재하던 물질들이 완벽하게 균일한 밀도로 분포가 되어 있었다면 각자가 주변의 물질에 미치는 중력의 힘도 동일하게 될 것이다. 따라서 이들 입자들은 서로의 힘으로 완벽한 균형을 이루게 되어 중력에 의하여 반복하여 서로 뭉쳐지는 과정으로 발전이 되지 못한다. 그렇다면 지금의 모든 별들은 물론이고 지금 우리 주변에 존재하고 있는 모든 원소들뿐만 아니라 지구를 비롯한 인류 또한 결코 탄생할 수 없었을 것이다. 그러므로 어떻게 보면 완벽하지 않았던 초기 우주의 미세한 불균일성이 지금의 우리를 만들어낸 것이라고도 볼수 있다. 때로는 작은 결함을 가진 사람이 더 인간적으로 보이는 법이다. 이 우주의 근원도 이런 작은 불완전성으로부터 만들어진 것이다. 그러므로 혹시라도 모든 것을 완벽히 해야 된다는 강박관념에 사로잡혀 있는 분이 있다면, 이 세상의 근원인 우주조차도 초기에 불완전한 불균일의 상태에서 태어났기 때문에 결국은 지금의 우리가 만들어질 수 있었던 것이라는 사실을 상기해보자. 때로는 어느 정도 부족한 것이 미덕이 될 수도 있는 것이다.

소년기의 은하

우리는 아주 먼 거리에서 전체 우주의 모습을 감상하면서 우리가 살아가고 있는 우주 전체의 구조를 찬찬히 감상해보았다. 우리 우주는 거대한 별들의 사슬로 연결되어 있는 세상이었다. 이게 지금 우리 우주의 모습이다. 그러면 다시 우주 속으로 진입하여 개별적인 별과 은하들을 다시 감상해보도록 하자. 우리 우주선은 이미 별들로 가득한 우주의 필라멘트 구조 속으로 빠르게 진입을 하고 있다. 선장님께서 우리들의 마음을 정말 잘 이해해주고 계신 것 같다.

이제 우리의 우주여행은 마지막 종착역을 향해 가고 있다. 우리는 지구로부터 이미 100억 광년 이상을 여행해왔다. 우주의 역사가 시작된 지는 약 138억 년 정도 된 것으로 알려져 있다. 따라서 지금 우리는 우주가 시작되면서 본격적으로 은하들이 만들어지기 시작하던 지점에 와 있는 것이다. 선장님의 세심한 마음에 감사하면서 찬찬히 여기저기 주변을 감상하고 있으니 주변에 있는 풍경이 무엇인가 좀 달라 보인다. 분명히 우리 주변에 보이는 은하들은 우리에게 익숙한 모습이긴 하지만 그동안 보아왔던 은하에 비하여 크기도 작을뿐더러 그 속에 포함된 별들의 개수도 훨씬 적으면서 더 푸르게 보인다. 그렇다. 지금 우리는 은하의 소년기 모습을 보고 있다. 별들의 집단인 은하가 만들어지기 시작한 것은 빅뱅 이후 약 10억 년 된 시점이었을 것으로 여겨진다. 이때 만들어지기 시작한 은하들은 주변의 별들을 점차 흡수하며 자신의 몸집을 불리다가 이내는 또 다른 은하와 충돌하며 지금의 모습으로 발전해나간 것이다. 언제나 다 큰 어른처럼 우리에게 장엄함과 근엄함을 보여주었던 거대한 은하들에게도 모두 이처럼 귀여운 어린 시절이 존재했다. 새삼 우리의 어린 시절도 생각나게 하는 순간이다. 이런 어린 은하는 갓 태어난 별들로 생기에 가득 차 있으며 지금도 성운 속에서 탄생하고 있는 수많은 별들의 푸른 반짝임이 보여진다. 그러면 이제 어린 은하들의 모습을 뒤로하고 아예 은하가 만들어지기 전의 시점으로 조금 더 멀리 이동해보도록 하자.

이 세상에 존재하는 모든 수소의 나이는 138억 살이다

은하들은 수많은 별들로 구성되어 있다. 그러면 이 별들은 언제부터 만들어지기 시작했을까? 연구에 따르면 별들은 빅뱅 이후 약

4~5억 년 이후에 비로소 만들어지기 시작했다고 한다. 빅뱅 이후 만들어진 물질이 작은 불균일로부터 서로 모이고 모여 자연적으로 별이 만들어지는 데에는 이렇게 오랜 시간이 걸렸다. 따라서 지구로부터 약 130억 년을 달려오게 되면 우리는 비로소 우리의 태양과 같은 별들이 우주에서 처음 만들어지기 시작한 순간과 마주하게 되는 것이다. 별이 처음으로 형성되는 과정 또한 앞서 살펴보았던, 태양계가 만들어지던 과정과 크게 다르지 않다. 주변에 존재하던 성운의 물질들이 서로의 인력에 의하여 뭉치고 뭉치는 과정에서 마찰열이 발생하게 되고 핵융합을 일으키기에 충분한 온도와 압력이 되면 비로소 새로운 별의 탄생을 알리는 것이다. 다만 여기에서 바라보는 별들은 지금 우리가 관찰하는 별들의 선조라는 상징적인 의미만이 있을 뿐이다. 그러므로 지구로부터 이렇게 먼 거리에서 지금 우리가 바라보는 별들도 지구 주변에서 관찰하는 별들과 크게 다르지 않다.

하지만 만약 누군가가 별이 가지고 있는 내부 성분을 자세히 분석해본다면 지금의 별들과 그 차이점을 알 수도 있다. 빅뱅 초기에 탄생하는 별들의 구성 성분에는 현재 시점의 별들보다 수소의 비중이 조금 더 높다. 우주 초기에 만들어진 별들은 생명을 다하여 소멸하면서 폭발하고 이내 다시 다른 새로운 별들로 만들어지는 영겁의 순환 과정을 시작하게 된다. 수소는 빅뱅 초기 처음 만들어진 이후 지금까지 결코 추가로 만들어진 적이 없다. 따라서 현재 우리가 가지고 있는 수소는 단 한 개의 입자조차도 예외 없이 모두 빅뱅 직후 만들어진 것이다. 쉽게 이야기하면 현재 우리 주변에 존재하는 모든 수소의 나이는 모두 약 138억 살이라는 이야기이다. 이 세상 모든 수소는 같은 날 같은 시간에 태어난 동갑인 셈이다. 지금 내 몸속에 들어 있는 수소는 과거 공룡의 몸속에 들어 있던 바로 그 수소이며 지구가 만들어질 때 굳어져가는 암석들 사이에 숨겨져 있던 바로 그 수소이기도 하다. 따라서 별들의 중심에서 지속되는 핵융합 과정으로 수소가 헬륨으로 융합되는 과정이 반복되면서 그 개수가 점차 줄어들게 된다. 따라서 우주 초기에 만들어진 별과 지금 만들어지고 있는 별, 그리고 미래에 만들어지게 될 별들에 있어서 시간이 지남에 따라 별들이 가진 수소의 비중은 점차 줄어들 수밖에 없는 것이다.

그렇다면 수소 이외의 다른 원소들은 어떨까? 이들은 태양과 같은 별의 내부에서 새롭게 만들어지거나 일부 무거운 원소들의 경우 별들의 마지막 모습인 초신성 폭발의 과정에서도 만들어진 것이다. 따라서 이러한 원소들이 처음으로 만들어진 나이는 각자가 모두 다를 수밖에 없다. 어떠한 원소는 우주 초기에 만들어진 반면에, 어떠한 원소는 바로 지금 이 순간에 만들어지고 있을 수도 있기 때문이다. 수소가 모든 물질을 만드는 씨앗임을 다시 한번 상기하자. 이 세상에 존재하는 이 모든 물질의 씨앗은 138억 년 전 한날한시에 만들어졌다. 그런 면에서 138억 년이라는 장구한 역사를 가지고 있는 수소를 바라본다면 예사롭게 느껴지지 않을 것이다. 이 장구한 역사 속에서 수소는 돌고 도는 순환을 거듭하며 지금의 나와 마주하고 있는 것이다(혹시 요즘 각광을 받고 있는 수소차를 연상하며 인류가 수소를 만들어내고 있다고 생각하는 이가 있을지도 모르겠다. 하지만 수소 자동차를 움직이기 위하여 만들어지는 수소는 이미 다른 물질에 존재하고 있던 수소를 단지 화학적으로 모아서 분리만 하는 것이다.

인간의 힘으로 존재하지 않던 수소를 새롭게 만들 수 있는 방법은 없다).

물질과 에너지가 뒤섞인 혼돈의 세상

우리는 지금까지 우주에서 별들이 처음 만들어지는 과정을 감상하였다. 그러면 이제는 도대체 이러한 별들이 만들어지는 재료인 물질들은 처음에 어떻게 만들어지게 되었는지도 한번은 관찰을 해봐야 될 것이다. 물론 지금까지 별들과 은하들이 보여주었던 것과 같은 화려한 볼거리는 없겠지만, 이제 조금만 가면 정상이 보이는데 주변의 뛰어난 볼거리들을 다 돌아보았다고 해서 그냥 발걸음을 돌린다면 그동안의 긴 여정이 너무 아까울 것이다. 역시나 섬세하신 선장님은 우리의 바람을 눈치채시고 더 깊은 심연으로 우주선을 이동시키고 있다. 그런데 이때 승무원이 승객들의 자리를 돌아다니며 선글라스 같은 안경을 나눠주고 있다. 그리고 우주선에는 다시 선장의 안내 방송이 울려 퍼진다. 지금부터 우리가 진입하려고 하는 구간은 상당히 뜨거운 곳이라고 한다. 그래도 우주선 내의 온도 조절 장치가 실내 온도를 안락하게 유지시켜줄 것이니 걱정은 하지 말라고 한다. 다만 우주선 전망대의 거대한 유리창에는 접근을 하지 말아줄 것을 당부하고 있다. 뜨거운 외부 온도로 인하여 달구어진 유리에 화상을 입을 수도 있기 때문이라고 알려준다. 혹시라도 민감하신 분들을 위하여 선글라스를 나누어주었으니 필요하신 분들은 이를 착용하여 눈을 보호하면 좋을 것이라는 조언도 해주었다.

역시나 친절하신 선장님이시다. 지금 우리가 이동하고 있는 위치는 우주가 만들어진 거의 초기 단계이다. 우주가 현재의 우주처럼 이렇게 거대해지기 전에 초기 우주는 매우 뜨겁고 물질이 작은 공간에 가득 차 요동치는, 에너지가 충만한 상태였다. 이러한 우주가 급격한 팽창을 거치면서 지금의 차가운 우주로 식어버린 것이다(현재 우주의 온도는 절대온도 약 3도인데 이는 섭씨로 약 영하 270도다). 이것은 추운 겨울에 작은 내 방을 뜨겁게 달궈주던 난로를 공간이 거대한 강당으로 가지고 가면 강당 안의 공기가 더 이상 따뜻하게 느껴지지 않는 것과 같은 이치이다. 에너지가 보존되는 상태에서 공간이 커지면 온도는 낮아질 수밖에 없다. 지구로부터 거의 약 138억 광년까지 이동해 있는 지금의 우주는 아주 작은 상태이며 따라서 우주선 주변은 수천 도에 달할 정도로 매우 뜨거운 편이고 성운처럼 보이는 연무로 가득 차 있다. 우주선에 표시되는 물질의 성분을 보니 대부분 수소와 헬륨, 그리고 아주 소량의 리튬도 표시되고 있는 것이 흥미롭다. 이 시기는 아직 별조차 만들어지기 전이기 때문에 우리가 알고 있는 나머지 원소들은 물론 아직 존재조차 하지 않는다.

여기 와서 보니 주변의 초기 우주는 작은 공간 안에 단지 몇 종류만의 원소만을 가지고 있는, 매우 단순하고 평범하며 지루하기까지 한 공간이다. 조금 더 안쪽으로 이동을 하자 갑자기 주변이 어둡게 변한다. 우주 지도를 확인하니 우주선은 지금 빅뱅이 된 지 38만 년이 지난 시점으로 진입을 하고 있다. 여기부터는 지금까지 우주를 환하게 밝혀주던 빛조차도 존재하지 않는다. 사실 빛을 만들어내는 광자는 이 시기에도 엄연히 존재하고 있다. 하지만 지금은 너무나도 작은 공간 안에 물질이 가득 차 있기 때문에 물질의 밀도가 매우 높은 상태이다. 여기에 엄청나게 뜨거운 온도로 인하여 원자를 구성하는 전자조차 원자핵과 결합하지 못하고 모든 입자들이 사정없이 여기저기를 요동치며 충돌하고 있는 것이다. 이렇게 전자가 없는 상태에서 극성을 가진 원자핵만 존재하는 상태를 '플라스마 상태'라고 한다(보통 우리 주변에서 존재하는 물질 상태는 고체, 액체, 기체 3가지 종류이다. 하지만 입자가 에너지를 충분히 더 얻게 되면 원자를 이루고 있던 전자가 탈출하면서 플라스마 상태가 된다). 이렇게 많은 입자들이 요동치는 공간에서는 빛을 구성하는 광자조차도 작은 공간에 모여서 요동치고 있는 입자들의 간섭으로 인하여 탈출하지 못한다. 즉, 광자는 존재하기는 하지만 현재의 빛처럼 빛의 속도로 우주 공간을 자유롭게 이동할 수 없는 상태인 것이다. 따라서 이런 초기 우주의 모습은 이처럼 불투명하고 혼탁한 상태이다.

현재 우주선 계기판을 통하여 주변 온도를 확인하니 수만 도가 넘어서고 있다. 아무리 우리의 우주선이 튼튼하다고 하더라도 더 이상 진입하는 것은 위험할 수도 있고 또 빛조차 존재하지 않는 이런 혼탁한 세상에서는 관광이라는 것은 의미가 없을 것이다. 여기에서 우리가 알고 있어야 할 것은 이렇게 수많은 물질 입자들의 간섭에 의하여 억눌려 있던 빛은 우주가 점점 팽창하여 공간의 온도가 충분히 내려가면서 큰 변화를 맞이하게 된다는 것이다. 넘치는 에너지로 격렬하게 요동치던 전자가 낮아진 온도로 인하여 요동이 줄어들면서 드디어 원자핵에 포획되게 된 것이다. 이렇게 전자가 원자핵과 결합하게 됨으로써 수소와 헬륨 원자가 완성된다. 또한 이러한 공간의 변화는 그동안 수많은 입자들의 간섭에 의해 억눌려 있던 빛을 해방시키는 계기가 되었다. 수많은 전자들이 원자핵과 결합하면서 공간을 차지하고 있던 입자들의 개수가 급격하게 줄어들었기 때문이다.

이렇게 빛은 빅뱅 이후 38만 년부터 비로소 물질의 간섭으로부터 벗어나 자유롭게 공간을 이동하게 되었다. 그러므로 엄격히 이야기하면 지금과 같은 빛이 태초부터 있었던 것은 아닌 셈이다. 빛이 물질로부터 해방되던 시점인 이 38만 년이라는 숫자는 기억해 두는 것이 좋겠다. 왜냐하면 이때 공간을 향해 처음으로 자유롭게 뛰쳐나온 빛의 흔적이 오랜 시간이 지난 지금까지도 전 우주에 그 흔적을 화석처럼 남긴 채 지금의 우리에게 관찰이 되고 있기 때문이다. 이를 '우주배경복사'라고 하며, 이는 빅뱅 이론의 중요한 근거가 되는 동시에 이 우주 물질의 분포를 설명해주는 매우 중요한 자료가 되고 있다. 우주 탄생에 관한 더 자세한 이야기는 뒷장에서 더 이어질 것이다.

우주 지평선의 크기

우리는 지금 물질과 빛조차도 혼재되어 있는, 우주가 만들어진 거의 초기 지점까지 와 있다. 지구로부터 참 먼 거리를 달려온 우리는 이제 비로소 우주여행 목적지인 종점까지 거의 둘러본 셈이다. 이제 우리 우주선은 다시 발길을 돌려 포근한 우리의 고향, 지구로 향하고 있다. 돌이켜보면 태양으로부터 출발한 우리는 참 많은 것을 구경하며 138억 년이라는 시간과 공간을 달려왔다. 우주에서의 거리는 빛이 1년 동안 이동하는 거리를 기준으로 이야기하고 있으므로 우리는 지구로부터 138억 광년이라는, 상상하기조차 힘들 정도로 엄청난 거리를 이동해온 것이다. 그 긴 여정을 통해서 우리는 정말 우주가 얼마나 큰 것인지 조금이나마 실감할 수 있었다. 그런데 집으로 향하는 우주선 안에서 울려 퍼지는 선장의 안내 방송에서는 매우 놀라운 이야기가 흘러나오고 있다. 지금까지 우리가 여행해온 것은 사실 현재의 지구에서 우주를 관찰했을 때를 기준으로 한, 일시적인 시간과 공간 기준이었다는 것이다. 실제로는 우리의 우주선은 이보다 훨씬 먼 거리를 날아왔다고 이야기하고 있는 것이다. 다만 선장은 우리들의 혼동을 피하기 위하여 지구에서 우리가 익숙한 시간과 공간 기준으로 안내 방송을 해주었다는 것이다.

일부 독자들께서는 이미 눈치채셨겠지만 우리는 이미 이 우주가 팽창하고 있다는 것을 알고 있다. 따라서 빅뱅 이후 138억 년이 흐르는 오랜 시간 동안 우리 우주는 엄청난 팽창을 지속해왔고 팽창은 지금 이 순간도 계속되고 있다. 우리는 지구로부터 138억 년 떨어진 먼 곳까지 날아와 은하와 별이 만들어지는 것은 물론 빛이 처음으로 세상에 나오던 순간까지 확인할 수 있었다. 그러나 우리가 확인한 것은 지구에서 보았을 때 기준으로 138억 년 전의 우주의 모습이었다. 현재의 우주는 그로부터 무려 138억 년 동안 지속적인 팽창을 계속해왔다. 연구에 따르면 빅뱅 이후부터 138억 년 동안 팽창을 계속해온 우주의 현재 크기는 약 465억 광년 정도가 될 것이라고 한다. 따라서 사실은 우리 우주선은 지구로부터 약 465억 광년을 달려온 것이다. 우리는 방금 물질로부터 빛이 해방되면서 빛의 입자인 광자가 비로소 세상에 자유롭게 돌아다니게 된 현장을 살펴보았다. 잠시 전에 보았던 바로 그곳이 빛의 출발점인 것이다. 따라서 그 너머에는 빛조차 존재하지 않기 때문에 우리는 그 너머에 무엇이 있는지 알 수 없다.

그렇다면 지구에 있는 우리가 우주를 바라볼 때 볼 수 있는 최대한 먼 거리인 우주 지평선의 크기는 얼마나 될까? 그것은 지구를 중심으로 반지름이 465억 광년이 되는 거대한 원으로 표현이 될 수 있을 것이다. 이것이 우리가 최대한 바라볼 수 있는 우주의 크기이다. 이 우주 지평선은 우리 지구를 중심으로 약 930억 광년에 이르는 크기를 가지고 있을 것이다. 즉, 이것이 지금 우리가 바라볼 수 있는 우주 지평선의 크기인 것이다. 인류가 출현한 이후 생각이라는 것을 할 수 있게 되면서 그들은 본능적으로 지구의 지평선을 바라보면서 그 너머에 무엇이 존재하는지에 대해 호기심을 가지고 이를 알아내기 위한 오랜 여정을 지속해왔다. 그 결과 우리는 지구의 실체에 대해 확인할 수 있게 되었으며 이를 확인한 인류는 이제 시선을 저 우주 공간으로 돌리게 되었다. 그리고 세대와 세대를 거친 저 우주로의 여행을 통하여 이제 태초의 인류가 지구의 지평선을 바라보았던 것처럼 지금 우주의 지평선을 바라보면서 그 너머의 세상을 상상하고 있는 것이다.

우주의 지평선 너머에도 존재하는 세상

인류는 오랜 시간 동안 밤하늘의 별을 바라보며 이 거대한 우주를 상상하곤 했다. 그리고 그러한 상상의 종착점은 항상 이 우주는 얼마나 큰 것일까 하는 의문으로 끝나곤 했다. 우리는 지구에서 바라볼 수 있는 최대의 우주 지평선의 크기가 약 930억 광년이라는 것을 알게 되었다. 그렇다면 이것이 우리 우주의 크기가 930억 광년이라는 것을 의미하는 것일까? 결코 그렇지 않을 것이다. 바닷가에서 보이는 저 수평선까지가 지구의 전부가 아니듯이 지구에서 우리가 바라보는 우주의 지평선이 이 우주의 전부는 아닌 것이다. 따라서 930억 광년이라는 공간은 단지 우리가 관측할 수 있는 우주의 최대 크기를 의미한다. 우주의 지평선 너머에도 분명히 무엇인가가 존재할 것이다. 하지만 우주의 지평선 너머에 무엇이 존재하고 있는 것인지 우리가 알아낼 수 있는 방법은 전혀 없다. 과거 인류의 호기심을 자극했던 지구의 지평선은 우리가 노력만 하면 그 너머를 확인할 수 있는 대상이었다.

하지만 우주의 지평선은 좀 상황이 다르다. 지구로부터 이렇게 멀리 떨어져 있으면 공간이 팽창하는 속도가 매우 빨라서 지구로부터 엄청나게 멀리 떨어져 있는 곳은 빛의 속도보다 더 빠른 속도로 지구로부터 멀어지고 있을 수도 있다. 이런 곳에서는 설령 빛이 존재한다고 하더라도 그 빛이 지구에 도달할 수 있는 방법이 없는 것이다. 빛이 없는 상황에서는 우리가 대상을 관찰하는 것도 불가능하다. 따라서 미래에 아무리 과학이 발전하더라도 우리가 우주의 지평선 너머에 무엇이 존재하는지를 직접 관찰하는 것은 불가능한 것이다. 잠깐만… 아니, 빛보다도 더 빠른 것이 존재한다고? 이것은 아인슈타인의 상대성 이론에 위배되는 현상이 아닌가? 혹시 이런 의문을 제기하는 독자가 계신다면 당신은 필자의 논리를 매우 잘 따라오고 있는 것이다.

그렇다. 지금까지 살펴보았듯이 이 세상에서 빛보다 빨리 달릴 수 있는 존재는 없다. 하지만 지금 이야기하고 있는 것은 어떤 대상(물질)이 빛보다 빨리 달린다는 것이 아니라 공간 자체가 빛보다 빠르게 팽창하고 있다는 것이다. 상대성 이론은 공간 자체가 빛보다 빠르게 팽창하는 것에는 제한을 두지 않았다. 이렇게 되면 저 먼 곳에서 빛보다 빠르게 팽창하고 있는 물질들은 우리에게 빛보다 빠른 속도로 멀어질 수 있는 것이다. 우리로부터 거리가 멀어질수록 우주 팽창의 속도는 점점 빨라지며 그 팽창의 속도에는 브레이크가 없다. 이러한 상황까지 고려해본다면 실제 우주의 크기는 우리가 관측할 수 있는 최대 경계인 930억 광년보다 훨씬 더 클 것으로 추정된다.

하지만 그 크기가 도대체 얼마나 될 것인지는 도저히 알 수 있는 방법이 없다. 빛의 속도를 넘어서는 영역에 대해서는 우리가 어떠한 방법을 쓰더라도 그곳과 상호작용을 할 수 있는 방법이 없기 때문이다. 따라서 인류의 탄생 이래 밤하늘을 바라보며 항상 가져왔던, 우주가 얼마나 큰 것인가에 대한 결론은 이러한 방식으로 내려야 할 것 같다. 우리가 관측 가능한 우주의 크기는 930억 광년 정도지만 그 너머에도 우리가 절대 관측할 수 없는 미지의 우주 공간이 더 넓게 펼쳐져 있다. 따라서 우주가 얼마나 큰 것인지 우리가 알 수 있는 방법은 없다. 선장의 약간은 장황한 이 설명을 들으면서 때로는 고개를 갸웃거리게 되기도 하지만 분명한 것은 거대한 우주의 스케일에 다시 한번 경외심을 가지게 된다는 것이다.

분명 존재하지만 그 존재를 확인할 방법은 없다

우주여행을 마치고 지구로 다시 돌아오는 여정에서 선장님의 안내 방송을 들으며 우리는 우리 우주가 얼마나 거대한지에 대하여 조금이나마 감을 잡을 수 있었을 것이다. 우주의 지평선인 관측 가능한 우주를 넘어서는 영역에 우리가 절대 알 수 없는 미지의 영역이 또 존재하고 있다. 머나먼 옛날 우리의 조상들이 지평선이 보이는 드넓은 들판에 모여서 지평선을 바라보며 저 지구의 끝에 가면 무엇이 있을까 고민했던 것처럼 지금 우리는 이제 우주의 지평선을 바라보며 그 너머에는 무엇이 있을까 고민을 하고 있다. 다만 바뀐 것이 있다면 지구의 지평선 너머에 무엇이 있는지는 인류의 문명이 발달하면서 확인할 수 있는 방법이 있었지만 우주의 지평선 너머에 무엇이 있는지는 아무리 기술이 발달하여도 상대성원리가 지배하고 있는 이 우주에서는 결코 확인할 방법이 없다는 것이다. 먼 미래에 과학이 아주 발달하여 시공간을 뛰어넘는 워프 기술이 개발되지 않는 한 우리가 우주 지평선 너머에 무엇이 있는지 확인한다는 것은 불가능하다. 적어도 현재까지 알려진 과학 지식으로는 우주 지평선 너머의 공간에 무엇이 존재하는지 알 수 있는 방법이 전혀 없으며 그곳에서 어떠한 일이 벌어지더라도 그 결과가 우리가 사는 세상과 상호작용하는 일은 결코 일어나지 않는다.

그러면 이렇게 관찰하기도 불가능하며 우리와 결코 어떠한 상호작용도 일어날 수 없는 세계를 우리는 어떻게 생각해야 할까? 어떠한 방법을 쓰더라도 그 존재 여부를 알 수 있는 방법이 없다면 그 세상은 과연 우리에게 존재하는 것인가? 아니면 존재하지 않는 것인가? 당신은 어느 쪽에 더 마음이 기울어지는가? 정해진 답은 없다. 혹시라도 후대의 누군가가 시공간의 비밀을 풀 수 있는 법칙을 발견하고 이를 활용하여 시공간을 초월하는 어떠한 방법으로 저 우주 너머로 날아가 우리가 지금 지구 전체의 모습을 바라보듯이 우주의 지평선을 넘어 또 다른 세상을 바라보는 날이 오게 될 수도 있지 않을까? 우리의 역사는 바로 이러한 과정을 반복해오지 않았던가!

시공간조차 존재하지 않는 세상

지금까지 우리는 우주가 도대체 어느 정도의 크기를 가지고 있는지 살펴보았다. 과연 우주는 우리가 상상하는 것 이상으로 거대한 크기를 가지고 있었다. 그리고 지금 이 순간도 자신의 덩치를 계속 키워가고 있다. 이렇게 138억 년 동안 팽창을 계속해온 우리 우주는 930억 광년이라는 거대한 우주의 지평선을 가지고 있다. 우리는 앞서 우주의 지평선 너머에는 무엇이 존재하는지 알 수 있는 방법이 없다는 것을 알게 되었다. 하지만 그럼에도 불구하고 이 우주의 지평선 너머에도 분명 시간과 공간이 존재한다. 빅뱅 이후 만들어진 시공간은 분명 이 우주 지평선 너머에도 존재하고 있을 것이기 때문이다. 혹자들은 우주 지평선 너머의 우주가 우리의 관측 가능한 우주(930억 광년)보다 훨씬 더 크다는 의견을 내기도 한다. 하지만 이것이 맞는 이야기인지 우리가 알 수 있는 방법은 없다. 다만 확실한 것은 우리가 바라볼 수 있는 최대의 우주 지평선 너머에도 분명 어떤 세상이 존재하고 있다는 것이다. 우리가 할 수 있는 것은 과거 우리의 선조들이 지구의 지평선을 바라보며 그러했던 것처럼, 우리도 자신만의 상상의 나래를 펼치며 우주 지평선 너머의 세계에 대하여 상상만을 할 수 있을 뿐이다.

그러면 일단 우주 지평선 너머에 존재하는 세상을 '미지의 세상'이라고 해보자. 이 미지의 세상은 우리가 관측할 방법이 없을 뿐이지 그것이 존재할 것이라는 것은 분명하다. 무엇이 있는지는 모르지만 우리는 그 존재 여부를 확신할 수 있는 것이다. 그렇다면 이 미지의 세상조차도 넘어선 그 너머에는 도대체 무엇이 있을까? 즉, 팽창하고 있는 우주의 가장 끝, 그 경계면의 바깥쪽에는 도대체 무엇이 있을까? 우주의 크기에 대한 질문에서 우주가 존재하는 그 마지막 경계, 그 너머에는 과연 무엇이 있을까에 대한 의문은 호기심을 가지고 탐구하는 우리가 결코 포기할 수 없는 주제일 것이다.

사실 이 질문에 대한 답은 앞서 책의 전반부에 간단하게 언급된 적이 있다. 다시 한번 이야기하면, 시공간이 만들어지며 팽창하고 있는 경계 그 너머는 시공간조차도 존재하지 않는 영역이다. 공간조차 존재하지 않는 영역에서 무엇이라는 물질 또한 당연히 존재할 수 없을 것이다. 설사 우리가 이해하는 물질과는 다른 그 무엇이 존재한다고 하더라도, 어떠한 방법으로도 우리가 이를 인지할 수 있는 방법이 없다. 시간조차 흐르지 않는 세상에서는 생각하고 무엇인가를 깨달아가는 과정도 불가능하기 때문이다. 따라서 시공간조차 존재하지 않는 세상에서는 그곳에 무엇이 존재하고 있느냐 하는 질문조차 성립되지 않는다. 이것은 과학이 아무리 발전한다고 해도 해결될 수 있는 문제가 아니다. 따라서 이러한 단계부터 과학이 아닌 철학의 문제로 넘어간다. 이것이 팽창하는 우주 끝, 그 경계 너머에는 무엇이 있을까에 대한 대답이다.

세상의 끝에는 과연 무엇이 있을까 하는 그 심오한 질문에 대한 답으로는 무엇인가 허전한 느낌이 드는 것도 사실이다. 혹시라도 아직까지 아쉬움이 남아 있는 독자가 계신다면 책을 잠시만 덮고 다시 한번 우주로의 상상 여행을 떠나 팽창하고 있는 우주의 경계면에서 그 바깥 공간에 대하여 사색해보도록 하자. 혹시 그 경계면 너머에는 팽창하고 있는 또 다른 우주가 존재하는 것이 아닐까? 아니면 그 팽창하는 경계면을 넘어서는 순간 다시 우주여행을 출발했던 우리의 출발지로 되돌아오게 되는 것일까? 마치 우리가 지구를 한 바퀴 돌아서 다시 자신의 위치로 돌아왔던 것처럼 말이다. 여러분이 어떠한 것을 상상하든 제약은 없다. 여러분이 지금 생각하고 있는 그것이 바로 정답이 될 수 있다. 따라서 마음껏 상상의 나래를 펼쳐보도록 하자. 설사 아인슈타인이 다시 살아 돌아오신다고 하더라도 당신의 주장에 논리적인 반박을 할 수는 없을 것이다.

영화 '2001 스페이스 오디세이'의 한 장면. 1968년 제작된 영화로 SF의 전설적인 교과서와 같은 영화이다. 물론 지금 시대에 본다면 많이 빈약한 부분이 보이기도 할 것이다. 하지만 약 50여 년 전에 만들어진 이 영화가 컴퓨터 그래픽 없이 모두 촬영되었다는 것을 고려하면 정말 대단한 업적이 아닐 수 없다. 혹시 독자 여러분들 중에 SF 영화를 좋아하시는 분이 있다면 반드시 한 번은 시청해보시라고 추천하고 싶다. 위 이미지는 영화 도입부의 한 장면인데 지구 상공 위에 떠 있는 우주선 뒤로 지구의 모습이 보인다. 흥미로운 것은 이때만 해도 지구의 모습을 직접 관찰할 수 있는 방법이 없었다는 점이다. 따라서 영화에서 보여지는 지구의 모습은 모두의 상상 속에서 그려진 것이다. 실제 지구의 이미지와는 약간의 차이가 있기는 하지만 당 시대에 상상력만으로 그려진 이러한 이미지를 실제 지금 관측된 지구의 모습과 비교해보는 것은 상당히 흥미로운 일이다. 혹시 지금 우리 은하의 모습도 언젠가 이런 모습으로 직접 관찰하는 시대가 오게 되지 않을까? 그리고 그 시대의 그 누군가는 지금 우리가 상상력으로 그리고 있는 우리 은하의 모습을 실제 이미지와 비교해보며 또 다른 재미를 느끼게 될지도 모를 일이다.

　지구로부터 약 2.2억 광년 떨어져 있는 UGC2885 은하를 상단에서 내려다본 모습. 우리 주변의 은하 중에서 매우 큰 은하에 속한다. 우리 은하보다 약 2.5배 넓고 10배나 많은 별을 가지고 있는 것으로 보인다. 또 다른 우주에서 우리를 관찰하고 있는 누군가 있다면 우리 은하의 모습은 어떻게 보일까? 그가 촬영한 아름다운 우리 은하의 사진 속에는 그 은하의 한 귀퉁이에 태양이라는 작은 항성계의 희미한 불빛도 담겨 있을 것이다.

처녀자리 은하단에 보이는 은하들. 작은 점 하나하나가 마찬가지로 모두 은하이다. 은하들의 색깔이 푸르게 빛나는 것으로 보아 상대적으로 젊은 은하들이 무리지어 있는 것으로 보인다.

미국 캘리포니아주에 있는 팔로마 천문대에서 48인치 망원경으로 촬영하였다.

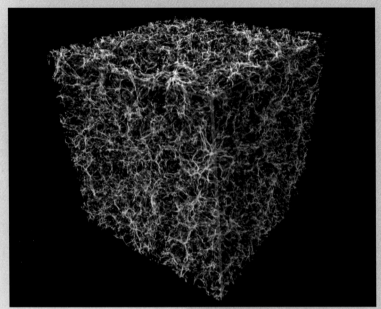
별들이 서로 사슬처럼 연결되어 있는 우주의 거대 구조(출처: NASA)

고개를 들어 밤하늘을 올려다보면 밤하늘에는 검은색 배경을 바탕으로 반짝이는 별들이 곳곳에 박혀 있다. 이렇게 우주는 별이 없는 어두운 빈 공간과 별이 있는 밝은 공간으로 나누어져 있다. 그렇다면 별들은 이 우주 공간에 균일하게 분포되어 있을까? 아니면 마치 책상 위에 뿌려진 모래알처럼 불규칙하게 펼쳐져 있을까?

우주에 존재하는 모든 별들을 모두 작은 공간에 모아서 보면 위 이미지처럼 별들이 몰려 있는 곳과 비어 있는 곳으로 확연하게 구분된다. 밝게 빛나는 부분은 은하들의 밀도가 더 높은 부분이다. 이처럼 이 우주에 존재하는 모든 별들을 거시적으로 보면 마치 모든 별들이 어떤 끈으로 연결되어 있는 것과 같은 이러한 모습으로 보이는데 이를 우주의 거대 구조라고 한다. 놀라운 것은 이것은 우주배경복사가 설명해주는 현재 온도의 분포와 정확히 일치하고 있다는 것이다. 빅뱅 초기 미세하게 불균일했던 물질의 분포가 지금의 거대 구조를 만들어낸 것이다.

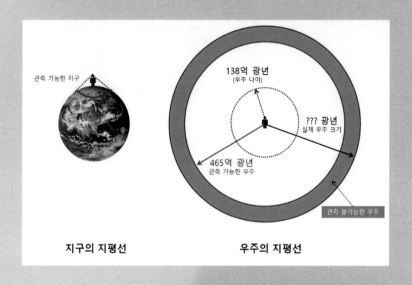

| 관측 가능한 지구 | 138억 광년
(우주 나이) | ??? 광년
실제 우주 크기 | 465억 광년
관측 가능한 우주 | 관측 불가능한 우주 |

지구의 지평선   **우주의 지평선**

　지구에서 바라보는 지평선이 지구의 끝이 아닌 것처럼, 우리가 우주에서 바라보는 우주의 지평선도 우주의 끝을 의미하는 것은 아니다. 우주의 지평선 너머에는 무엇이 있을까? 그 너머에는 현재 우리에게 관찰되는 것보다 더 많은 별들이 존재하고 있을지도 모른다. 그 너머의 세상은 온전히 우리 모두에게 지금도 그리고 앞으로도 영원히 상상의 영역으로만 남아 있게 될 것이다.

영화 '인터스텔라' 중

영화 '인터스텔라'에 등장하는 블랙홀의 모습. 이미지의 중앙에서 약간 왼쪽에 검게 보이는 것이 바로 주인공 쿠퍼가 잠시 착륙했던 밀러 행성이다. 영화 속에서 밀러 행성의 1시간은 지구에서의 무려 7년에 해당된다. 터무니없이 생각되는 이러한 현상은 분명 과학적으로 사실이다. 블랙홀 근처에 극단적으로 가까이 위치해 있는 행성이 존재하는 시공간은 지구와는 다르게 엄청난 곡률을 가지고 휘어져 있다. 이렇게 휘어져 있는 시공간 속에서는 시간이 천천히 흐른다. 이런 시공간의 곡률은 블랙홀의 중앙에 접근할수록 점점 커지며 블랙홀의 중심에 도달하면 아예 시간의 흐름이 멈추게 된다. 우리의 고정관념과는 달리 시간과 공간은 지금도 역동적으로 변하는 물리량이다.

혹시 누군가가 이런 질문을 할 수도 있다. 블랙홀에 저렇게 근접해 있는 밀러 행성은 왜 블랙홀 중심으로 빨려들어가지 않는 것인가? 이것은 밀러 행성이 블랙홀 주위를 엄청나게 빠른 속도로 공전하기 때문이다. 이 과정에서 발생하는 원심력이 블랙홀의 인력과 평형을 이루어 밀러 행성은 안정적인 공전 궤도를 유지할 수 있다. 마치 지구가 태양의 인력에 끌려 태양 속으로 빨려들어가지 않는 것처럼 말이다. 하지만 결코 안심해서는 안 된다. 이를 믿고 블랙홀에 너무 가깝게 접근하다가 사건지평선이라고 부르는 경계를 넘는 순간 당신은 결코 밖으로 나올 수 있는 방법을 찾지 못하고 블랙홀의 심연 속으로 영원히 삼켜지게 될 것이다. 이 경계를 넘어서는 빛조차도 다시 나올 수 없다. 블랙홀은 빛조차 흡수해버리기 때문에 보이지 않는다. 위 이미지에서 실제 블랙홀은 빛으로 둘러싸인 검은 원의 중심에 있다. 원래 블랙홀 주변에 있는, 빛으로 둘러싸여 있는 강착원반은 분명 평면의 형태를 가지고 있다. 하지만 중앙의 검은 원 중심에 존재하는 블랙홀이 시공간을 극도로 휘어지게 만들면서 평평하게 누워 있는 블랙홀의 강착원반이 마치 세워져 있는 원반도 존재하는 것처럼 보이게 만든다. 쉽게 이야기하면 사람의 얼굴과 뒤통수가 한꺼번에 보이는 셈이다. 마치 피카소의 작품처럼 말이다.

영화의 한 장면이기는 하지만 실제 우리에게 관찰되는 블랙홀의 모습과 상당히 유사한 모습으로, 고증이 매우 잘되어 있다는 평가를 받는 장면이다. 실제로 이 영화는 미국의 저명한 물리학자 킵손 박사의 고증을 받은 것으로 유명하다. 실제 블랙홀 주변에서는 시공간이 극도로 휘어지기 때문에 이처럼 우리가 블랙홀을 보는 각도에 따라서 다양한 모습으로 보일 것이다.

❽
블랙홀

　그곳에 들어가면 아무것도 빠져나올 수 없다. 심지어 빛조차
도…. 너무나도 엄청난 중력으로 인해서 빛조차도 끌어당긴다는
블랙홀. 사실 블랙홀은 어떠한 물질도 끌어당기지 않는다. 단지 블
랙홀이 만들어낸 시공간을 따라 주변 물질이 운동을 할 뿐이다.
빛도 이와 마찬가지이다. 그래도 아마 우주의 신비로움과 흥미로
움을 대변하는 데 블랙홀보다 더 좋은 소재는 없을 것이다. 성인뿐
만 아니라 어린아이에게도 블랙홀은 호기심과 상상력 충만한 영감
의 대상이기도 하다. 사실 블랙홀이 있을 것이라고 예견된 것은 아
인슈타인의 일반 상대성 이론이 세상에 알려진 20세기 초반의 일
이다. 하지만 오랜 시간 동안 블랙홀은 수학적으로만, 혹은 상상
속에서만 존재하는 가상의 존재였다. 하지만 관측 기술이 발달하
면서 취합되는 우주의 관측 결과들을 분석한 결과 이제는 블랙홀
이 더 이상 이론적으로만, 혹은 상상 속에서만 존재하는 허구의
대상이 아닌 실존하는 대상이라는 것이 속속 확인이 되고 있다.

　2020년 노벨 물리학상은 블랙홀의 존재를 수학적으로 증명하고
그것의 존재를 실제 관측을 통하여 밝혀낸 2개의 팀이 공동 수상
하였다. 이들은 우리 은하의 중심에 있는 별들의 운동을 무려 20
여 년간 꾸준히 관측하였다. 그 결과 블랙홀 근처에 존재하는 거

대한 별들이 아무것도 존재하지 않는 것처럼 보이는 한 어두운 지점을 중심으로 공전하고 있다는 것을 밝혀낸 것이다. 특히 태양보다 수백 배나 큰 것으로 보이는 별의 공전 궤도를 오랜 시간 동안 자세하게 관측하였는데, 이 거대한 별이 블랙홀과 가까운 지점에서는 무려 초속 7,000㎞의 빠른 속도로 공전하는 것이 확인되어 사람들을 놀라게 하였다. 이렇게 거대한 별을 빛의 속도의 1/40 수준으로 가속시키면서 급격한 회전 곡률을 만들며 공전을 하게 만드는, 눈에 보이지 않는 천체는 블랙홀 말고는 없는 것이다. 이것은 우리 은하의 중심에 블랙홀이 존재한다는 확실한 간접 증거였으며 노벨상을 받을 충분한 가치가 있는 발견이었다. 사실 블랙홀에 대한 연구가 노벨상을 받게 된 이러한 성과보다도 일반인에게 더 친숙한 것은 2019년 지구 곳곳에 존재하는 여러 대의 전파 망원경을 연결하여 촬영된 블랙홀의 이미지일 것이다. 이 사진이 처음 발표될 당시에 블랙홀 관측을 위한 프로젝트에 참여했던 과학자들이 그 관측 결과를 직접 유튜브에서 생중계를 하기도 하였는데 필자도 흥미롭게 시청을 했던 기억이 있다. 블랙홀이 인류에게 촬영된 최초의 사진이라고 하며 공개된 이 한 장의 사진은 당시 많은 대중들의 시선을 사로잡았다.

　개인적인 생각으로는 2020년 블랙홀이 노벨상을 받게 된 것도 이러한 이벤트의 영향으로 블랙홀에 대한 대중의 관심이 매우 높아져 있었기 때문이 아닐까 한다. 이 이미지는 전 세계에 존재하는 여러 대의 전파 망원경들을 네트워크로 결합하여 마치 하나의 거대한 전파 망원경처럼 활용하는 방법으로 우리 은하의 중심 부근에 존재하는 블랙홀을 직접 촬영하는 데 성공한 최초의 사례였다.

따라서 이 사진은 우주에 관심이 있는 많은 사람들의 상상력을 자극하기에 충분하였다. 흥미로운 것은 이렇게 촬영된 블랙홀의 사진이 한때 많은 사랑을 받았던 영화 '인터스텔라'에서 보여진 블랙홀의 이미지와 매우 비슷하였다는 것이다. 과연 많은 학자들로부터 과학적 고증을 받았다고 하는 영화답게 블랙홀의 이미지를 영상으로까지 완성도 있게 제작했다는 점만으로도 이 영화는 높은 평가를 받을 만하다. 사실 블랙홀은 빛조차도 흡수하는 천체이기 때문에 직접적인 관찰이나 촬영은 불가능하다. 다만 블랙홀 주변에 존재하는 물질이 블랙홀 중심으로 빨려들어가는 과정에서 고속으로 회전하는 물질 입자들의 마찰로 인하여 상당히 높은 열과 빛이 발생하게 된다. 이를 강착원반이라고 한다. 따라서 우리가 블랙홀 자체는 직접 볼 수 없지만 그 주변에 존재하는 강착원반을 확인하면 간접적으로 그 존재를 확인할 수 있는 것이다. 사진상으로만 보면 강착원반이 단순히 평면에 놓여진 반지처럼 보인다. 하지만 우리가 실제로 블랙홀을 가까이에서 보게 된다면 영화에서 보았던 것처럼 블랙홀로 인하여 구부러진 시공간에 의해 강착원반의 평면이 수직 방향으로도 한꺼번에 보이는 괴이한 현상을 경험하게 될 것이다. 구태여 이해하기 쉽게 비유를 들자면, 블랙홀 근처에서는 누군가의 얼굴과 뒤통수를 동시에 볼 수도 있다는 이야기다. 이것은 우리의 관찰 대상이 실제로 그렇게 휘어진 괴이한 형태를 하고 있는 것이 아니라 시공간의 왜곡으로 인하여 단지 우리의 눈에 이렇게 관찰이 되는 것뿐이다. 유리잔에 잠겨 있는 젓가락이 물과의 경계면에서 휘어져 보인다고 해서 실제 젓가락이 휘어져 있다는 것을 의미하지 않는 것과 같다.

2020년에 드디어 블랙홀에 관련된 직접적인 연구가 노벨상을 수상하게 되었다는 것은 천문학이나 물리학사에 상당한 의미를 부여하게 만든다. 아인슈타인의 중력 방정식에서 예견이 되었던 블랙홀의 존재는 사실 그동안 상상 속에서나 이론적으로만 예견되는 가상의 천체로 생각되어왔다. 하지만 이 노벨상의 의미는 블랙홀이 이제는 더 이상 가상의 천체가 아니라 실존하는 존재로서 학계에서도 확실하게 공인이 되었다는 것을 의미한다. 검은 우주 공간 속에 블랙홀의 존재가 예견된 지 100여 년 만에 이제 블랙홀은 실존하는 천체로서 그 존재를 명확하게 드러낸 것이다. 앞서 별의 일생에서 살펴보았던 것처럼 블랙홀은 질량이 거대한 별이 죽어가는 마지막 과정에서 나오는 천체의 일종이다. 즉, 블랙홀은 질량이 아주 거대한 별의 죽은 흔적이다. 물론 질량이 큰 별들이 은하의 중심에 있을 가능성이 더 크긴 하겠지만 분명 은하의 변두리에도 존재할 것이다. 따라서 이런 블랙홀은 은하의 중심뿐만 아니라 우리 은하 내에도 여기저기에 드물지 않게 존재하는 것으로 여겨진다.

관측 기술이 점차 발달함에 따라 블랙홀의 존재를 예견하는 결과들이 속속 발견되고 있으며, 그중에서는 우리 태양과 불과 수백 광년 떨어진 거리에서 블랙홀의 존재가 예견된 경우도 있다. 이렇게 은하의 내부에서 적지 않게 발견되는 블랙홀 중 작은 것은 태양 질량의 수배~수십 배 수준이며, 특히 모든 은하의 중심에는 태양 질량의 수백만 배에서 수천만 배에 달하는 거대한 초거대 블랙홀이 자리 잡고 있는 것으로 알려져 있다. 은하의 중심에 있는 이 거대 블랙홀로 인하여 마치 우리 태양이 자신을 중심으로 주위의 천체들을 공전하게 만드는 것과 같은 원리로 은하의 모든 별들이 은하의 중심을 기준으로 공전하고 있는 것이다. 이처럼 블랙홀은 은하의 존재를 설명하는 데 반드시 필요한 천체이며 자신이 실존하는 존재라는 것을 은하 전체 별들의 운동을 통하여 우리에게 보여주고 있다.

이론적으로 먼저 예견되었던 블랙홀의 존재

그럼 더 이상 상상 속의 존재가 아닌, 실체가 있는 존재로서의 블랙홀에 대하여 조금 더 자세히 알아보도록 하자. 앞서 잠시 이야기했던 것처럼 1915년 아인슈타인이 발표한 일반 상대성 이론의 중력 방정식은 블랙홀의 존재를 이미 예견하고 있었다. 하지만 사실 아인슈타인이 처음부터 자신의 중력 방정식을 통해서 블랙홀이라는 존재가 있을 수 있다는 것을 알고 있었던 것은 아니었다. 아인슈타인의 중력 방정식이 가지는 해에서 블랙홀이라는 특이점이 발생할 수 있다는 것을 처음으로 발견한 사람은 독일의 물리학자였던 슈바르츠 실트였다. 1차 세계대전이 일어나고 있던 당시 독일의 포병 부대에서 포탄의 탄도를 분석하는 임무를 맡고 있던 그는 아인슈타인의 일반 상대성 이론이 발표된 직후 중력 방정식을 면밀히 검토한 결과 이 방정식이 가지고 있는 해 중에서 블랙홀이 예견된다는 것을 발견했다. 공간이 자신의 질량으로 인하여 '0'으로 수축되어버리는 이러한 특이점이 발생할 수 있다는 것은 당 시대에서 상당히 파격적인 해석이었다.

따라서 슈바르츠 실트는 자신이 중력 방정식에서 발견한 이러한 해석에 대하여 아인슈타인의 의견을 듣기 위해 그에게 편지를 썼다. 사실 아인슈타인은 슈바르츠 실트가 보낸 자료를 보고 상당히 흥미를 느끼기는 했지만 그가 제안한 특이점이라는 것은 단지 수학적으로만 가능한 것일 뿐 실제 현실에서는 존재하지 않을 것이라고 생각했다. 하지만 슈바르츠 실트가 자신의 중력 방정식으로부터 찾아낸 특이점의 존재는 상당히 흥미롭다고 생각하였다. 그래서 아인슈타인은 그해 12월에 슈바르츠 실트 이름으로 블랙홀의 존재 가능성에 대하여 학회에 발표하여 당시 '슈바르츠 실트의 해'로 널리 알려지게 되었다. 슈바르츠 실트는 아인슈타인이 블랙홀의 존재를 인정해주지 않은 것에 적잖이 실망을 했다고 한다. 하지만 아인슈타인의 상대성 이론에 영감을 받아 인류 최초로 블랙홀의 존재를 수학적으로 예견한 위대한 물리학자로서 역사에 그 이름을 남기게 되었다. 이러한 위대한 업적을 남긴 그는 아쉽게도 그가 블랙홀의 존재를 예견한 바로 이듬해 전장에서 전사하면서 천재로서의 짧은 생을 마감하게 된다. 하지만 그의 업적은 후대에까지 널리 남아 지금까지도 그의 이름을 기억하게 하고 있다.

슈바르츠 실트가 제안한, 질량이 거대한 별이 자신의 중력을 이기지 못하고 스스로 수축하여 특이점으로 압축되어버린다는 주장은 매우 기이한 이야기였다. 따라서 당 시대에서는 단지 수학적으로는 도출되긴 하였지만 실제 현실에서는 존재하지 않는, 이론적인 대상으로만 인식되며 상당 기간 천문학의 변두리에 남겨지게 된다. 하지만 한 학자에 의해서 제기된, 블랙홀이라는 존재의 가능성에 대한 개념은 수많은 학자들은 물론 예술 및 사회 전반에 걸쳐 우리에게 생각과 상상을 도약할 수 있는 큰 영감을 제공하게 되었다. 아인슈타인에 의해 우리의 시공간은 구부러지고 요동치는 세상인 것으로 확인되었다. 그런데 단지 구부러지고 요동치는 것을 넘어서서 엄청난 질량이 존재하는 영역에서는 점보다도 더 작은 특이점으로 수축되어버린다. 그리고 그 속에 빨려들어간 것은 어떠한 것도 다시 나올 수 없는 신비스러운 천체가 존재한다. 블랙홀은 과연 상상만으로도 매우 흥미로운 이야깃거리임에 틀림없다.

블랙홀의 경계

그러면 블랙홀에 대하여 조금 더 자세히 알아보도록 하자. 블랙홀은 큰 질량을 가진 별이 죽어가는 과정에서 생성된다. 거대한 별이 생전에 가지고 있었던 막대한 질량은 실로 상상 이상으로 엄청나게 커서 주변의 시공간을 극도로 휘어지게 만들며 마침내는 하나의 점으로 수축시켜버린다. 이렇게 휘어진 시공간에서는 빛조차도 한번 들어가면 빠져나오지 못한다. 사실 빠져나오지 못한다는 표현보다는 빠져나올 경로가 없다는 표현이 맞을 것이다. 빛은 휘어진 시공간을 따라 평상시처럼 직진을 거듭하게 된다. 하지만 블랙홀 주변의 엄청난 질량이 시공간을 극도로 휘어지게 만들기 때문에 블랙홀 중심의 특이점으로 이동한 빛은 결코 다시 빠져나올 수 없다. 따라서 외부에서 볼 때는 단지 검은색으로 보이는 것이다. 사실 블랙홀이라는 이름이 붙여지게 된 것은 블랙홀의 색깔이 검다는 것을 의미하는 것이 아니다. 검은색도 하나의 색깔에 해당되기 때문이다. 앞서 빛에 대한 공부를 할 때 살펴보았듯이, 검은색을 보기 위해서도 빛이 필요하다. 블랙홀이 검게 보이는 이유는 검은색을 가지고 있어서가 아니고 빛 자체를 아예 반사하지 않기 때문이다. 즉, 블랙홀은 보이지 않는다는 의미이며 이 보이지 않는 검은 점을 우리는 블랙홀이라고 부른다.

블랙홀에서 주목해야 할 것은 사건지평선이다. 블랙홀의 중심을 기준으로 특정 영역 이내로 진입한 모든 것을 빨아들여버리는데, 이렇게 흡수된 모든 것은 절대 다시 밖으로 나오지 못하기에 이 경계가 되는 지점을 사건지평선이라고 한다. 이러한 이름이 붙게 된 이유는, 우리가 지평선 너머에 무엇이 있는지 알 수 없듯이 이 사건지평선 너머에서는 어떠한 사건이 벌어지고 있는지 알 수 있는 방법이 절대 없기 때문이다. 사건지평선은 블랙홀이 시공간을 삼키고 있는 영역인 셈이다. 따라서 사건지평선이 가지고 있는 영역을 블랙홀의 크기로 봐야 할 것이며, 이 크기를 측정하면 블랙홀이 가지고 있는 질량도 추론해볼 수 있다.

혹시나 블랙홀 내부에 무엇이 있을까 하는 호기심으로 사건지평선을 넘어 블랙홀 중심을 향해 탐사선을 보낸다고 하더라도 우리는 탐사선으로부터 어떠한 정보도 얻지 못한다. 사건지평선을 넘어서게 되면 탐사선 자체는 물론이고 빛을 포함한 어떠한 전파나 정보도 결코 사건지평선을 다시 반대로 넘어서 나올 수 없기 때문이다. 그러므로 블랙홀 내부에서 무슨 일이 일어나고 있는지를 우리가 확인할 방법은 전혀 없으며, 앞으로 아무리 과학이 발달하여도 그러한 방법은 나오지 않을 것이다. 따라서 블랙홀 내부에서 무슨 일이 일어나고 있는지, 혹은 블랙홀 안에는 도대체 무엇이 존재하는지에 대해서는 그냥 우리의 상상의 영역으로만 남겨두는 게 좋다. 블랙홀의 사건지평선 너머는 우리가 살고 있는 세상에 속해 있지만 사실은 전혀 다른 차원의 세상이라고 보는 것이 맞을 것이다.

모든 공간과 과거, 현재 그리고 미래가 동시에 공존하는 곳

블랙홀은 사건지평선을 넘어서면서부터 중력에 의하여 시공간이 급격하게 휘어지면서 특이점으로 압축되어버린다. 여기에서 우리는 보통 공간의 압축만을 상상하게 되지만 지금까지 우리의 논리를 잘 따라오신 독자라면 시간 또한 압축되고 있음을 어렵지 않게 이해할 수 있을 것이다. 이 책을 통하여 자주 언급되었던 것처럼 시간과 공간은 서로 결코 분리될 수 없는 하나의 개념이기 때문이다.

이렇게 시공간은 서로 연결이 되어 있기 때문에 블랙홀에 의한 공간의 변형은 시간의 변형도 의미하는 것이다. 이렇게 공간의 곡률이 극단적으로 휘어지면 시간은 극도로 천천히 흐르게 된다. 쉽게 이야기하면, 블랙홀은 중심의 높은 질량으로 인한 특이점으로 인하여 공간이 마치 엿가락처럼 늘어나게 된다. 앞서 고무판 위에 던져졌던 볼링공이 고무판을 늘어뜨리는 장면을 생각해보자. 이렇게 중력에 의하여 늘어진 공간에서도 빛은 항상 같은 속도로 움직이게 되므로 늘어지지 않은 공간에 있는 관찰자가 이러한 빛을 볼 경우 시간이 마치 천천히 흘러가는 것처럼 관찰되는 것이다.

이러한 시간 지연 현상은 블랙홀의 중심으로 갈수록 점점 더 심해지다가 특이점으로 압축된 블랙홀의 중앙에서는 시간조차 완전히 멈추게 된다. 이는 특이점 자체가 작은 공간조차 점유하고 있지 않기 때문이다. 공간이 존재하지 않는다는 이야기는 시간도 존재하지 않는 것을 의미한다. 따라서 특이점에서는 시간조차도 흐르지 않는다. 이렇게 블랙홀의 특이점은 모든 공간이 한곳으로 응축되어 모인 지점이다. 모든 공간이 하나로 모여 있다는 것을 시간의 측면에서 살펴보면 과거와 현재 그리고 미래까지도 하나에 모여 있다는 것이 된다. 따라서 특이점은 모든 공간뿐만 아니라 과거, 현재, 그리고 미래조차도 하나로 압축되어 있는 기이한 세상인 것이다. 우리는 현재 생활하며 살아가고 있는 공간에서 과거와 현재, 그리고 미래를 경험하고 있다. 그런데 이 불가사의한 곳에서는 우리의 터전인 거시 세계가 하나의 아주 작은 미시의 영역으로 압축되어버린 것이다.

따라서 블랙홀은 거시 세계와 미시 세계가 하나로 합쳐진 세상이다. 그러므로 이 두 세상에서 발생하는 물리 현상을 설명하기 위하여 그동안 거시 세계에서는 아인슈타인의 상대성 이론을, 미시 세계에서는 양자역학을 사용하며 절충하였던 두 가지 서로 다른 이론의 불편한 동거가 이 세상에서는 통용되지 않는다. 이곳에서 일어나는 현상을 이해하고 설명하기 위해서는 거시 세계와 미시 세계를 한꺼번에 설명할 수 있는 통합된 새로운 이론이 있어야 가능한 것이다. 이것이 바로 아인슈타인이 완성하고자 했던 만물의 이론이다.

그래서 블랙홀을 이해하기 위한 여정은 바로 만물의 이론을 알아내는 과정인 것이다. 만약 미래의 어느 순간 우리가 상대성 이론과 양자역학을 서로 통일시켜 궁극의 만물의 이론을 찾아낸다면, 그 순간 우리는 비로소 블랙홀의 사건지평선 내부에서 벌어지는 일들에 대해서도 많은 것을 알아낼 수 있을 것이다.

블랙홀이 항상 흡수만 하는 것은 아니다

슈바르츠 실트에 의해 존재의 가능성이 제기된 블랙홀을 본격적으로 실재하는 존재로서 세상에 알리기 시작한 사람은 바로 그 유명한 스티븐 호킹 박사이다. 근육이 약해지고 변형이 되는 희귀병인 루게릭병에 걸렸음에도 불구하고 우주에 대한 그의 학문적 업적은 매우 크게 평가받고 있다. 그는 특히 블랙홀에 대하여 많은 업적을 남겼는데, 블랙홀이 항상 모든 것을 흡수하기만 하는 것은 아니라고 주장하여 눈길을 끌었다. 그는 블랙홀로 물질이 흡수될 때 그 물질을 이루고 있던 일부 에너지가 복사의 형태로 빠져나올 것이라고 이론적으로 예견하였다. 그 이후 실제로 1971년 블랙홀이 있다고 추정되는 영역에서 강한 감마선이 방출되는 것이 확인되면서 우리는 블랙홀의 중심에서 이렇게 강하게 방출되는 감마선을 '호킹 복사'라고 부르게 되었다. 그리고 이러한 호킹 복사가 방출되는 지역에서 블랙홀이 존재한다는 증거 중의 하나로 활용되고 있다.

사실 블랙홀에 대해서 깊은 영역으로 들어가면 상당히 어렵고 난해한 개념이 많이 나온다. 그 유명한 스티븐 호킹의 『시간의 역사』도 상당한 난이도를 가지고 있다. 매우 유명하고 전 세계적으로 상당히 많이 판매된 책임에도 불구하고 대부분은 책꽂이를 장식해주는 역할을 하고 있는 경우가 더 많은 이유도 이 때문이다. 물론 더 심도 있는 공부를 원하시는 분에게 추천드리지만 우리와 같은 일반인이라면 블랙홀도 무엇인가를 방출한다는 것 정도만 알고 있으면 될 것 같다. 모든 것을 항상 흡수하기만 하는 것으로 생각되었던 블랙홀도 사실은 무엇인가를 방출한다는 사실은 우리의 여정에 있어 상당히 의미 있는 메시지를 전달해준다. 바로 블랙홀조차도 수명이 있을 것이라는 점을 예견해주기 때문이다.

우주의 마지막 생존자

앞서 언급했던 것처럼 블랙홀도 무엇인가를 방출하는 것이 있다면 에너지를 소비하고 있다는 것이 아닌가? 그렇다면 언젠가는 블랙홀도 없어질 수 있을까? 그렇다. 블랙홀도 수명이 있다. 한번 만들어진 블랙홀도 언젠가는 소멸이 될 수 있다는 이야기다. 물론 그 수명은 상상을 초월할 정도로 엄청나게 길기 때문에 수명을 숫자로 표현을 하기 힘들 정도이다. 지금처럼 우주가 지속적으로 가속 팽창을 하게 된다면 모든 별들과 별들 사이는 점점 멀어지게 될 것이다. 그리고 유한한 수명을 가지고 있는 별들도 서서히 마지막을 맞이하면서 천천히 소멸해가고, 너무나도 크게 팽창해버린 우주 공간으로 인하여 별의 씨앗이 될 수 있는 물질들은 더욱 서로 뭉쳐지기 어려운 상황이 될 것이다. 이것은 아주 먼 미래에는 이 세상에 모든 별들의 수명이 다하게 되고 물질들의 씨앗마저도 뿔뿔이 흩어져 암흑으로 가득 찬 세상이 될것이라는 것을 알려준다. 하지만 그런 우주 공간 어느 한 곳에서는 표면적으로는 잘 보이지는 않지만 블랙홀들이 곳곳에 여전히 남아서 어두운 세상에 홀로 자신만의 존재감을 나타내고 있을 것이다. 블랙홀은 우주 가장 최후의 순간까지 살아남을 수 있는 마지막 생존자인 셈이다. 하지만 블랙홀들도 주변에서 무엇인가 흡수할 물질을 찾지 못하게 되면 결국은 어느 순간에 수명을 다하고 소멸된다. 그럼에도 불구하고 우주 공간 속에서 가장 마지막까지 생존하는 천체는 바로 블랙홀이 될 것이다.

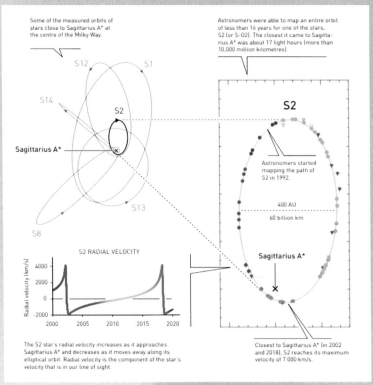

출처: Nobelprize

    2020년 노벨상을 수상한 블랙홀 연구 자료 중의 일부. 보이지 않는 특정한 점 X를 중심으로 수많은 별들이 공전을 하고 있다. 특히 큰 질량을 가지고 있는 별 S2는 블랙홀과 가까운 지점에서는 초속 7,000㎞라는 놀라운 속도로 빠르게 회전을 하며 궤도를 움직이고 있다. 이렇게 거대한 별을 빛의 속도의 1/40에 해당되는 엄청난 빠르기로 회전시킬 수 있는 질량을 가진 보이지 않는 천체는 블랙홀 말고는 설명을 할 수가 없다.

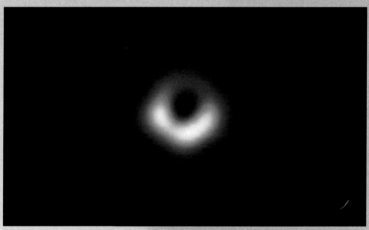

출처: 위키미디어

　　2019년 세상을 떠들썩하게 만들었던, 전파 망원경에 의해 촬영된 실제 블랙홀 사진. 인터스텔라에서 등장한 블랙홀의 이미지와도 비슷한 이 사진은 많은 사람들의 호기심을 자극하기에 충분했다. 전 세계에 존재하는 전파 망원경을 네트워크로 연결하여 거의 지구 크기만 한 가상의 망원경을 통하여 촬영에 성공하였다. 우리나라의 천체 관측 연구팀도 공동 참여를 하였다.

출처: ESA/Hubble

　수십여 개의 은하들이 모여 은하군을 형성하고, 이러한 은하군들이 다시 모여 보다 더 큰 무리를 이루는 것을 은하단이라고 한다.

　이 사진을 조금만 자세히 관찰해보자. 작게나마 형태가 보이는 나선 모양의 은하들이 오밀조밀하게 모여 있는 것이 귀여운 느낌마저 준다. 하지만 위 사진에 보이는 작은 점들은 별이 아니고 모두가 최소 수천억 개의 별을 가지고 있는 개별적인 은하들이다. 그리고 이것조차도 아주 작은 우주의 일부일 뿐이다. 우주가 과연 얼마나 큰 것인지를 상상하는 것은 아마 인간의 경험과 상상력으로는 그 한계가 있음을 보여주며 우리를 겸손하게 만들어주는 사진이다.

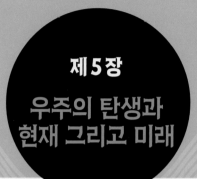

제 5 장

우주의 탄생과
현재 그리고 미래

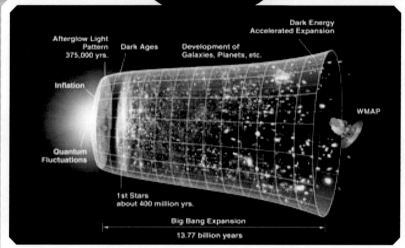

이 한 장의 이미지는 우주가 어떻게 태어나서 지금의 우주로 발전을 하게 되었는지, 우주의 탄생부터 지금까지의 모습을 매우 잘 나타내준다. 무슨 이유에서인지 '빅뱅'이라는 사건을 거쳐 이 우주는 탄생하였다. 빅뱅 직후 우주는 엄청난 속도로 급팽창을 하며 덩치를 키워나갔다. 우주 초기에는 너무나도 뜨겁고 작은 공간에 모든 물질들이 요동치면서 우리에게 익숙한 빛조차도 물질과 구분이 되지 못한 혼탁한 세상이었다.

약 138억 년을 지나고 있는 현재 우리의 우주는 그 팽창 속도가 과거보다 더 빨라지는 가속 팽창의 단계에 있다. 우리는 지금 138억 년 우주의 역사를 한 장의 이미지로 보고 있는 것이다.

우리 우주는 미래에 어떤 모습으로 진화를 해나갈까? 미래의 우주 역시 우리의 상상 여행을 기다리고 있다.

❶
팽창하는 우주

지금 이 순간에도 우주는 팽창하고 있다

오늘날 우리는 우리가 의지해 살아가고 있는 태양계가 최소 약 1~2천억 개 별들로 이루어진 우리 은하에 존재하는 수많은 항성계 중의 하나에 불과하며, 우리 우주에는 이러한 별들의 집합체인 은하들 또한 셀 수 없이 많다는 사실을 잘 알고 있다. 앞서 이야기했던 것처럼 이렇게 우주의 범위가 우리의 은하를 넘어서 더 큰 폭으로 확장된 것은 관측 천문학자 허블에 의해서였으며 비교적 최근의 일이다. 허블이 우리 은하 외부에도 우리와 같은 또 다른 은하가 존재한다는 것을 발견하면서 우리의 우주관을 대폭 확장시켜준 것만으로도 그의 업적은 대단한 것이었다. 그런데 그는 이것에 그치지 않고 또 다른 더욱 놀라운 사실을 우리에게 밝혀주었다. 이것은 그동안 우리가 가지고 있던 우주에 대한 개념을 송두리째 바꾸는 것을 요구하는 일대 큰 사건이었다. 허블은 바로 '우리의 우주가 팽창하고 있다'라는 것을 최초로 직접 발견해낸 것이었다. 허블은 우리의 우주가 지금 이 순간에도 엄청난 속도로 팽창하고 있다는 것을 별들의 관측을 통하여 의심의 여지 없이 명확하게 증명해내었다. 우주가 팽창하고 있다니… 이것은 또 무슨 해괴한 소설 같은 이야기인가? 지금 내 주변의 모든 것들은 얌전히 항상 그 자리에 잘 위치해 있다. 우주가 팽창한다는 것은 공간 자체가 팽창한다는 것인데 우리의 주변을 아무리 둘러보아도 무엇인가 팽창하고 있다는 어떤 느낌도 받을 수가 없다. 우리 동네 앞에 있던 산과의 거리가 점점 멀어진다거나 내가 살고 있는 집이 시간이 지나면서 점점 커지는 일은 일어나지 않는다. 그럼에도 불구하고 허블은 우주가 현재 이 순간도 팽창하고 있다고 말하고 있다. 이제 우리는 이 의미가 무엇인지에 대해 차근차근 접근해나갈 것이다.

모든 별들이 멀어지고 있다

시작하기에 앞서, 현재 여기에서 우리는 '팽창한다'라는 의미에 대해 한번 살펴볼 필요가 있다. 우주가 '팽창한다'라는 개념은 공간 자체가 팽창한다는 것이다. 허블은 이 우주 공간이 팽창하고 있다는 사실을 지구에서 관찰되는 모든 별들이 보여주는 '적색 편이'라는 현상을 통해서 증명하였다. 조금 어려운 말이 나왔으므로 적색 편이 현상에 대해서 간단히 알아보도록 하자. 당신은 날씨가 화창한 어느 주말 잠시 산책을 나왔다. 그런데 갑자기 저 멀리서 사이렌을 울리며 달리는 구급차가 내가 있는 방향으로 접근해 오고 있다. 이때 구급차에서 나오는 사이렌 소리에 조금 집중을 해보자. 신경을 쓰면서 들어보면 구급차의 사이렌 소리가 항상 같은 음으로 들리는 것이 아님을 알 수 있다. 즉, 구급차가 나에게 접근해 올 때는 높은 음으로 들리다가 나에게서 멀어지면서 낮은 음으로 바뀌는 것이다. 이런 현상을 도플러 효과라고 한다. 분명 구급차의 스피커에서 나오는 사이렌 소리는 변함없이 항상 같은 소리를 내고 있다. 따라서 만약 구급차가 정지해 있다면 사이렌 소리는 항상 동일한 음으로 들렸을 것이다. 하지만 구급차가 움직이기 시작하면 사이렌을 통하여 나오는 음파가 나에게 접근할수록 파장이 짧아지고(높은 음) 나에게서 멀어지면 파장이 길어지면서(낮은 음) 마치 사이렌 소리가 바뀌는 것처럼 들리는 것이다. 소리뿐만 아니라 빛도 파장이기 때문에 이와 동일한 효과가 나타난다. 즉, 나에게 가까워지고 있는 것은 빛의 파장이 짧아지면서 파랗게 보이게 되고 멀어지고 있는 것은 파장이 늘어지면서 파장이 긴 붉은색으로 보이게 되는 것이다. 따라서 어떤 물체가 관찰자로부터 멀어지는 운동을 하게 되면 파장이 길어지며 붉은색으로 보이는 현상이 나타나는데 이를 적색 편이라고 한다. 반대로 어떤 물체가 나에게 접근할 때 빛의 파장이 짧아지면서 파란색으로 보이는 현상을 청색 편이라고 한다.

허블이 발견한 것은 지구에서 관측되는 모든 별들에서 적색 편이가 관측되는 현상이었다. 앞서 적색 편이가 보이게 된다는 것은 어떤 물체가 나로부터 멀어질 때 발생하는 현상이라고 하였다. 그냥 상식적으로 생각하면 이 우주 공간에서 별들은 각자 나름대로의 운동 방향을 가지고 움직이고 있을 것이다. 그렇다면 지구에서 관찰하였을 때 어떤 별들은 적색 편이가 관찰되기도 하고 어떤 별들은 청색 편이가 관찰되기도 해야 할 것이다. 그런데 지구에서 보이는 별들의 빛을 관찰해보니 모든 별에서 적색 편이 현상이 발견되고 있었던 것이다.

이것은 무엇을 의미하는 것일까? 그렇다. 바로 지구 주변의 모든 별들이 지구로부터 멀어지고 있다는 것을 의미하는 것이다. 온 세상의 모든 별들이 우리 주변에서 모두 멀어지고 있다고? 어떻게 이런 기묘한 현상이 발생할 수 있을까? 한번 상상해보자. 나를 기준으로 온 우주의 별들이 멀어지고 있다. 일단 우주가 팽창한다는 가정을 받아들이고 생각해본다면 이러한 현상을 해석할 수 있는 가장 간단한 방법은 모든 우주의 중심이 바로 나, 즉 지구라는 것이다. 혹시 최초 우주가 만들어진 지점이 지금 우리가 살고 있는 지구이고 초기 우주로부터 지금도 팽창을 거듭하면서 지금도 세상의 모든 별들이 지구로부터 멀어지고 있는 것은 아닐까? 그렇다면 그 옛날 어느 고대 그리스인들이 생각했던 것처럼 지구가 정말 우주의 중심이기라도 하단 말인가? 지극히도 평범해 보이는 이름 모를 어느 은하의 변방에서, 약간은 왜소해 보이기까지 하는 유별나지 않은 크기의 태양 주위를 돌고 있는 지구가 이 세상의 중심이라니…. 허블이 발견한, 우리 주변에서 관찰되는 모든 별들이 적색 편이를 보인다는 결과로 인하여 우리는 무엇인가 기존의 우주관에 대대적인 수정이 필요함을 알 수 있게 된 것이다.

멀리 떨어져 있을수록 더 빠르게 멀어진다

그러면 이제 이러한 이상한 현상을 설명하는 허블의 이야기를 들어보도록 하자. 허블의 관측 결과가 보여주는 것은 지구상에서 관측되는 모든 별은 지구로부터 멀어진다는 현상이었다. 이것은 부인할 수 없는 과학적 관찰 증거이다. 사실 만약 허블이 단순히 이 관측 결과만을 발견하였다면 고대의 어느 그리스인들이 주장했던 것처럼, 혹시 누군가가 '이것이야말로 우리 지구가 전 우주의 중심이라는 증거다!'라고 주장을 하더라도 그것을 논리적으로 반박하기는 쉽지는 않았을 것이다. 하지만 허블은 이것 외에도 이 비밀을 풀 수 있는 매우 중요한 점을 한 가지 더 발견하였는데 그것은 바로 지구로부터 멀리 떨어진 별일수록 적색 편이가 더 심하게(더 붉은색으로) 나타난다는 것이었다. 적색 편이가 더 심하게 관찰된다는 의미는 지구로부터 더 빠른 속도로 멀어진다는 것을 의미한다. 즉, 지구로부터 멀리 떨어져 있을수록 별들이 지구로부터 훨씬 더 빨리 멀어지고 있는 것이다. 허블은 지구에서 관찰되는 모든 별은 적색 편이를 나타난다는 현상과 더불어서 멀리 떨어진 별일수록 더 심한 적색 편이를 보인다는 이 두 가지 현상을 보고서 우리가 항상 평온한 상태라고 생각해온 이 우주가 사실은 지금도 팽창하고 있다는 것을 간파하였다.

내가 바로 우주의 중심이다

허블의 주장을 예를 들어서 한번 쉽게 설명해보자. 이번에는 철수와 영이 그리고 그 친구들을 모두 등장시켜야 한다. 철수의 생일을 축하하기 위해 모인 이들은 무엇인가 재미있는 놀잇거리를 찾아 고민을 하고 있었다. 이때 철수가 마침 집 근처에 놀이동산이 새로 생겼다는 것을 떠올렸다. 그리고 거기에 다른 어느 곳에서도 볼 수 없는 색다른 놀이기구가 있다는 것을 광고를 통해 본 적이 있었기 때문에 친구들에게 이 놀이동산에 가자고 제안을 하였다. 때마침 친구들은 보드게임에 싫증을 느끼고 있던 터라서 흔쾌히 동의를 하고 놀이동산을 향하여 출발하였다. 놀이동산에 도착하여 새로 만들어졌다는 놀이기구로 들어가보니 커다란 에어 매트가 공터에 덩그러니 놓여져 있다. 이 에어 매트는 매우 신축성이 좋은 고무 재질로 되어 있어 수평 방향으로 한없이 부풀며 커질 수 있는 것처럼 보인다. 철수는 친구들과 함께 이 놀이기구 곳곳에 각자 자리를 잡고 앉았다. 철수와 그 친구들이 모두 자리를 잡고 나니 놀이기구의 안내원이 이제 조금 있으면 에어 매트에 공기 주입이 시작될 것이라고 설명했다. 친절한 안내원은 안전벨트가 단단히 고정되어 있는지 확인하라는 주의도 잊지 않았다. 조금 시간이 지나자 과연 에어 매트에 다량의 공기가 들어오면서 에어 매트가 조금씩 팽창하기 시작하고 있다. 그러면 어떤 일이 일어나게 될까? 철수가 바라보니 바로 옆자리에 앉아 있던 영이가 조금씩 멀어지는 것이 보인다. 그뿐만이 아니다. 그리고 영이 건너편에서 보다 더 멀리 앉아 있는 영이 친구는 더 빠른 속도로 멀어지는 것이 보인다. 분명 친구들이 모두 함께 앉아 있는 에어 매트가 팽창하는 속도는 어디에서나 같다. 하지만 각 친구들이 앉아 있는 사이의 공간 자체가 모두 같이 팽창하고 있기 때문에 철수로부터 멀리 떨어져 있으면 있을수록 그 팽창되는 길이가 모두 함께 더해지면서 더 빨리 철수로부터 멀어지고 있는 것이다. 즉, 팽창하고 있는 매트 위에 앉아 있는 철수의 관점에서 보면 주변의 모든 친구들이 본인으로부터 멀어지고 있으며 특히 멀리 떨어져 있는 친구들은 더 빠른 속도로 멀어지고 있다. 그러면 이번에는 영이가 바라보는 입장에서는 어떠할까? 에어 매트가 팽창하기 시작하면 영이가 볼 때도 마찬가지로 자신의 옆자리에 있던 철수가 멀어지고 있는 것으로 보인다. 또한 철수보다 더 멀리 떨어진 친구들은 철수가 본 것과 동일한 원리로 영이로부터 더 빠른 속도로 멀어지고 있다. 영이 또한 철수의 관점과 동일하게 모든 친구들이 자신으로부터 멀어지고 있으며 멀리 떨어져 있는 친구는 더 빠른 속도로 멀어지고 있다고 느끼게 되는 것이다. 그렇다! 이처럼 공간 자체가 팽창하는 상황에서는 철수와 영이뿐만 아니라 앉아 있는 모든 사람들이 같은 관점으로 자신은 정지해 있는데 주변의 모든 것들이 멀어지는 현상을 경험하게 되는 것이다. 그들은 모두 동시에 '내 주위의 모든 친구들이 나로부터 멀어지고 있으며 나로부터 먼 친구들은 더 빠른 속도로 멀어지는구나!'라고 느끼게 되는 것이다. 이처럼 팽창하고 있는 공간에서는 중심이라는 것이 없다. 철수가 보기에는 자신을 중심으로 모든 것이 팽창하기 때문에 자신이 마치 세상의 중심인 것처럼 느껴진다. 하지만 영이의 입장에서도 마찬가지로 그렇게 느끼고 있으며 이는 팽창하는 공간 위에 있는 모든 사람의 관점에서 완전히 동일하다. 즉, 이렇게 팽창하고 있는 매트에 있는 모든 사람들은 마치 자신이 이 세상의 중심이라고 느끼게 되는 것이다. 이와 마찬가지로 팽창하고 있는 우주 공간에서도 중심이라는 것은 없다. 온 우주에 존재하는 모든 별들이 바로 우주의 중심인 셈이다. 그러므로 어릴 때 내가 이 세상의 중심이라고 느꼈던 철없던 생각이 사실은 아주 터무니없는 것은 아니었던 셈이다. 다만 오직 나만이 이 세상의 중심이 아니며 우리 모두가 바로 이 세상의 중심이다. 그렇기 때문에 우리는 모두 평등하며 그렇게 모두가 존중받을 가치가 있는 것이다.

태양계 내 행성들 간의 거리가 멀어지지 않는 이유

허블이 발견한 것은 지구가 우주의 중심이기 때문에 나타나는 현상이 아니었다. 그가 발견한 것은 바로 이 온 우주가 팽창하고 있다는 것을 보여주는 결정적인 증거였던 것이다. 주의해야 할 것은 여기에서 팽창하고 있다는 것은 공간 자체가 팽창하고 있는 것이다. 이것은 분명 어떤 물질이 폭파하면서 사방으로 흩어지거나 끓고 있는 물에서 나오는 수증기가 팽창하는 것과는 완전히 다른 개념이다. 이러한 개념은 이미 존재하고 있는 공간에 물질이 흩어지는 과정일 뿐이다. 우주가 팽창한다는 것은 물질이 아닌 공간 자체가 팽창하고 있다는 것이다. 즉, 공간이 팽창한다고 해서 내 옆자리에 앉아 있는 철수의 얼굴이 점점 커진다거나, 한정된 땅을 가지고 있는 서울의 크기가 점점 커지는 일은 일어나지 않는다는 이야기이다. 다만 물질과 물질들 사이의 공간만 점점 벌어지게 되는 것이다. 혹시나 이러한 질문을 던지는 독자가 계실 수도 있다. 그렇다면 왜 지구와 달(사실 지구와 달은 매년 아주 조금씩 멀어지고 있긴 하지만 이것은 공간 팽창으로 일어나는 현상과는 거리가 멀다) 사이는 벌어지지 않는 것인가? 그리고 마찬가지 논리로 왜 태양과 지구, 그리고 각 행성들 사이의 거리는 멀어지지 않는가? 아주 좋은 질문이다. 분명 지금 이 순간도 공간은 팽창하고 있다. 하지만 태양이나 혹은 우리 은하의 인력권에 있는 모든 행성들은 서로의 중력에 묶여 있다. 그렇기 때문에 우주 팽창으로 인하여 서로 간의 거리가 멀어지지 않는 것이다. 만약 우리 행성들이 태양의 중력에 의한 영향을 받지 않고 우주 공간에 방치되어 있다면 팽창하는 우주에 의해 행성 간의 거리는 점점 멀어지게 될 것이다. 앞서 놀이동산에서 부풀어오르는 매트 놀이기구를 다시 생각해보자. 만약 여기에 타고 있던 친구들이 둥글게 앉은 채로 서로의 손을 꼭 잡고 있다면 어떻게 될까? 공기 주입으로 인하여 그들이 앉아 있는 에어 매트는 계속 팽창하겠지만 이전처럼 철수와 친구들과의 거리가 멀어지는 일은 일어나지 않는다. 이와 동일한 원리로 태양의 중력은 팽창하고 있는 우주 공간 속에서 태양계 내의 행성들을 붙들어 잡아주고 있는 것이다. 하지만 태양이나 혹은 우리 은하의 중력권에 전혀 영향을 받지 않는 아주 먼 천체들 사이의 거리는 지금도 매우 빠른 속도로 멀어지고 있다.

상대성 이론은 우주 팽창을 예견하고 있었다

허블의 이러한 발견이 발표되자 많은 사람들은 충격을 받았다. 인류 역사에서 최초로 시공간의 개념을 새롭게 다시 정립하며 전 우주에 적용되는 중력 방정식을 새롭게 만들어낸 아인슈타인조차 도 이 우주는 안정적인 정상상태(수축이나 팽창을 하지 않는)를 유지 하고 있을 것이라고 생각했다. 따라서 그도 처음에는 허블이 발견 한 이 결과를 받아들이지 않았다고 한다. 구부러지고 휘어지는 시 공간의 속성을 처음 발견한 아인슈타인조차도 이 우주의 공간 자 체가 그렇게 팽창하거나 수축하는 기이한 성질을 가지고 있다는 것은 이해할 수 없었던 것이다. 하지만 허블이 제공하는 지속적인 우주 팽창의 증거들은 너무나도 명확했다. 따라서 아인슈타인도 결국은 계속 발견되는 증거들로 인하여 우주가 팽창하고 있다는 사실을 인정하고야 만다. 그런데 흥미로운 것은, 아인슈타인의 상 대성 이론은 그것이 만들어질 때부터 이미 이 우주가 수축 혹은 팽창을 할 수 있다는 것을 예견하고 있었으며 아인슈타인도 어느 정도는 이러한 가능성을 알고 있었다. 왜냐하면 이 우주는 별이나 행성과 같은, 질량을 가진 물질들로 이루어져 있기 때문이다. 한번 생각을 해보자. 질량을 가지고 있는 물질은 주변의 시공간을 휘게 하여 중력이라는 힘을 발생시킨다. 그런데 우리가 알고 있듯이 중 력은 잡아당기는 힘, 즉 인력이다. 즉, 이 우주에는 오직 서로 잡아 당기는 인력만이 존재한다는 것을 의미하는 것이다. 인력만이 존 재하는 세상에서는 시간이 오래 걸리기는 하겠지만 결국에는 모든 물질이 중력에 의하여 수축되는 결과로 끝나게 되어버릴 수가 있 었다. 하지만 그조차도 밤하늘에서 그토록 안정적으로 보이는 저 우주 공간이 결국은 어떤 방식으로든 소멸될 수도 있는 운명이라 고는 생각하지 않은 것이다. 시공간의 개념을 새롭게 정리하고 중 력의 근원을 설명해낸 아인슈타인에게도 이 우주가 그런 이상한 방식으로 운영된다는 것이 도저히 믿기지 않는 일이었던 것이다. 그래서 그는 우주의 미래를 암울하게 만드는 이러한 오류를 해결하기 위하여 자신의 중력 방정식에 '우주 상수'라고 불리는 항을 임의로 추가하여 무엇인지 모르겠지만 척력을 만드는 어떤 요인이 중력과 평형을 이루면서 지금의 우주를 수축도 팽창도 아닌 평형 상태를 유지시켜주고 있다는 설명으로 이러한 불합리를 봉합했던 것이다. 아인슈타인이 나중에 허블이 발견한 우주 팽창을 결국은 인정하면서 '내가 중력 방정식에 우주 상수를 만들어 넣은 것은 내 인생 최대의 실수였다'라고 말한 것은 과학계에서 전해지는 유명한 일화이다.

논리만으로 우주 팽창을 예측하다

아인슈타인조차 안정적인 모습을 하고 있을 것이라고 생각했던 우주는 허블에 의하여 지금도 역동적으로 팽창하고 있는 존재라는 것이 발견되면서 아인슈타인은 결국 자신의 실수를 인정하고 그의 방정식에서 우주 상수를 제거하였다. 이것이 1929년에 일어난 일이다. 하지만 허블에 의해 우주가 팽창한다는 것이 직접 관찰되면서 과학적으로 검증이 되기 훨씬 전에 이를 이론만으로 먼저 예측한 사람이 있었다. 1922년 러시아의 물리학자 프리드만은 중력만이 존재하는 이 우주가 현재의 모습을 보여주고 있는 것은 우주 초기에 발생하였던 어떤 힘에 의하여 지금까지 팽창이 되고 있기 때문이라는 해석을 했다. 만약 이 세상에 중력으로 인한 인력만이 존재한다면 우리 태양과 저 멀리 떨어져 있는 별들은 어떻게 이렇게 먼 거리로 떨어져 있게 되었을까? 물질이 가지고 있는 인력만이 존재하는 세상에서 저 밤하늘에 빛나고 있는 별들은 도대체 어떤 과정을 거치면서 저렇게 넓은 공간으로 흩어지게 되었을까? 정말 어떤 신적인 존재가 거대한 공간을 한꺼번에 만들고 혹시나 모든 물질들이 서로의 인력에 의하여 하나로 뭉치는 것을 방지하기 위하여 곳곳에 별들을 흩뿌려놓기라도 했단 말인가? 이런 현재 우주의 기이한 모습을 설명하기 위해서 프리드만은 이러한 가정을 하였다. 인력만이 존재하고 있는 세상에서 우주가 창조되었을 때 무슨 이유에서인지는 모르지만 중력에 반하는 엄청난 척력이 만들어졌다. 즉, 우주는 원래 아주 작은 공간에서 폭발과 함께 창조되었으며, 이 우주 탄생 초기에 만들어진 폭발에 의한 척력이 물질의 중력을 극복하고 계속 팽창하면서 지금의 우주에 이르게 되었을 것이라는 아주 참신한 주장을 한 것이다. 따라서 그는 우주 탄생 초기에 만들어졌던 이 척력의 힘이 혹시라도 소멸이 되는 시점에는 우주가 팽창을 멈추고 다시 수축을 하게 될 수도 있을 것이라고 주장하였다. 즉, 프리드만은 아인슈타인이 제시한 평화롭고 안정적인 우주 세계관을 거부하고 팽창과 수축을 하는 역동적인 우주관을 제시한 것이다.

우리는 우주 팽창의 증거를 최초로 발견한 사람으로 허블을 기억하고 있지만 사실 이 우주가 팽창을 하고 있을 것이라고 논리만을 가지고 이론적으로 먼저 예견한 사람은 그보다 훨씬 전에 존재하고 있었다. 이러한 선지자들에 의해 영감을 받아서 허블도 결국은 우주 팽창의 증거를 발견해낼 수 있게 되었다고 봐야 할 것이다. 심호흡을 한번 하고 한적한 공원에 가서 찬찬히 주변을 한번 둘러보자. 놀이터에서 시소를 타며 즐겁게 뛰어놀고 있는 아이들, 벤치에 앉아 다정하게 이야기를 나누고 있는 연인들과 그 뒤로 푸른 빛을 한껏 과시하며 아름답게 펼쳐져 있는 잔디밭, 오늘따라 밝게 보이는 저 달과 유난히 반짝임을 더하는 하늘 위에 떠 있는 별들…. 어디를 둘러보더라도 내 주변의 공간은 평온하고 고요한 상태를 유지하고 있는 것처럼 보인다. 내 주변의 이러한 모습들은 과거도 그래왔고 앞으로도 영원히 이러한 상태를 유지할 것만 같은 것이 일반적인 생각일 것이다. 그런데 프리드만은 아인슈타인의 일반 상대성 이론을 통하여 물질만이 존재하는 이 우주 공간에서 영향을 줄 수 있는 힘은 오직 인력뿐이라고 생각했다. 만약 이 세상이 정말로 인력뿐이라면 시간이 얼마나 걸릴지는 모르겠지만 이 세상은 결국은 한 점으로 모두 수축이 되는 상황이 발생할 수도 있음을 의미하는 것이다. 아인슈타인은 이런 파국을 막기 위하여 척력을 의미하는 우주 상수를 임의로 추가하였지만 그의 생각은 달랐다. 그는 만약 우주 탄생 초기에 엄청난 척력이 발생하여 지금의 우주에도 영향을 미치고 있다면 우주 상수를 구태여 임의로 추가하지 않고도 우주의 원리를 설명할 수 있다고 생각한 것이다. 반복되는 이야기지만 이 세상이 운영되는 기본 원리는 매우 단순하면서도 명료하다. 무엇인가 부차적인 설명을 달아서 수정이 필요하다면 우리는 아직 그 기본 원리의 근원까지는 도달을 못 했다고 보는 것이 맞다. 아인슈타인은 중력의 근원에 대하여 가장 단순한 원리를 발견해내었다. 하지만 그는 일반 상대성 이론 속에 숨겨져 있던 우주 팽창의 속성을 직접 간파해내지는 못한 채 인력만이 존재하는 세상이 수축으로 붕괴되는 현상을 막기 위하여 가상의 우주상수라는 것을 만들며 부차적인 설명을 한 것이다. 하지만 프리드만은 이런 인위적인 설명을 거부하였다. 그리고 지금의 이 우주가 처음으로 만들어질 당시에 어떤 이유로 척력이 만들어졌으며 그 척력이 지금도 작용하며 우주가 팽창하고 있다고 생각한 것이다. 대단한 천재였던 아인슈타인조차도 인간이기에 이런 실수를 할 때도 있다. 하지만 이러한 의문점들이 논의되는 과정에서 쌓이는 연구들이 결국은 후대의 프리드만으로 하여금 우주 탄생의 기원을 설명하는 원리를 찾아내는 영감을 불러일으키게 한 것이다. 이것이 인류가 발전해오고 있는 근원의 힘이며 진리로의 여정을 향해 나아가는 우리들이 잊지 말아야 할 자세이다.

자연의 숨겨진 속성을 알고 바라보면 다르게 보이는 세상

프리드만의 주장은 현재 우주 탄생 이론의 근간인 빅뱅 이론의 시조가 되므로 그의 주장을 조금만 더 자세하게 살펴보도록 하자. 이해를 돕기 위하여 철수와 영이를 잠시만 불러보자. 모두가 알고 있듯이 철수와 영이가 살고 있는 지구에는 중력이라는 인력만이 존재한다. 철수와 영이 사이에는 높은 담장이 있다. 이때 철수가 하늘을 향해 야구공을 높이 던졌다고 생각해보자. 담장 너머에 있던 영이는 철수를 보지 못한 상태이다. 영이가 본 것은 단지 하늘로 거슬러 올라가고 있는 야구공이다. 그렇다면 영이는 이 공에 대하여 어떤 생각을 가지게 될까? 영이가 관찰했을 당시에 야구공은 분명 공간에 떠 있다. 그렇다고 해서 이 공이 처음부터 그 공간에 그렇게 떠 있었을까? 공간에 떠 있는 저 야구공은 초기에 어떤 이유로 저렇게 떠 있게 되었을까? 그리고 앞으로는 어떻게 될 것인가? 영이가 중력에 대하여 공부를 하지 않았다고 하더라도 경험만으로도 지구에는 항상 인력만이 작용되고 있다는 것을 잘 알고 있다. 따라서 영이는 잠깐 놀라기는 하겠지만 이내 저 야구공은 저절로 중력을 거스르며 하늘을 올라가고 있는 것이 아니라 담장 너머에 누군가가 있어서 공을 하늘로 던진 초기의 힘이 존재하였기 때문에 야구공이 하늘로 올라가고 있다고 자연스럽게 생각할 것이다. 또한 야구공에 가해진 초기 힘이 다하는 순간 다시 땅으로 떨어질 것이라는 야구공의 미래까지도 어렵지 않게 예측할 수 있다 (물론 철수가 로켓 발사 장치를 사용하여 야구공을 우주 밖으로 던져버릴 수도 있지만 지금은 이런 예외적인 경우는 아니라고 해보자. 야구공을 우주 밖으로 던져버릴 만한 근사한 발사 장치를 가지고 있는 사람이 지구상에 얼마나 되겠는가?). 그러면 영이가 하늘에 떠 있는 야구공을 처음 관찰했던 바로 그때의 야구공을 우리 우주라고 생각해보자. 영이는 지금 지구에 인력만이 존재한다는 사실을 통해서 지금 공중에서 안정적인 상태를 유지하고 있는 것 같은 저 우주가 사실은 초기에 어떤 힘에 의해 던져진 것이며 어느 정도 시간이 지나면 다시 땅으로 떨어질 것이라는 미래까지도 쉽게 알 수 있는 것이다. 지금 영이는 지구에 인력만이 존재한다는 사실 하나만으로 우주의 초기와 미래를 예측해냈다! 차이가 있다면 영이는 별다른 노력 없이도 단지 경험만으로 이러한 예측을 할 수 있었지만 한 번도 경험해보지 못한 진리로의 여정을 가고 있는 선지자들은 이러한 다양한 현상들을 분석하여 일반화시키는 과정을 통하여 자연에 숨겨진 속성을 찾아내며 이러한 예측을 하고 있는 것이다. 이것이 진리로의 여정에서 우리가 얻게 되는 보상이다. 앞서 영이의 사례를 살펴보면 자연의 숨겨진 속성들을 알고서 세상을 바라보게 되면 같은 것을 바라보더라도 그곳에서 느껴지는 세계관의 차이가 얼마나 큰지 조금이나마 이해할 수 있을 것이다.

출처: ESA/Hubble

M42라는 이름으로도 알려진 오리온 성운. 허블 우주 망원경으로 가시광선을 통해 촬영
된 사진이다. 약 1,300광년 떨어져 있는 오리온 성운은 우리와 가장 가까운 별 형성 지역
중의 하나로 잘 알려져 있다. 오리온 성운의 별들은 육안으로도 충분히 보일 정도로 가까
이 있어 가장 많이 연구되고 있는 성운 중의 하나이다. 별들에서 방출되는 강력한 자외선
이 주변의 가스들을 이온화시키면서 성운 주변을 다양한 색깔로 아름답게 물들이고 있다.

❷
우리의 우주는 어떻게 태어나게 되었을까?

우리는 앞서 철수에 의해 던져진 야구공을 통하여 대략적으로 우주가 어떻게 만들어졌는지와 앞으로의 운명에 대해서 대충 감을 잡을 수 있었다. 그러면 이와 동일한 원리로 우리의 우주는 어떻게 태어나게 되었는지 본격적으로 알아가보도록 하자. 이 세상에 물질에 의한 인력만이 존재한다면 현재 이렇게 넓은 공간에 산산이 흩어져 있는 별들의 존재에 대하여 오히려 설명하기가 어렵다. 따라서 우주의 과거에는 무엇인가 별들을 흩어지게 만드는 척력이 존재했을 것이며, 이러한 척력으로 인하여 우주는 점점 팽창되었을 것이다. 따라서 과거의 우주는 지금보다는 작았을 것이다. 이런 생각을 가지고 상상하며 우주의 초기로 거슬러 올라가다 보면 우리는 이내 하나의 아주 작은 공간에 응축되어 있는 아주 작은 우주와 만나게 된다. 우주가 탄생하던 시점의 초기 우주는 아주 작은 공간에 응축되어 있었고 어떤 이유에서인지는 모르겠지만 엄청난 폭발이 있었고 이때 거대한 양의 척력이 만들어졌다. 그리고 과거 우주가 태어나는 시점에 만들어진 이러한 척력에 의하여 지금 이 순간도 우주는 팽창을 하고 있다는 것이다. 아인슈타인의 중력 방정식에서 출발한 프리드만의 이 가설은 우주가 아주 작은 공간에서 폭발하여 큰 우주로 팽창해나갔다는 빅뱅 우주론의 서막을 알리는 계기가 된다. 프리드만의 이러한 가설은 상당히 흥미롭고 설득력이 있었지만 객관적인 증거가 없었기 때문에 한동안 단지 변두리 이론으로서 조용히 잠들어 있었다. 그러다가 허블이 우주가 팽창하고 있다는 관측 결과를 세상에 알리고 난 이후 본격적인 관심을 받기 시작하였다. 허블이 지금의 우주가 팽창한다는 사실을 발표하고 그 증거들을 확인했을 때 세계는 우주가 가지고 있는 기이한 성질과 그 광대함에 경의를 표하고 있었다. 그런데 우주가 지금도 팽창을 하고 있다면 과거에는 지금보다 우주가 작았을 것이고 시간을 계속 거슬러 올라가다 보면 결국 우주는 한 점으로 귀결되어야 하는 기이한 현실에 직면하게 된 것이다. 허블의 우주 팽창 발견 이후 이러한 방식으로 우주의 탄생을 연구하는 학자들이 본격적으로 등장하며 우주 탄생의 신비를 밝히기 위한 본격적인 여정이 시작되었다.

쌀알보다도 작은 공간에서 시작된 우주

이러한 연구의 선두주자는 러시아 출신의 미국 물리학자 가모프였다. 그는 인류 최초로 팽창 우주론을 주장하였던 프리드만의 제자이기도 하였다. 가모프는 1948년 그의 스승 프리드만의 팽창 우주론을 발전시켜 우리의 우주가 쌀알보다도 훨씬 작은 점에서 큰 폭발을 하며 지금에 이르게 되었다는 논문을 발표하였다. 그의 주장은 이러하다. 앞서 언급했던 것처럼 지금의 우주가 팽창하고 있다면 시간을 계속 거슬러 올라간 과거에는 매우 작은 크기였을 것이다. 그렇게 매우 작은 크기에서 지금의 우주로 발전이 이루어졌다면 과거의 초기 우주는 지금보다도 훨씬 작은 공간에 모든 것이 밀집되어 있었기 때문에 매우 높은 온도와 밀도를 가지고 있었을 것이라고 생각했다. 추운 겨울에 거대한 실내 체육관에 10명이 있다고 생각해보자. 차갑게 식은 거대한 공간 안에서 10명의 사람들은 추위에 떨며 여기저기를 헤매고 다닐 것이다. 그런데 이들을 5평짜리 단칸방에 모두 집어넣어보자. 인구밀도가 갑자기 높아지면서 그 작은 방 안은 따로 난방을 하지 않아도 후끈거리는 열기로 가득해질 것이다. 이와 동일한 원리로 지금보다 훨씬 작았던 초기의 우주는 그 크기가 작아질수록 더욱 뜨거운 열기와 물질들의 밀도로 사정없이 요동치고 있었을 것이다. 앞서 10명의 사람들을 점점 더 작은 방 안에 넣는다고 상상해보라. 어떤 일이 벌어지겠는가? 혼돈과 아비규환의 상황이 벌어질 것이다. 따라서 좁쌀보다도 작은 공간에 지금의 온 우주에 존재하는 모든 물질들이 서로 뭉치고 엉겨붙어 있다고 생각해보자. 그곳은 실로 상상하기 힘들 정도의 열기와 입자들 간의 충돌로 엄청난 혼돈이 벌어지는 세상이었을 것이다. 그러던 초기 우주가 폭발하는 힘에 의하여 우주 공간은 조금씩 팽창하기 시작하였고 따라서 팽창하는 공간과 함께 우주의 온도도 조금씩 식어가기 시작하였다. 이 과정에서 높은 온도로 인하여 서로 극렬하게 요동치며 충돌을 거듭하던 원자핵과 전자가 점차 떨어지는 온도로 인하여 서로 결합하는 사건이 일어난다. 이렇게 전자가 원자핵과 결합되면서 우주 공간의 사방에서 요동치던 입자들의 숫자가 기하급수로 줄어들게 되었다. 가모프는 이때 비로소 빛의 입자인 광자가 물질과 혼재되었던 상태에서 해방되어 처음으로 우주 공간으로 나올 수 있게 되었다고 주장하였다. 이것이 바로 우리가 알고 있는, 빛이 세상 밖으로 나오게 되는 순간이었다. 이렇게 빛이 처음으로 물질로부터 분리되던 시기에도 우주는 아직 매우 작은 상태였으며 따라서 빛이 가진 에너지(온도)도 엄청나게 큰 상태였다. 그리고 우주가 지금까지 지속적으로 팽창을 했다면 이때 방출되었던 엄청난 열과 에너지가 이 우주 전체에 걸쳐서 지금도 고르게 남아 있을 것이라고 예언하였다. 하지만 가모프의 이 논문이 발표되었을 때 대부분의 학자들은 이를 공상과학 소설 정도로 치부해버렸다. 이 우주 만물이 좁쌀보다도 작은 점에서 모두 시작되었다니…. 아무리 우주가 신비로운 비밀을 가지고 있는 존재라고 해도 그것은 너무나 괴이하게 보였기 때문이다. 현재는 거의 정설로 받아들여지고 있는 우주 탄생 이론인 '빅뱅 이론'의 명칭은 아이러니하게도 이러한 가모프의 우주 탄생 이론을 비판하며 냉소적으로 비꼬던 한 과학자의 입에서 나온 말이었다. 1949년 정상 우주론의 대표 주자였던 영국의 유명 천문학자 프레드 호일은 가모프가 주장한 이러한 방식의 우주론에 대하여 매우 비판적이었다. 프레드 호일은 당시에 하나의 라디오 프로그램을 진행하고 있었는데, 가모프에게 라디오 방송에 나와서 그가 주장하고 있는 기이한 우주 팽창론에 대하여 자신과 토론을 해보자고 제안을 하였다. 하지만 무슨 이유에서인지 가모프는 토론에 응하지 않았고 당시 언변이 매우 좋았다고 알려진 프레드 호일은 혼자서 가모프의 대폭발 이론을 비꼬며 이렇게 이야기했다. "우리가 살고 있는 이 우주가 어느 날 갑자기 꽝(bang) 하며 탄생하기라도 했다는 말인가?" 하면서 이를 'Big Bang'라고 비꼬며 조롱을 했다. 보통 총이나 대포 등을 쏠 때 나오는 소리를 영어로 'bang'이라고 표현을 하는데 우주도 폭발을 통해서 만들어졌다고 주장을 하니 거기에 'big'이라는 단어를 붙여서 이를 희화화한 것이었다. 'Big Bang'이라는 용어는 그렇게 만들어진 후 약 15년이 넘는 시간 동안 모든 사람들의 무관심 속에서 조용히 잠들어 있었다. 그러다가 잠들어 있던 이 빅뱅 이론을 다시 과학계에 화제의 중심으로 떠오르게 하는 일대 사건이 발생하게 된다. 앞서 가모프는 1948년 빅뱅 이론을 발표하면서 빅뱅 초기에 자유로워지며 처음으로 방출되었던 빛과 에너지의 흔적이 마치 화석처럼 우주 전체에 고르게 퍼져 있을 것이라고 예견했었다. 그런데 1965년 가모프가 대폭발 이론을 주장하면서 이론으로 예견하였던, 빅뱅 초기 방출되었을 것이라는 빛과 에너지의 흔적인 우주배경복사가 아주 우연히 발견되는 역사적인 사건이 발생한 것이다. 한 통찰력을 가진 과학자에 의하여 이론적으로 존재가 예상된 우주배경복사가 실제로 발견됨으로써 Big Bang 이론은 단번에 우주 탄생의 주류로 자리 잡게 되었으며 우주배경복사를 발견한 이들은 그 공로로 노벨상을 수상하게 되었다(우주배경복사는 뒤에서 더 자세하게 논의할 것이다). 가모프가 발표한 빅뱅 이론은 시간을 거치면서 정교한 관측 및 연구 결과를 바탕으로 더욱 체계화되었으며, 보다 더 수많은 증거들로 보강이 되면서 이제는 더 이상 이론만이 아닌 실제 우주의 탄생을 설명해주는 사실로 받아들여지고 있다. 그러면 우주는 어떤 방식으로 태어났을까? 그에 대한 해답을 우리는 천천히 알아가게 될 것이다. 이것은 결국에는 우리 인류가 초기부터 아주 오랜 시간 동안 스스로에게 물어왔던, 우리는 언제 어디로부터 왔는지를 알아 가는 여정이기도 하다.

우리는 어디로부터 왔을까

우리는 어디로부터 왔을까? 이 질문은 인류가 생각을 하고 자신을 뒤돌아볼 수 있는 여유가 생기면서부터 가지게 된, 가장 오래된 질문 중의 하나였다. 인류는 오랜 시간 동안 이 질문에 대한 답을 다양한 방식으로 나름대로의 논리를 가지고 제시해왔지만 대부분은 과학적 근거보다는 자신의 종교, 인종, 국가, 경험이라는 철학적 한계를 뛰어넘지 못하고 있었다. 지금 존재하고 있는 나와 저 하늘의 태양과 달, 그리고 별들은 도대체 어떻게 만들어졌으며 어디로부터 출발했을까? 과학기술이 발달하면서 알려지고 있는 놀라운 자연의 질서들은 도대체 어떤 방식으로 시작되었으며 또 앞으로 어떤 미래를 보여줄 것인가? 20세기 이후 급속한 과학기술의 발달로 인하여 호모사피엔스가 출현한 지 불과 20만 년 만에 드디어 이런 근원적인 질문들에 대한 해답이 단순한 철학을 넘어서 과학적 근거를 가지고 도출되고 있다. 물론 우리는 아직까지 이에 대한 해답을 완전히 찾지는 못하였다. 하지만 지금까지 인류가 찾아낸 우주의 기원에 대한 실마리는 머지 않은 미래에 우리에게 완전한 해답을 가져다줄 수 있을 것으로 기대된다. 이것은 선대로부터 후대로 이어지는 지식의 계승을 통한 집단 지성이 있었기에 가능했던 일이다. 이제 우리의 시작이 어떠했는지를 이야기하는 과정은, 우리가 앞서 이야기해왔던 진실을 알아가기 위한 여정을 다시 한 번 회상해보는 과정이 될 것이다. 우리는 이미 지금까지의 여정을 거치면서 우리가 어떻게 시작되었는지에 대한 이해를 하기 위한 설명서를 읽고 준비를 끝마친 셈이다. 그러면 이제부터 우리의 시작이 어떠했는지에 대하여 차근차근 알아보도록 하자.

에너지로 충만한 상태로부터
어느 순간 갑자기 만들어진 물질

허블에 의해 지금 현재에도 우주가 팽창하고 있다는 것이 발견된 이후 일부 학자들은 자연스럽게 우리의 우주는 오래전에는 지금보다는 훨씬 작았을 것이라고 생각을 하기 시작하였다. 지구를 잠시 벗어나서 우리가 우주 공간에 있다고 상상을 해보자. 우리는 그곳이 매우 차갑고 추운 곳이라는 것을 알고 있다. 실제로 태양의 온기가 전달되지 않는다는 전제하에서 현재 우주의 온도는 약 2.7K(영하 섭씨 270.3도)에 이를 정도로 매우 추운 공간이다. 초기 우주의 시공간이 팽창하면서 지금의 온도에 이를 정도로 냉각이 되었다면 작은 공간에 응축되어 있던 초기 우주는 상상하기 힘들 정도로 매우 뜨거웠을 것이다. 사실 직관적으로 생각한다고 하더라도 크게 거부감 없이 받아들일 수 있는 이것이 바로 빅뱅 우주론의 출발점이었다. 즉, 우리 우주는 상상하기도 힘든 아주 작은 특이점에서 높은 에너지(높은 온도)를 가진 상태였으며 급팽창을 하는 대폭발을 거쳐 지금의 우주에 이르렀다는 것이다. 우주가 탄생하기 직전까지 이 세상은 물질과 공간조차 존재하지 않고 단지 에너지로 충만한 상태였다. 물질은 질량을 가지고 있다. 질량을 가지고 있으면 공간을 점유하고 있었을 것이다. 그런데 우주가 만들어지기 전에는 물질조차 없었다. 그러므로 그 시대에는 공간도 존재하지 않았으며 공간이 존재하지 않는다는 것은 바로 시간조차 존재하지 않는 것을 의미한다(시간과 공간은 서로 분리될 수 없는 하나의 개념임을 상기하자). 즉 시공간이 없는 상태에서 오직 에너지만이 고도로 밀집되어 있는, 상상하기 힘든 뜨거운 세상이었던 것이다. 도대체 이런 상태가 어떤 것이냐고? 시간이 존재하지 않는 세상에서는 생각이라는 것조차 할 수 없다. 생각조차 할 수 없는 세상에서는 무엇이 존재한다는 것 또한 의미가 없다. 그러므로 시공간이 존재하지 않는 세상을 시공간이라는 세상 안에서 살아가고 있는 우리가 상상하거나 묘사하는 것은 불가능하다. 그것은 인간의 영역을 뛰어넘는 것이다. 우리가 할 수 있는 것은 그냥 자신만의 방법으로 빅뱅 이전의 세상을 상상하는 수밖에 없다. 여기에서도 여전히 여러분이 상상하는 그것이 모두 정답이 될 수 있다.

에너지로부터 물질이 만들어지는 순간
공간과 시간도 창조되었다

이렇게 엄청난 고온의 에너지 상태에서 어떤 계기로 인하여 일시에 시공간이 만들어지게 되었다. 사실 여기에 현대 과학이 아직까지 풀지 못하는 큰 비밀이 숨어 있다. 도대체 아무것도 없던, 에너지로만 충만했던 세상에서 도대체 무슨 변화가 발생하였기에 충만했던 에너지가 물질로 변환이 되는 격변이 일어났던 것일까? 혹시 충만한 에너지가 어떤 임계점에 도달하게 되면 그곳으로부터 물질이 터지듯이 생성되며 나오는 것일까? 그렇다면 에너지를 그 임계점까지 도달하게 만든 것은 무엇일까? 어떤 학자들은 에너지로부터 물질이 전환되는 사건을 양자역학적 관점에서 벌어질 수 있는 수많은 경우의 수 중의 하나로 설명하기도 한다. 아무튼 우리가 아직까지 정확한 이유는 알 수 없지만 에너지로부터 물질이 최초로 만들어지기 시작하였으며 물질이 만들어졌다는 것은 바로 질량이 만들어진 것이고 또한 질량이 머무를 수 있는 공간 또한 같이 만들어진 것을 의미한다. 그리고 공간이 만들어지는 것과 동시에 바로 기존에는 없었던 시간이라는 개념도 만들어지게 되었다. 바로 이 순간이 지금의 우리가 알고 있는 물질과 공간 그리고 시간이 만들어지던 시점인 것이다. 그렇다. 바로 지금 이 순간이다. 비로소 이 순간부터 이 우주의 역사가 시작되었다. 이렇게 시작된 공간은 이제 막 태어난 아기와 같이 아주 작고 초라한 크기를 가지고 있었다. 상상을 한번 해보라! 지금 존재하는 이 모든 우주가 지금 당신의 손바닥 위에 놓인 좁쌀보다도 더 작은 공간에 모두 들어 있었다. 이렇게 작은 공간에서부터 우주의 역사가 시작되었다. 그리고 그에 따라 우주의 시계도 이때부터 처음으로 움직이기 시작하며 시간의 역사도 같이 시작되었다. 빅뱅 직후의 초기 우주는 지금보다도 훨씬 더 급격한 속도로 팽창했을 것으로 여겨진다. 공간이 변하면 시간도 변하는 시공간의 특성을 고려해본다면 이러한 팽창 속도를 가진 초기 우주에서는 물리적인 시간의 속도도 지금과는 달랐다고 생각하는 것이 옳을 것이다. 우주의 역사 전체를 놓고 보면 우주는 팽창이라는 방향성을 유지한 채 조금씩 그 팽창 속도는 바뀌어왔다. 그렇다면 거시적으로 물리적인 시간의 빠르기도 우주의 진화와 함께 변하고 있다고 봐야 하지 않을까? 이렇게 우리가 이 책의 전반부에서 탐구하였던 아인슈타인의 시공간 개념은 우주의 역사를 알아가는 첫 과정부터 다양한 화젯거리와 재미를 선사해준다. 우주의 시작과 함께 에너지로부터 물질이 만들어졌고 그곳에서 시공간도 동시에 창조되었다. 그러므로 물질의 속성은 그렇게 에너지를 닮아 있는 것이다. 그렇기 때문에 지금까지도 이 세상에 존재하는 모든 물질이 여전히 에너지의 속성을 품은 채 서로 연결이 되어 있다. 따라서 이런 방식으로 만들어진 물질은 다시 그 원류였던 에너지로도 변환이 될 수 있는 것이다. 이렇게 우리 주변의 모든 물질들은 $E=mc^2$이라는 방정식으로 에너지와 물질과의 관계를 적나라하게 보여주고 있다. 또한 이때 동시에 만들어진 공간과 시간은 시공간의 통합된 개념으로 서로 영향을 주고받으며 빛과 물질과 함께 오랜 시간 동안 자신들의 비밀을 간직하고 있었던 것이다.

빅뱅과 함께 물질과 시공간이 만들어졌고
블랙홀과 함께 물질과 시공간이 소멸된다

우리는 지금까지 우주가 탄생하던 바로 그 순간을 자세하게 살펴보았다. 에너지가 물질로 전환되는 순간 시간과 공간 또한 동시에 창조되었다. 이것은 다른 측면에서 보면 시간과 공간이 만들어졌기 때문에 물질이 창조되었다고도 이야기할 수 있을 것이다. 이때 처음 만들어진 공간은 좁쌀보다도 아주 작았으나 폭발적인 급팽창을 하게 되는데 공간이 급팽창을 하게 된다면 이에 따라서 시간이 흘러가는 속도가 매우 빨라지게 된다. 따라서 만일 우주가 급팽창하는 순간에 철수가 있었다면 그는 마치 영화의 재생 속도를 매우 빠르게 돌린 것처럼 정신없이 움직이는 것처럼 보이며 순식간에 늙어가게 될 것이다. 공간이 팽창을 하게 되면 시간이 빠르게 흘러가기 때문이다(다만 이때에도 철수 본인이 느끼는 시간의 빠르기는 변함이 없다). 우리는 앞서 이와 정확히 반대되는 현상을 보여주는 천체가 이 우주 공간의 도처에 존재하고 있다는 것을 확인하였다. 바로 블랙홀이다. 거대한 중력에 의하여 중심의 시공간이 허물어지면서 결국은 한 점으로 수축되어버린 이 천체의 중심부로 갈수록 시공간은 수축이 되며 따라서 시간은 천천히 흐르게 된다. 이때 만약 철수가 블랙홀 근처에 있다면 그의 행동은 괴이할 정도로 느려진 것처럼 보이며 그의 모습은 수축된 공간을 따라서 엿가락처럼 길게 늘어진 것으로 보일 것이다. 즉, 블랙홀 주변에서 일어나는 것과 정반대의 현상이 우주 탄생 초기에 있었던 것이다. 필자는 이렇게 빅뱅과 블랙홀이 보여주는 상보 관계의 자연의 이치를 생각하고 있노라면 정말 감탄을 금할 길이 없다. 주변을 한번 둘러보자. 음이 있으면 양이 있고 덧셈이 있으면 뺄셈이 있다. 선이 있으면 악이 있고 기쁨이 있으면 슬픔도 있다. 이 세상이 이렇게 완벽한 조화로운 구도를 만들며 이루어져 있다는 것이 놀랍지 아니한가? 또한 필자는 태초에 이렇게 만들어진 물질이 시공간과 함께 처음으로 만들어지는 빅뱅의 순간과, 물질이 시공간과 함께 축소되며 다시 저 머나먼 심연으로 사라지는 블랙홀과의 놀라운 관계를 상상하다 보면 결국은 빅뱅과 블랙홀의 관계가 우리가 상상하는 것 이상으로 더 밀접하게 연관이 되어 있을지도 모른다는 결론에 다다르게 된다. 빅뱅과 함께 창조된 물질과 시공간은 여러 형태로 순환을 거듭하다가 블랙홀을 통하여 결국은 다시 소멸한다. 그렇다면 블랙홀의 저 깊은 심연 속에서는 또 다른 우주가 만들어지고 있는 것은 아닐까? 이러한 세계관을 가지고 지속적인 사고 실험을 하다 보면 우주라는 존재 또한 홀연히 나타났다가 죽음을 맞이하면서 영겁의 굴레를 돌고 있는 우리의 역사와도 닮아 있다는 느낌이 들 때가 있다. 저 드넓은 우주 공간을 한번 상상해보자. 이 우주에는 셀 수 없이 많은 블랙홀이 존재하고 그 심연 속에서는 지금도 어디에서인가 또 다른 우주가 탄생의 기회를 엿보고 있을지 모른다. 그리고 그렇게 만들어진 우주 속에서도 이러한 탄생과 소멸의 질서는 반복되고 있을지 모른다.

모든 물질은 단 1초 만에 만들어졌다

우주가 빅뱅과 함께 만들어지면서 에너지로부터 물질로 처음 만들어진 것이 바로 이 세상에서 존재하는 원소 중 가장 작고 가벼운 수소이다. 흥미로운 것은 현재 온 세상에 존재하는 모든 수소가 빅뱅 이후 불과 1초 만에 만들어졌다는 것이다. 이러한 변화가 단지 1초 만에 우주 전 지역에서 가능했다는 것은 그만큼 온 우주의 크기가 작기 때문에 가능한 일이었을 것이다. 우주의 크기가 그만큼 작았기 때문에 전 우주 공간의 온도가 비교적 균일하였고 온도의 변화 또한 전 우주에 걸쳐서 거의 동시에 일어날 수 있었을 것이다. 이렇게 순식간에 에너지로부터 물질로 전환된 수소는 이후 여전히 높은 우주 공간의 온도로 인하여 더 무거운 헬륨으로 융합을 하게 된다. 빅뱅 초기에는 당연히 별이 존재하지 않았지만 여전히 아주 작은 크기로 인하여 별의 중심부보다도 오히려 훨씬 높은 온도가 유지되고 있는 상황이었다. 따라서 요동치는 수소 원자들이 융합을 통하여 헬륨으로 조금씩 변화되기 시작할 수 있었다. 이렇게 수소가 서로 합쳐지면서 두 번째로 작은 원소인 헬륨이 만들어지기 시작한다. 사실 이야기하기는 쉽지만 현실에서 이렇게 서로 다른 수소 원자가 융합되는 것은 상당히 높은 에너지를 필요로 한다. 연구에 따르면 이때 우주의 온도는 최소 약 1억 도에 달했을 것이라고 한다. 그만큼 우주는 엄청난 에너지로 가득 찬 세상이었기 때문에 별이라는 거대한 물질의 덩어리가 없이도 이러한 일이 가능했던 것이다. 그 이후 3분 정도 지나게 되면 지속적으로 팽창하는 시공간으로 인하여 우주의 온도가 급속히 떨어지게 되면서 더 이상 수소로부터 헬륨으로의 융합 과정은 일어나지 않게 된다. 우주는 이러한 온도의 변화가 한꺼번에 전 지역에 거의 동시에 영향을 미칠 만큼 아직도 충분히 작은 크기였으며 그래서 우주 전 지역에 분포하는 물질의 밀도도 상당히 균일한 편이었다.

우리는 앞서 현재 우주에 존재하는 모든 물질은 수소의 다른 모습이라는 것을 알게 되었다. 즉, 수소를 뭉치고 뭉치면서 점점 더 무서운 원소들을 만들 수 있는 것이다. 지금 이야기하려는 것은 이 세상에 존재하는 모든 물질의 씨앗은 빅뱅 이후 단 3분 만에 모두 만들어진 것이라는 점이다. 우주 138억 년의 역사에서 지금까지 존재하고 있는 모든 물질이 만들어진 시간은 빅뱅으로부터 단 3분에 불과하다. 하지만 더 엄격히 이야기하면 현재 이 지구상에 만들어진 모든 물질은 빅뱅 직후 단 1초 만에 모두 만들어졌다. 그 이후 만들어진 헬륨은 아직까지 충분히 뜨거운 우주 공간으로 인하여 빅뱅 초기 1초 만에 만들어진 수소들이 서로 융합된 것이다. 초기 우주가 약 3분이라는 시간 동안 헬륨이라는 물질까지 만들어냈지만 사실 이것은 기존에 만들어진 수소들을 융합하는 시간에 불과한 것이며, 이 세상의 모든 물질은 빅뱅 이후 단 1초 만에 모두 만들어진 것이다. 그리고 현재 우리 주변에 존재하는 엄청나게 다양한 물질들은 이때 만들어진 물질들이 서로의 인력에 의하여 뭉치고 뭉쳐 별을 만들고 그렇게 만들어진 별들의 중심에서 이보다 더 무거운 물질로의 융합을 거치면서 만들어졌다. 지금 우리 지구와 우주, 그리고 내 몸을 이루고 있는 물질의 역사는 이렇게 시작된 것이다.

빅뱅 순간에 만들어진 물질의 질서

지금까지의 이야기를 혹시라도 처음 들어보신 분이라면 이 거대한 우주가 쌀알보다도 작은 점에서 팽창을 하며 성장해왔다는, 황당하기까지 한 이러한 이야기들이 믿기지 않을 수도 있다. 당연한 반응이다. 빅뱅 이론이 처음 나왔을 당시에 저명한 학자들 사이에서도 이것을 흥미로운 소설 정도로 치부해버린 사람들이 많았을 정도이다. 하지만 빅뱅 이론이 현시대에 우주의 기원에 대한 정설로 받아들여지면서 관련 분야에서 한두 번도 아니고 여러 번 노벨상이 지속적으로 계속 나오고 있는 것은 과학의 발전에 의하여 관측 기술이 발달될수록 너무나도 많은 명확한 증거들이 이를 명확하게 지지해주고 있기 때문이다. 지금부터 우리는 이러한 증거들을 몇 가지 알아가볼 것이다. 먼저 프리드만의 연구를 이어받아 본격적으로 빅뱅 이론을 주장한 가모프의 이야기를 잠시 들어보자. 가모프는 위에서 설명한 빅뱅의 과정을 통해서 태어난 이후 팽창해가는 우주의 크기와 온도를 예측하여 빅뱅 이후 약 3분 동안은 우주가 가지고 있던 높은 온도로 인하여 수소로부터 헬륨으로의 핵융합이 가능하였을 것이라고 주장하였다. 하지만 이 시간을 넘어가면 지속적으로 커져버린 공간으로 인하여 주변 온도가 급격하게 떨어지면서 더 이상 수소로부터 헬륨으로의 핵융합이 일어나지 않았을 것으로 예측하였다. 이 과정에서 그는 약 3분이라는 짧은 시간 동안 빅뱅으로부터 처음 만들어진 수소에서 헬륨으로 융합된 물질의 양을 예측해보았다. 계산 결과 수소로부터 헬륨으로의 융합이 가능했던 빅뱅 초기 3분 동안 수소로부터 만들어진 헬륨의 양을 확인해보면 수소와 헬륨의 질량비가 3:1이 될 것이라고 예견하였다. 그리고 놀랍게도 그것은 지금 우주에서 보여지는 물질들의 실제 관측 결과와 정확하게 일치되는 값이었다. 이러한 가모프의 주장은 현재 이 우주에 존재하는 물질의 구성비와 기원이 왜 이렇게 되었는지를 논리적으로 설명하는 놀라운 결과를 가지고 온 것이었다.

과학기술이 발전함에 따라 정밀해지는 관측 결과들은 가모프의 이러한 주장에 더욱 설득력을 더해주고 있다. 별이 가지고 있는 물질들의 구성비를 확인하는 방법은 별에서 나오는 빛의 스펙트럼(프라운호퍼선)을 분석하면 확인할 수 있는데(관심 있으신 독자들은 한번 찾아보시기를 추천드린다) 별들을 구성하는 수소와 헬륨의 성분비가 바로 가모프가 예언한 숫자와 정확히 일치한다. 더욱 흥미로운 것은, 우주 초기에 생성되었던 별과 비교적 최근에 생성된 별의 구성 성분을 분석해보면 수소의 비중이 미세하지만 조금씩 줄어들고 있는 것이 관측된다는 점이다. 이는 별이 핵융합 반응에 의해서 연료로 사용되는 수소의 비중이 시간이 지나면서 헬륨, 탄소, 산소 등 무거운 원소로 조금씩 전환되고 있다는 것을 잘 설명해준다. 수소 원자는 그렇게 모든 물질이 만들어지는 물질의 씨앗이며 우주 탄생 순간인 빅뱅 이후에는 더 이상 단 한 개도 만들어지지 않고 있다. 그리고 그렇게 초기에 만들어진 수소는 우주에 존재하는 별들의 중심에서 타오르며 더욱 무거운 원소로 융합이 되기 위한 원료로 지속적으로 사용되고 있다. 그러므로 우주의 나이가 들어갈수록 나중에 만들어진 별들의 수소 구성비가 조금씩 줄어들고 있는 것이다. 즉, 빅뱅의 순간에 창조된 우주의 질서가 138억 년이라는 시간이 지난 지금까지도 영향을 받아 이어지고 있으며, 그것이 지금 우리를 이루고 있는 모든 물질들의 구성 성분 비중을 설명해주는 원리이기도 한 것이다.

생각해보라. 이 끝이 없을 것같이 거대한 우주의 모든 공간에 존재하는 별들의 수소와 헬륨의 질량비가 하나같이 모두 동일하다는 것은 무엇을 의미하는 것일까? 그것은 마치 지구에 존재하는 모든 인류가 호모사피엔스에서 유래된 같은 종족이라는 것과 마찬가지로 우리 우주 전체가 한날한시에 태어났다는 또 다른 증거라고도 볼 수 있지 않을까? 끝이 없이 무한할 것 같은 저 우주의 가장 멀리 떨어져 있는 별의 성분과 우리의 태양을 이루고 있는 구성 성분이 거의 동일하다. 지구 반대편에서 나와 생김새가 엄청나게 많이 닮은 사람을 우연히 만났다고 한다면 아주 오래전 그와 나의 조상이 같았다고 생각하는 것이 오히려 자연스러운 생각인 것처럼 이 우주 모든 별들의 기원 또한 같다고 생각하는 것이 합리적이지 않을까?

빛이 물질과 분리되던 순간의 흔적이 우주에 각인되다

이렇게 3분 만에 온 우주를 구성하고 있는 물질을 만들어낸 세상은 여전히 매우 뜨거우면서 동시에 여전히 물질들로 가득 차 있었다. 이 시기에는 너무나도 높은 온도로 인하여 모든 물질 입자들이 요동치고 있었기 때문에 전자마저도 원자핵에 고정되지 못하고 사방을 떠돌아다니고 있었다. 즉, 빅뱅 초기 처음 만들어진 물질들은 아주 작은 공간에서 너무나도 높은 에너지로 인하여 엄청나게 요동치고 있었기 때문에 원자핵과 전자조차도 결합하지 못한 플라스마 상태였다. 이렇게 수많은 전자들과 플라스마 상태의 물질들은 작은 공간에서 높은 온도로 인하여 사정없이 요동치고 있었기 때문에 빛인 광자조차도 이러한 입자들의 간섭으로 인하여 밖으로 빠져나가지 못하는, 혼탁하고 불투명한 혼돈의 세상이었다 (여기에서 광자를 별도로 언급하는 이유는 광자는 물질이 아니기 때문이다. 즉, 광자는 질량이 없기 때문에 공간을 차지하지 않는 순수한 에너지의 형태이고 반드시 물질과 구분되어야 한다). 따라서 이 세상은 빛조차 자유롭게 이동하지 못하는, 그야말로 혼돈의 세상이었던 것이다. 시간이 지남에 따라 우주 공간은 점차 팽창을 거듭하고 이는 우주 공간의 온도를 점점 떨어뜨리게 된다. 그러다가 빅뱅 이후 약 38만년이 지나 우주 온도가 약 3,000도 정도까지 떨어지게 되자 비로소 낮아진 온도로 인하여 그전까지 격렬하게 요동치던 전자가 조금씩 진정되면서 드디어 원자핵에 사로잡혀(원자핵은 + 극성을, 전자는 - 극성을 가지고 있다) 진정한 지금의 원자 형태로 만들어지게 된다. 이 사건으로 인하여 우주 역사에는 중대한 변화가 일어나게 되는데, 그것은 혼탁한 세상에 의해 사로잡혀 있던 광자가 비로소 물질의 간섭으로부터 벗어나 탈출하게 되면서 우주가 투명해지게 되었던 것이다. 또한 이때 세상 밖으로 처음 나오게 된 빛이 전 우주 공간에 자신의 흔적을 남기게 되는데 그것이 바로 앞서도 설명했던, 가모프가 예견한 우주배경복사이다(우주배경복사는 빅뱅 우주론의 근간을 이루는 가장 중요한 개념이기 때문에 반복 설명을 하고 있다).

가모프는 초기에 아주 뜨거웠던 우주가 팽창을 계속하면서 지금까지 왔다면 우주의 온도는 계속 식어서 현재 절대온도 약 5도까지 떨어졌을 것이라고 예측하였다. 또한 우주 초기에 처음으로 전 우주 공간으로 방출되었던 빛의 흔적은 우주가 팽창을 계속해왔더라도 온도만 떨어졌을 뿐 그 흔적은 지금까지도 우주 전역에 걸쳐 남아 있을 것이라고 예견하였다. 놀랍게도 현재 관측된 우주의 절대온도는 약 3도 정도이며(이 정도면 가모프의 예측은 전율이 생길 정도로 비슷했다고 봐야 한다) 한때 전 우주 공간 속에 가득 찼던, 빛이 탈출했던 이 흔적은 그 이후 우주가 지속적으로 팽창을 거듭하며 138억 년이 흐르는 동안 우주 전역에서 차갑게 식어가며 긴 파장의 형태로 남아 지금도 우리 머리 위에서 쏟아지고 있는 것이다. 이것이 바로 이 거대한 우주가 하나에서 시작되었다는 가장 강력한 증거 중의 하나이다. 가모프는 우주 전역에 걸쳐서 우주배경복사가 존재할 것이라고 이론적으로 예견하였지만 당시에는 이를 증명할 방법이나 관측 기술이 없었다. 따라서 가모프의 이러한 주장은 어둠에 묻혀 오랜 시간 동안 침묵을 지켜야 했다. 그런데 우주 전역에 걸쳐서 존재하는 우주배경복사가 1965년 아주 우연히 발견됨으로써 빅뱅 이론이 침묵 속에서 깨어나 더 이상 이론만이 아니라 실제 우리 우주의 기원을 설명해주는 원리로 부활하는 계기가 된다. 미국 서부 시대에 광활한 농장을 가진 농장주들은 과거 자신이 가진 가축들이 어디에 있더라도 자신의 소유임을 증명하기 위해 가축들에게 낙인을 찍어서 자신의 소유인 소가 어느 곳에 있더라도 자신이 주인이라는 것을 온 세상에 알리려고 했던 것처럼 우주배경복사는 이 우주 자체가 한날한시에 태어났다는 것을 증명해주는, 시공간 속에 각인된 출생의 비밀을 설명해주는 낙인과도 같은 것이다. 지우고 싶어도 지워지지 않는 이 낙인은 우리의 우주가 존재하는 한 계속 그 자리에서 우리 모두가 하나의 형제였다는 것을 어디엔가 존재할지 모르는, 우주에 존재하는 모든 지적 생명체들에게도 언제나 같은 모습을 그렇게 영원히 보여주고 있을 것이다.

빅뱅은 왜 일어났을까

과학기술이 발달함에 따라 천체를 관측하는 기술도 크게 발전하고 있다. 이렇게 얻어지고 있는 관측 결과들은 모두 한 가지 방향으로 우주가 빅뱅이라는 과정을 통해서 만들어졌다고 알려주고 있다. 많은 과학자들의 논리적인 설명과 수학을 통한 검증, 그리고 지속적으로 발견되는 직접적 관측 결과들로 보면 분명 우주는 빅뱅이라는 거대한 이벤트를 통하여 만들어져 지금에 이르렀다는 것을 믿어야 할 것 같다. 그러면 빅뱅은 도대체 왜 발생했을까? 사실 어떠한 요인이 빅뱅이라는 거대 이벤트를 만들어내게 되었는지는 아직까지도 명확하게 밝혀진 것이 없다. 현대 과학은 빅뱅이 일어난 이후 수천에서 수만 분의 1초라는 짧은 시간까지도 무엇이 일어났는지 설명을 할 수 있는 단계에 이르렀다. 하지만 여전히 빅뱅이 도대체 왜 일어나게 된 것인지, 빅뱅이 일어난 바로 그 순간에 대해서는 여전히 의문을 풀지 못하고 있다. 다만 이를 설명하기 위한 여러 가지 시도들은 꾸준히 이루어지고 있다. 하지만 이 영역은 아직까지도 다분히 철학적인 면을 내포하고 있다. 이 우주는 왜 태어나게 되었을까 하는 질문을 계속 생각하다 보면 이러한 질문을 던지고 있는 나 자신은 왜 태어나게 되었을까 하는 의문으로 종종 이어지기도 한다. 물론 생물학적으로 인간이 태어나는 원리는 설명이 될 수 있을 것이다. 하지만 그 많은 사람 중에 하필이면 나라는 존재가 왜 이 시간, 이 장소에서 태어나게 되었는지 또한 큰 의문으로 남을 수밖에 없다. 이러한 의문들을 동시에 품고 오늘도 인류는 우리가 어떠한 이유로 탄생하게 되었는지에 대한 문제를 풀기 위한 진리의 여정을 지금 이 순간도 하고 있는 것이다. 아직까지는 아무도 모르고 있지만 지금도 어느 한구석에서 또 다른 우주가 같은 원리로 일어나는 빅뱅을 통하여 탄생하고 있을지도 모를 일이다. 빅뱅은 왜 일어났을까? 이 물음에 대한 답은 아직까지는 없다. 따라서 이것 또한 지금 당신이 상상하는 그것이 답일 수 있다. 그러므로 각자 마음껏 상상의 나래를 펼치며 우리와 우주의 기원에 대하여 자신만의 머나먼 여행을 떠나보도록 하자.

출처: ESA/Hubble

    아무것도 없는 것처럼 보이는 저 밤하늘의 우주 공간을 바라보면 무엇이 보일까? 망상과도 같이 생각되는 이러한 호기심을 해결하기 위한 시도가 있었다. 2003년 지구 외곽에 있는 허블 망원경을 이용하여 아무것도 보이지 않는, 밤하늘의 쌀알보다도 작은 공간을 22일간 조금씩 노출시켜 촬영을 해보았다. 결과는 매우 놀라웠다. 우리가 아무것도 없을 것이라고 생각했던 그 작은 공간에서조차 수천 개의 은하들이 우리들의 눈길을 기다리며 반짝이고 있었던 것이다.

    상상을 해보라! 저 빛나는 점 하나하나가 모두 별이 아닌, 수천억 개의 별들이 모인 은하들이다!

    우리에게 암흑이라고 생각되는 공간에서조차도 사진처럼 수천 개의 은하가 존재하고 있다.

❸
우주의 가속 팽창

가속 팽창하고 있는 우주

앞서 우리는 허블이라는 걸출한 관측 천문학자에 의하여 이 우주가 팽창하고 있다는 괴이한 사실을 관측 결과로 직접 확인하면서 기존에 가지고 있었던 우주관을 대대적으로 수정해야 했다. 이렇게 현재의 우주가 팽창하고 있다는 것은 지금은 거대해 보이는 우리의 우주가 아주 오래전 어느 순간에는 매우 작았을 것이라는 우주의 기원에 대한 주장이 본격적으로 나오는 계기가 되었다. 즉, 팽창하고 있는 우주의 시계를 거꾸로 돌리고 돌리면 결국은 우리의 우주가 쌀알보다도 더 작은 점에서 태어나 지금 이 순간에도 엄청난 속도로 팽창하고 있다는 사실과 마주해야 하는 것이다. 이것은 이 거대한 우주 한 켠의 지구라는 티끌만 한 행성에 살고 있는 우리의 작은 경험으로는 분명 그렇게 쉽게 받아들일 수 있는 것이 아니다. 심지어 아인슈타인조차 처음에는 이러한 사실을 부정하지 않았던가! 하지만 기술이 발전할수록 쌓여가는 수많은 관측 결과들은 이것이 부정할 수 없는 사실이라고 한결같이 알려주고 있다. 이렇게 우리의 기원과 우주에 대한 연구를 계속 이어오던 와중에 1990년대 후반, 우주가 작은 점에서 시작되어 지금도 팽창하고 있다는 사실보다 훨씬 더 충격적인 관측 결과가 알려진다. 그것은 현재 팽창하고 있는 것으로 알려진 이 우주가 그냥 단순히 팽창을 하고 있는 것이 아니라 바로 팽창의 속도가 점점 빨라지는 '가속 팽창'을 하고 있다는 사실이다. 즉, 우주가 팽창하는 속도가 마치 무엇인가에 더욱 힘을 받는 것처럼 가속되면서 점차 빨라지고 있다는 것이다. 이것은 우리가 살아가고 있는 이 우주의 세계관을 완전히 바꿀 수 있는 발견임과 동시에 이 우주의 운명이 앞으로 어떻게 될 것인지도 설명해줄 수 있는, 상당히 중요하고 의미 있는 발견이었다. 만약 이 사실이 정말 맞다면 기존에 우리가 가지고 있던 우주관을 또 한 번 대대적으로 수정해야 하는 엄청난 사건인 것이다. 따라서 오랜 시간 동안 이 발견에 대한 수학적, 과학적 검증과 세밀한 관찰이 이루어졌으며 결국은 이를 뒷받침하는 명확한 증거들이 지속적으로 모이게 되었다. 따라서 이러한 발견에 대한 공로를 인정받아 2011년 우주 가속 팽창에 대한 연구는 노벨상을 받게된다. 노벨상은 인류의 역사에 지대한 공헌을 한 학자들에게 주어지는 최고 명예의 상이다. 그만큼 확실한 증거와 명백한 이론이 정립되지 않는다면 결코 부여되지 않는 상이라는 의미이다. 이것은 한때 변방에서 출발한 우주 폭발 이론이 이제 빅뱅 이론을 넘어 우주 가속 팽창까지 현재의 우주관을 설명하는 주된 세계관으로 명확하게 자리 잡게 되었다는 것을 의미한다.

가속 팽창은 무엇을 의미하는가

혹자는 이렇게 이야기하는 사람도 있을 것이다. 우리는 앞서 허블에 의해 밝혀진 대로, 우주가 팽창하고 있다는 사실을 이미 받아들였다. 팽창을 하고 있는데 그 팽창을 하고 있는 속도가 증가한다는 것이 그렇게 대단한 발견인 것인가? 우주가 팽창하고 있다는 것을 이미 받아들인 사람에게 그 팽창 속도가 점차 빨라지고 있다는 것을 받아들이는 것이 무엇이 어렵겠는가? 그렇게 생각할 수도 있다. 하지만 조금만 더 깊게 생각해보면 단순히 팽창한다는 것과 팽창의 속도가 점차 증가하며 가속 팽창한다는 것은 그야말로 하늘과 땅 차이의 전혀 다른 세계관이 요구된다는 것을 이해할 수 있다. 이것은 그동안 물질이 가진 중력에 의해서만 지배되는 우주라고 생각해왔던 이 세상이, 실제로는 우리가 그동안 전혀 알지 못했던 신비스러운 힘에 의해 지배받고 있는 세상이었음을 인정해야만 가능한 일이기 때문이다. 그러면 가속 팽창이라는 것이 어떤 의미를 가지고 있는 것인지를 살펴보면서, 이를 받아들이기 위해서는 우리의 세계관이 어떻게 바뀌어야 되는지를 알아가보도록 하자.

기존에 우리가 가졌던 우주관은 물질이 지배하는 우주였다. 그런데 모든 물질은 질량을 가지고 있다. 따라서 물질이 가진 질량은 필연적으로 중력을 만들어낸다. 중력은 서로 끌어당기는 인력이다. 그러므로 이 우주는 거시적으로 보았을 때 인력에 의하여 지배받는 우주여야 할 것이다. 물론 오직 인력에 의해 지배되는 우주도 분명히 팽창은 할 수 있다. 앞서 살펴보았던 것처럼 우주가 처음 폭발하면서 만들어질 당시의 초기 조건의 힘이 여전히 남아 있다면 지금 이 순간 팽창하고 있는 우주도 분명 설명될 수 있는 것이다(앞서 철수가 담장 뒤에서 던져올린 야구공을 생각해보라. 중력만이 작용하는 지구에서도 중력에 반하여 움직이는 운동이 가능하다). 하지만 빅뱅에 의한 초기 폭발력이 중력에 반발하는 척력으로 작용하면서 우주가 팽창하고 있다고 하더라도 그 팽창의 속도는 분명 조금씩은 줄어들고 있어야 할 것이다. 왜냐하면 초기 우주에서 만들어졌던 그 힘이 우주 팽창에 계속 쓰이고 있다면 시간이 지나면서 그 힘도 조금씩은 줄어들어야 할 것이기 때문이다(철수가 던진 공은 솟아오르긴 하겠지만 언젠가는 떨어진다). 하지만 우주의 팽창 속도가 줄어들지 않고, 그 속도가 오히려 가속되며 가속 팽창을 하고 있다고? 그것은 분명 인력만이 지배하고 있는 우주에는 절대 일어날 수 없는 현상인 것이다. 이는 우리가 살고 있는 우주에 인력에 반하는 척력이 일시적으로 만들어졌다가 없어지는 존재가 아니라 이 우주 자체에 근원적으로 척력이라는 힘이 존재해야만 가능한 일이기 때문이다. 이 우주에 서로 밀어내는 힘인 척력이 근원적으로 존재한다고? 주변을 한번 둘러보자. 우리가 관찰할 수 있는 척력은 두 개의 자석이 같은 극을 마주할 때 발생하는 전자기력 말고는 보이지 않는다. 그런데 이런 전자기력은 거리가 조금만 멀어져도 그 힘을 잃는다. 물질만이 존재하는 우주 같은 스케일의 거대한 공간에서는 오직 중력이 만들어내는 인력만이 존재하는 것처럼 보인다. 태양은 인력으로 지구를 끌어당기고 우리 태양계도 은하계의 중심에서 발생하는 인력에 의하여 무리를 형성하고 있다. 물질과 물질이 만나서 발생하는 인력 외에 우리는 우주에서 척력의 형태로 나타나는 어떤 것도 관찰할 수 없다. 그러면 도대체 우주는 어떻게 가속 팽창을 하고 있는 것일까? 보다 자세한 설명을 하기 위해서 먼저 가속 운동이란 어떤 것인가에 대해 간단하게 짚고 넘어가보도록 하자.

지속적인 에너지(힘) 투입만이 가속 운동을 만들어낸다

먼저 '가속'이라는 것의 의미는 무엇일까? 가속 운동이라는 것은 속도가 점차 증가하는 운동이다. 이는 그 이름에서도 알 수 있듯이 이것은 너무나 당연하기 때문에 이해하는 데 별로 어려운 것은 없다. 여기서 우리가 알아야 할 것은 가속 운동을 일으키기 위해서는 반드시 힘 또는 에너지 투입이 필요하다는 것이다. 예를 들어 설명해보도록 하자. 고속도로에서 달리는 자동차의 속도를 증가시키는 운동을 하기 위해서는 자동차의 엔진에 연료를 지속적으로 공급해줘야 한다. 이렇게 달리고 있는 자동차의 속도를 증가시켜주는 운동이 바로 가속 운동이다. 그런데 바로 이 가속 운동을 하기 위해서는 반드시 에너지가 필요하다. 정지해 있던 자동차가 고속도로에서 시속 100㎞까지 가속 운동을 하기 위해서는 지속적으로 연료가 투입되어야 한다. 그런데 시속 100㎞에 도달한 자동차가 더 이상 속도를 증가할 필요 없이 단지 유지만 하기 위해서도 연료가 필요할까? 물론 지구의 환경에 있는 일반적인 고속도로라고 하면 자동차와 고속도로 사이에서 발생하는 마찰력과 공기의 저항으로 인하여 에너지가 필요할 것이다. 하지만 마찰력과 공기의 저항이 없는 우주 공간 이라고 하면 어떨까? 그렇다. 등속 운동을 하기 위해서는 어떠한 힘이나 에너지가 필요하지 않다. 정리하면, 가속 운동을 하기 위해서는 무엇인가 힘(에너지)이 지속적으로 주입되어야 하지만 등속 운동은 아무런 힘도 요구되지 않는다. 이것이 가속 운동과 등속 운동의 가장 큰 차이점이다. 따라서 운동하고 있는 어떤 대상이 가속 운동을 하고 있느냐 혹은 등속 운동을 하고 있느냐를 판단하면 우리는 그 물체에 에너지가 투입되고 있는지 여부도 자연스럽게 알 수 있게 되는 것이다.

이것은 우리 우주에도 동일한 원리로 적용이 된다. 기존에 우리가 알고 있던 우주는 빅뱅이 발생하던 당시 우주의 초기 조건으로 만들어진 힘에 의하여 팽창하는 우주였다. 따라서 지금 우주가 팽창하는 힘은 우주 형성 초기에 만들어진 것이라고 생각해왔다. 즉, 지속적으로 주입이 되고 있는 것이 아니라 우주가 만들어지던 그 순간에 뿜어져 나온 힘이 현재의 우주를 팽창시키고 있는 우주관이었던 것이다. 이렇게 되면 우주는 주어진 초기 조건에 의하여 어느 순간까지 팽창을 계속할 수는 있겠지만 팽창 속도가 지속적으로 증가하는 일 따위는 일어나지 않을 것이다(엔진에 연료를 주입하지 않고서 자동차 속도를 지속 증가시킬 수 있는 방법은 없다). 우주의 팽창 속도가 증가하기 위해서는 지금 이 순간도 우주 전체에 팽창을 위한 지속적인 척력이 계속 주입되고 있어야 하기 때문이다. 이는 앞서 담장 너머에서 철수가 던진 공이 떨어지지 않고 지속적으로 속도가 증가하면서 하늘 위로 더 점점 빠르게 날아가는 것과 마찬가지 상황이다. 만약 영이가 이러한 공의 모습을 보게 된다면 어떻게 생각하는 것이 자연스러운 것일까? 그렇다. 영이는 철수가 던진 공의 어디엔가 보이지 않는 숨겨진 추진 장치가 있어서 공의 속도를 점점 더 높여주고 있다고 생각할 것이다. 혹시 누군가 이러한 의문을 가질 수도 있다. 철수가 던져올린 공에 추진 장치가 없어도 던져진 공이 지구를 벗어나는 경우도 있지 않은가? 철수가 어떤 방법을 쓰든지 지구를 탈출시킬 만한 큰 힘으로 공을 던져올린다면 영이는 한없이 솟아오르며 결국은 지구조차도 벗어나는 공을 보게 되지 않겠는가? 그렇다. 하지만 이 경우에도 철수가 던져올린 공의 속도는 분명 조금씩 줄어들어야 한다. 즉, 철수가 공을 던질 때 처음 공에 전달했던 힘은 조금씩이지만 점차 줄어들면서 속도가 조금씩 줄어들다가 어느덧 한참 하늘로 날아올랐을 때에는 처음보다 상당히 느려진 속도로 솟아오르게 될 것이다. 즉, 어떠한 경우에도 지속적인 힘이나 에너지의 투입 없이 속도가 점차 증가하는 현상은 나올 수 없는 것이다. 따라서 우주 팽창 속도가 점차 증가하고 있다는 발견은 바로 기존의 우주관에 대하여 이와 같은 심오한 질문을 우리에게 던져주고 있는 것이다. 그렇다! 가속 팽창하고 있는 우주라는 세계관을 받아들이기 위해서는 이 거대한 우주 공간에도 마치 공에 숨겨져 있는 추진 장치와 마찬가지로 어디에서인가 서로를 밀어내는 힘인 척력이 근원적으로 반드시 존재해야만 한다. 그리고 이러한 척력의 힘이 지속적으로 투입되면서, 우주 공간을 팽창시키는 힘이 지속적으로 가해지고 있다는 것을 받아들여야만 하는 상황이 되는 것이다.

지금 우주의 모습을 정확하게 설명해주는 신비스러운 힘

시간이 된다면 달이 뜨지 않고 맑은 날을 골라서 한적한 교외로 나가 밤하늘을 쳐다보며 반짝이는 별들을 한번 바라보자. 별들로 가득 차 있는 저 공간은 별들 사이에 작용하는 인력으로만 서로 얽혀 있는 것으로 보인다. 어디를 보더라도 별들을 밀어내는 척력 같은 것은 찾아볼 수 없다. 그럼에도 불구하고 우주의 팽창 속도는 지속적으로 증가하고 있다. 그렇다면 이것은 우리가 볼 수도, 그리고 느낄 수도 없지만 이 우주 공간에는 우리가 모르는 척력이라는 힘이 우주 전체에 이미 존재하고 있다고 봐야 하는 것이다. 연료의 지속적인 주입 없이는 자동차의 속도가 증가할 수 없듯이, 우주의 팽창 속도도 어떤 힘 또는 에너지의 지속적인 투입 없이는 증가할 수 없기 때문이다. 학자들은 이렇게 중력과 반대로 밀어내는 척력을 만들어내는 그 어떤 신비스러운 힘의 존재를 '암흑 에너지'로 부르고 그 실체에 대해서 연구하고 있다. 하지만 그 존재만을 간접적으로 확인하였을 뿐, 아직까지는 밝혀낸 것이 거의 없다. 암흑 에너지는 공간 자체가 가지고 있는 힘이다. 이것이 암흑 에너지라고 이름을 가지게 된 이유는 척력을 발휘하고 있는 것처럼 보이는 이 신비한 힘에 대하여 우리가 아는 것이 거의 없기 때문이다. 아무것도 없어 보이는 저 공간이 무엇인지 모르지만 암흑 에너지라는 것으로 가득 차 있다고? 그리고 그것이 인력에 반하는 반중력으로 작용하면서 우주를 팽창시키고 있다니… 사실 이처럼 평온해 보이는 우주가 팽창하고 있다는 것조차도 믿기 어려웠는데 어떤 보이지 않는 힘에 의해서 그 팽창 속도가 점점 빨라지고 있다는 것도 받아들여야 한다니…. 혹시라도 무엇인가 우리의 관측 결과가 잘못된 것이 있지는 않을까 하고 생각하시는 분도 계실 것이다. 하지만 우주 가속 팽창이 발견된 이후에도 수많은 초신성들을 새롭게 관측하여 그곳까지의 거리를 측정하며 나오고 있는 결과들은 한결같이 지금의 우주의 팽창 속도가 점차 빨라지고 있다는 것을 더욱더 명확하게 보여주고 있다. 혹시라도 아직까지 이에 대해 의심을 품는 분이 있다면 이런 상황을 한번 생각해보자. 완벽한 평지만으로 이루어져 있는 고속도로에 시속 100㎞로 달리는 자동차가 있다. 그렇게 한참을 달리던 자동차에 연료가 완전히 바닥난 것이 확인되었다. 연료가 다 떨어진 자동차는 그 속도가 점점 떨어지면서 이내 곧 멈추게 될 것이다. 이것이 어려울 것도 없는 우리의 예측이다. 그런데 이상하게도 이 자동차의 속도는 줄어드는 것이 아니라 110㎞, 120㎞로 점점 증가하는 것이 관찰되고 있다. 만약 우리가 이런 현상을 보이는 자동차를 발견한다면 이러한 마법 같은 일이 실제로 벌어질 수도 있다고 생각해야 할까? 아니면 우리가 어떻게인지는 잘 모르겠지만 어떤 방식으로든 우리도 모르는 사이에 엔진에 에너지가 주입되고 있다고 생각하는 것이 맞을까? 당연히 후자의 경우가 논리적으로 맞다고 생각할 것이다. 따라서 학자들은 무엇인지 모를 이 밀어내는 힘이 있다고 가정하고 아직 어떻게인지는 모르지만 이 힘이 자동차로 투입되고 있기 때문에 자동차의 속도가 점차 증가하고 있다고 생각하는 것이다. 그리고 학자들은 이러한 가정하에 지금도 가속되고 있는 자동차에 필요한 에너지가 어느 정도 되는지를 계산해본 후 원래 처음부터 이 자동차에 투입되었던 에너지(연료)를 합산해보았다. 그러자 놀랍게도 이 자동차가 만들어진 이후 지금까지 모두 투입된 에너지의 양과 총 주행거리가 실제로 정확하게 일치하는 것이 아닌가? 이 정도면 우리도 모르는 사이 어떠한 방법으로든 자동차에 우리가 예측한 에너지가 공급되고 있다는 추정이 맞다고 생각하는 것이 합리적일 것이다. 우리 우주도 마찬가지이다. 무슨 이유에서인지 모르겠지만 우주를 가속 팽창시키는 암흑 에너지가 있다고 생각하고 빅뱅 이후 우주가 만들어진 과정에 이러한 가정을 대입시켜보았다. 그러자 우주가 빅뱅으로 만들어진 이후 지금까지 우리 우주의 모습이 이 가정으로 정확하게 설명이 되고 있는 것이다. 이것이 지금까지 많은 학자들이 우주를 가속 팽창시키고 있는 암흑 에너지의 존재를 확신하고 있는 이유이다.

출처: ESA/Hubble

역동적인 모습을 보여주고 있는 소용돌이 나선 은하의 모습. 아주 작게 보이는 밝은 점 하나하나가 모두 거대한 별이거나 별들의 무리이다.

흥미로운 것은 은하에서 별들의 공전 속도는 은하의 중심이나 외곽이나 거의 차이가 없이 비슷하다는 것이다. 우리는 앞서 태양계를 여행할 때 태양으로부터 가까운 행성들의 공전 속도가 더 빠르다는 것을 알게 되었다. 은하를 중심으로 공전하는 별들 또한 동일한 원리로 은하의 중심에 가까운 별들의 속도가 더 빨라야 한다. 그렇지 않으면 외곽에 있는 별들은 빠른 공전 속도를 이기지 못하고 은하를 탈출하여 은하계라는 것 자체가 만들어질 수 없었을 것이다.

그런데 놀랍게도 은하에서 별의 공전 속도는 은하의 중심이나 외곽이나 거의 비슷한 속도로 은하의 중심을 공전하고 있다. 이는 뉴턴의 중력 방정식은 물론이고 아인슈타인의 상대성 이론에도 위배되는 것이다. 이러한 현상이 가능하기 위해서는 우리 눈에는 보이지는 않지만 어두운 공간에 질량을 가진 물질이 도처에 존재하면서 외곽에 있는 은하들이 은하를 이탈하지 못하게 잡아주고 있어야 했다. 이것이 암흑 물질이 존재해야 하는 이유이다. 우리는 암흑 물질의 존재 없이 지금의 우주를 구성하고 있는 은하의 존재를 설명할 수 없다.

출처: ESA/Hubble

　허블 우주 망원경으로 촬영된 은하들의 모습. 이 한 장의 사진에 최소 천 개 이상의 은하들이 들어 있다. 흥미로운 것은 중간중간에 기존 은하들의 모습이 아닌, 길고 납작한 모습들이 보인다는 것이다. 이것은 은하단의 뒤편 더 멀리 존재하는 은하가 앞에 있는 은하단의 중력에 의하여 휘어진 시공간을 지나오면서 휘어진 빛이 왜곡되어 보이는 것이다. 은하단의 중력이 시공간을 휘게 해서 마치 렌즈와 같은 효과를 만들었다고 하여 아인슈타인의 중력 렌즈라고 부른다. 이 현상의 이름에 아인슈타인의 이름이 들어가 있는 것은 그가 시공간이 휘어지는 것을 처음으로 알아내었기 때문이다.

❹
비어 있는 공간, 암흑 물질과 암흑 에너지

비어 있는 공간, 즉 빈 공간이란 무엇일까? 비어 있는 공간은 아무것도 없는 '무'의 상태이다. 즉, 빈 공간이라는 것은 우리 눈에 아무것도 보이지 않고 우리의 촉각으로도 아무것도 느껴지지 않는 것이다. 그럼 비어 있는 공간을 이야기하기에 앞서서 무엇인가 있는 상태, 즉 물질이 있는 것은 어떻게 알 수 있는지를 생각해보자. 먼저 시각을 통해서 우리는 무엇인가의 존재를 알 수 있다. 내 눈 앞에 먹음직스럽고 탐스러운 빨간 사과가 놓여 있다. 보기만 해도 입 안에 침이 고이는, 맛있게 잘 익은 것처럼 보이는 사과다. 이 사과가 보이는 이유를 이제 우리는 정확히 알고 있다. 빛의 가시광선이 사과에 도달하여 다른 가시광선의 파장은 대부분 흡수하고 빨간색의 파장만을 주로 반사시켜 이 붉은색 파장의 빛이 우리 망막에 도달하여 빨간 사과로 보이는 것이다. 사실 사과의 본질은 빨간색이 아니다. 사과에 도달하는 가시광선의 파장만 조정한다면 그 빨간 사과는 녹색 사과도 될 수 있고 파란색 사과도 될 수 있다. 하지만 비록 색깔이라는 것이 물질의 본질은 아닐지라도 우리는 어떤 물질이 있으면 그 물질에 반사된 빛을 통하여 그곳에 물질이 있다는 것을 인지할 수 있다. 그러면 빛이 없을 때는 어떠한가? 우리가 갑자기 눈을 감았다고 해서 우리 앞에 얌전히 존재하던 사과가 없어지는 것일까? 그건 아닐 것이다. 우리 눈에 빛이 들어오지 않아도 우리 앞에 있는 테이블 위의 사과는 여전히 존재한다. 불이 꺼져 있다고 해도 우리는 촉각을 사용하여 테이블을 더듬어 가다 보면 사과를 만질 수 있고 그럼으로써 사과가 여전히 존재한다는 것을 알 수 있다. 즉, 사과 같은 경우는 빛이 있으나 없으나 우리의 신체 감각으로도 그 존재의 유무를 알 수 있다.

하지만 인간의 감각만으로는 존재 여부를 감지하기 힘든 물질도 있다. 바로 공기 분자와 같이 크기가 매우 작은 것들이다. 실제로 오랜 시간 동안 인류는 대기 중에 존재하는 공기를 인식하지 못하고 비어 있는 공간으로 생각해왔다. 하지만 이런 대기 분자들도 질량을 가지고 있기 때문에 현대의 섬세한 감지기의 도움을 받는다면 모두 그 존재를 감지할 수 있다. 사실 이러한 장비들을 준비하지 않더라도 눈썰미가 좋은 사람이라면 평상시에 잠시도 쉬지 않고 숨을 쉬고 있는 우리 자신의 모습을 찬찬히 관찰해보더라도 우리가 지금 공기 중에 존재하는 무엇인가를 들이마시고 있다는 것을 눈치챌 수 있을 것이다. 무엇인지는 모르겠지만 숨을 들이쉬면 공기 중의 무엇인가가 들어가서 나의 폐가 부풀어오르고 내쉬면 이내 다시 줄어든다. 즉, 눈에는 보이지 않지만 아무런 의식 없이 숨 쉬고 있는 이 순간에도 대기 중의 무엇인가가 나의 코를 통하여 폐로 끊임없이 흐르고 있고 우리 신체의 감각 기관으로도 이러한 흐름을 느낄 수 있다. 지금까지 이야기를 정리해보면, 무엇인가 존재한다는 것은 이렇게 정의를 할 수 있을 것이다. 무엇인가가 존재한다는 것은 질량을 가진 어떤 존재가 있다는 것이며, 그 존재는 어떠한 방법을 써서든 우리에게 느껴지거나 관측이 가능하다. 따라서 어떠한 방법을 쓰든 어떤 공간에서 무엇인가 감지가 되면 우리는 그곳에 무엇인가가(물질) 있다고 이야기할 수 있다. 그리고 이러한 물질들은 보통 질량을 가지고 있기 때문에 반드시 일정 공간을 점유하게 될 것이다. 그렇다면 비어 있는 공간이라는 것은 이런 질량을 가진 물질들에 의하여 점유되고 있는 공간 이외의 나머지 부분을 비어 있다고 할 수 있을 것이다. 우리가 진공이라고 부르는 것은 눈에 보이지 않는 작은 공기 입자들조차 모조리 제거한, 그야말로 절대 빈 공간이 되는 것이다. 이것이 우리가 그동안 빈 공간이라고 불렀던 개념이었다. 하지만 우리가 눈을 돌려서 우주를 관찰하면 할수록 이 절대 빈 공간의 정의가 바뀌어야 한다는 결론에 도달하고 있다. 우리는 역사 속에서 아인슈타인에 의하여 절대 시간과 절대 공간의 개념이 완전히 폐기되는 현장을 목격하였다. 시공간은 서로 유기적으로 연결이 되어 있으며 관찰자의 속도와 거리에 따라서 수시로 변하는 역동적인 물리량이다. 따라서 전 우주에 공통적으로 적용될 수 있는, 동일한 절대 시간과 절대 공간은 존재하지 않는다. 그런데 한 걸음 더 나아가서 우리의 우주는 이제 절대 빈 공간의 개념에 대해서도 대대적인 수정이 필요하다고 이야기해주고 있는 것이다. 그럼 우주가 우리에게 들려주고 있는 빈 공간에 대해서 좀 더 이야기해보자.

관찰되지 않는다고 해서 없는 것은 아니다

우주 공간에 떠 있는 은하들을 관찰해보면 별들로 촘촘하게 차 있는 아름다운 모습을 감상할 수 있다. 하지만 별들로 가득 차 있는 것으로 보이는 이러한 은하조차도 그 별들과 별들 사이는 실제로 엄청나게 멀리 떨어져 있다. 이러한 별들 간의 거리는 빛의 속도로 달려간다고 하더라도 최소 몇 년에서 몇십 년이 걸릴 정도의 엄청난 거리이다. 즉, 별들과 별들 사이는 대부분 빈 공간이라고 해야 할 것이다. 밤하늘에서 관찰되는 저 멀리 떨어져 있는 은하가 별들로 가득 차 보이는 것은 먼 거리로 인하여 발생하는 착시 현상인 것이다. 이런 별들의 집합인 은하와 또 다른 은하 사이는 그 거리가 훨씬 더 멀다. 즉, 우리 눈에 보이는 물질들의 기준만을 가지고 우주를 바라보면 이렇게 우주 공간의 대부분은 비어 있는 공간으로 보인다(평균적으로 보면 우주 공간은 $1m^3$ 안에 약 5개의 원자만이 존재한다). 이렇게 눈으로 보이는 기준으로만 빈 공간 여부를 확인해왔던 인류는 20세기에 들어서야 드디어 우리 눈에 보이지 않음에도 그곳에 실제로는 무엇인가가 있을 수 있다는 것을 인지하기 시작한다. 그것이 바로 블랙홀이다. 블랙홀은 거대한 질량으로 인하여 주변을 지나가는 모든 빛마저도 흡수하기 때문에 우리 눈에는 절대 관측이 되지 않는다. 하지만 시공간에 대한 인류의 이해도가 증가하면서 블랙홀이 가지고 있는 막대한 질량으로 인하여 휘어진 시공간을 따라 운동하는 주변 천체들의 운동을 자세히 관찰하다 보면 그 중심에는 블랙홀이 있다는 것을 간접적으로 확인할 수 있게 된 것이다.

아인슈타인의 중력 방정식이 블랙홀의 존재를 예견한 이래 지금까지 수많은 관찰을 통하여 블랙홀은 더 이상 이론이나 상상 속에서 존재하는 것이 아니라 실제로 존재하는 것임이 명확하게 확인이 된, 현실 속의 실체가 되었다. 블랙홀은 초거대 행성이 죽어가면서 남긴 마지막 흔적이기 때문에 우리 은하 전역에 걸쳐서 상당수 존재하고 있다. 특히 은하의 중심에는 초거대 블랙홀이 존재하며 은하가 가진 전체 별들의 운동을 좌우하고 있는 것이다. 이러한 블랙홀의 존재를 인지하게 되면서 우리의 빈 공간의 개념은 조금 더 확장되었다. 즉, 단순히 보이지 않는다고(시각으로 관측이 되지 않는다고) 하여 비어 있다고 할 수는 없다는 것이다. 우리 눈에 보인다는 것은 단지 빛이 어떤 대상에 반사되어 우리의 눈에 들어왔기 때문이다. 하지만 블랙홀과 같은 어떤 대상은 빛을 전혀 반사하지 않는다. 따라서 우리가 빛을 반사하지 않는 대상을 볼 수 있는 방법은 없다. 그렇다고 해서 그 대상이 존재하지 않는 것일까? 눈을 감았다고 해서 눈앞에 있던 사과가 없어지지 않는 것처럼 빛이 우리 눈에 들어오지 않는다고 해서 그곳에 아무것도 없다고 단언할 수는 없는 것이다. 이렇게 보이지 않는 것을 비어 있다고 해왔던 우리의 빈 공간의 개념은 이제 더 이상 설 자리를 잃었다. 단순히 시각을 통해서만 바라보던 빈 공간의 개념이 간접적인 방법을 통해서 어떤 대상을 파악하는 기술과 함께 발전하면서 빈 공간의 정의는 지속적으로 확대되고 있다. 그리고 이렇게 진보된 과학기술을 바탕으로 진행되는, 보이지 않는 것들에 대한 심화된 연구는 우주가 가지고 있는 속성에 대하여 우리의 이해 범위를 뛰어넘는 놀라운 사실들을 우리에게 알려주고 있다.

중력으로써 자신의 존재감을 드러내지만
보이지 않는 암흑 물질

앞서 우리는 기존에는 아무것도 보이지 않아 빈 공간이라고 생각했던 특정한 곳에 블랙홀이라는 어떤 존재가 있다는 것을 과학적 관측 결과를 가지고 논리적으로 설명할 수 있게 되었음을 알았다. 최근에는 관측 기술이 더욱 발전함에 따라 빛과 상호작용하지 않아 관찰이 되지는 않지만 질량을 가지면서 주변의 시공간을 휘게 만들며 자신의 존재를 드러내고 있는 또 다른 물질이 발견되고 있다. 아직까지는 무엇인지 알 수 없는 이 물질은 어두운 베일에 가려져 있다고 하여 학자들에 의해 '암흑 물질'이라고 이름 붙여졌다. 이 암흑 물질은 그 이름처럼 육안으로 관측되지 않는다는 점에서 블랙홀과 같다. 하지만 블랙홀과 암흑 물질을 구분하는 가장 큰 차이는 바로 그들이 가진 중력이 미치는 힘의 영역과 크기이다. 블랙홀의 경우 숨겨진 질량 자체가 매우 작은 영역에 한정되어 있다. 블랙홀의 크기를 절대적인 인력이 작용하는 사건지평선으로 한정해보면 이는 우주 스케일로 보았을 때 거의 무시해도 될 정도로 극도로 작은 영역이다. 블랙홀은 이렇게 작은 영역 내에 엄청난 질량이 집중되어 있기 때문에 질량에 의하여 휘어진 시공간의 곡률이 매우 크다. 즉, 공간이 블랙홀 주위의 매우 작은 영역에 걸쳐서 극단적으로 휘어져 있는 것이다. 하지만 암흑 물질이라고 불리는 것은 넓은 영역에 걸쳐서 비교적 균일하게 퍼져 있는 것으로 알려져 있다. 그러므로 블랙홀처럼 작은 영역의 시공간을 극단적으로 휘게 만들지 않는다. 하지만 넓게 펼쳐져 있는 만큼 천체들의 움직임에 전반적으로 넓게 관여를 하고 있는 것으로 보인다. 암흑 물질의 존재는 우리에게 육안으로 확인되는 별들의 질량만으로는 설명할 수 없는 현상들이 속속 발견되면서 점차 그 실체를 드러내게 되었다. 가장 대표적인 것이 바로 은하계의 바깥쪽에 위치한 별들의 운동 속도가 아인슈타인의 중력 방정식을 통해서 계산된 수치보다도 상당히 빠르다는 것이다. 여기서 잠시 우리가 태양계를 여행할 때 나왔던 이야기를 떠올려보도록 하자. 지구를 비롯한 모든 행성들은 중심에 있는 태양에 의해 휘어진 시공간을 따라서 태양을 중심으로 공전 운동을 하고 있다. 이때 행성들의 공전 속도는 태양의 중심에 가까울수록 빠르고 외곽으로 갈수록 느리다. 태양에 가까울수록 태양의 중력이 더 강하기 때문에(태양에 의해 휘어진 시공간의 변형이 더 많이 만들어진 위치에 있기 때문에) 이 중력과 평형을 이루는 원심력을 만들기 위해서는 행성은 더 빠르게 태양 주위를 공전해야 한다. 그래야 태양의 중력과 행성의 원심력이 힘의 평형을 이루어서 지속적으로 태양 주위를 돌 수 있다. 만약 수성의 공전 속도가 지금보다 느렸다면 수성은 태양의 중력에 의하여 태양 속으로 끌려들어가 소멸되고 말았을 것이다. 반대로 공전 속도가 더 빠른 행성이 있었다면 그 행성은 중력보다 강한 원심력으로 인하여 태양계를 이탈하여 저 우주 속으로 영원히 사라졌을 것이다. 이러한 논리로 태양의 바깥쪽으로 갈수록 태양의 중력은 작아지므로 행성의 공전 속도는 점점 느려지게 된다. 이렇듯 태양을 중심으로 공전하는 행성의 속도는 태양의 중심 쪽에서 가장 빠르고 외곽으로 갈수록 느려진다.

보이지 않는 물질로 가득 차 있는 은하계

 이러한 현상을 확장하면 별들의 집합인 은하에도 동일하게 적용되어야 할 것이다. 우리 은하의 중심에는 블랙홀을 비롯하여 별들의 밀도가 가장 높다. 우리의 은하 중심이 유난히 밝게 빛나는 이유이다. 이렇게 은하의 중심이 가진 질량이 크기 때문에 은하의 중심을 따라서 은하 전체의 시공간이 휘어져서 행성이 태양 주위를 공전하는 것과 같은 원리로 은하의 별들도 모두 은하의 중심을 기준으로 공전하고 있는 것이다. 따라서 은하 중심에 대한 별들의 공전 속도 또한 은하의 중심이 빠르고 은하의 외곽으로 갈수록 느려져야 한다. 하지만 은하를 공전하고 있는 별들의 속도를 관찰해본 결과 외곽 쪽에 있는 별들의 속도가 계산된 값보다 매우 빠르게 공전하고 있는 것이 확인된 것이다. 즉, 은하의 외곽에 위치하고 있는 별들도 은하의 중심 쪽에 있는 별들과 거의 비슷한 속도로 공전을 하고 있었던 것이다. 만약 은하가 우리에게 관측되는 별들의 질량만을 가지고 있다면 은하의 외곽에 있는 별들은 그들의 빠른 공전 속도로 인하여 은하 중심의 중력권을 벗어나 모두 이탈되어야 한다. 이렇게 되면 우리에게 관찰되고 있는 수많은 은하들은 그 형태를 유지하지 못하고 순식간에 모두 붕괴되어버릴 것이다. 하지만 우주에 존재하는 모든 은하들은 이처럼 상당히 괴이한 방식으로 여전히 안정적인 상태를 유지하고 있다. 은하들이 이러한 상태를 안정적으로 유지하기 위해서는, 우리 눈에 보이지는 않지만 은하의 외곽에 질량을 가진 물질들이 가득 존재하여 주변의 시공간에 영향을 주고 있어야만 한다. 이것을 근거로 학자들은 눈에 보이지 않지만 질량을 가진 물질이 존재하는 것을 깨달았고 이것을 암흑 물질이라고 부르기 시작한 것이다. 아직까지 우리가 가진 기술로는 암흑 물질이 무엇이고 이것이 왜 그리고 어떤 방식으로 존재하는지조차 알지 못한다. 다만 별들의 분포와 운동 상태 등을 관찰하여 그 존재만을 간접적으로 예측할 수 있을 뿐이다. 암흑 물질을 직접적으로 밝혀낼 방법이 없다고 하여 그곳에 아무것도 없는 것은 아니다. 과거 우리가 가진 기술로 공기의 존재를 확인할 수 없었을 때도 우리는 간접적인 방법을 통하여 공기의 존재를 먼저 예측해내었고 결국은 이의 존재를 직접적으로 관측하는 기술을 가질 수 있게 되었다. 지금 우리가 어떤 것의 존재를 직접적으로 찾아내지 못한다고 해서 그것이 존재하지 않는다고 단언할 수는 없다. 암흑 물질도 결국은 물질이기 때문에 주변의 시공간을 휘어지게 만들며 지금 우리에게도 영향을 주고 있기 때문이다. 따라서 우리에게 보이는 우주의 모습은 분명 암흑 물질이라는 그 무엇인가의 존재가 있다는 것을 알려주고 있다. 아마 후대에 우리는 빛과 상호작용하지 않는 물질의 존재조차도 직접적으로 밝힐 수 있는 방법을 찾아내게 될 것이다.

배보다 배꼽이 더 큰 세상

암흑 물질의 존재에 대한 간접적인 증거는 이것만이 아니다. 이는 중력 렌즈라는 효과로도 확인이 되고 있다. 중력 렌즈라는 것은 우리로부터 아주 먼 곳에 있는 은하의 모습이 중간에 위치해 있는 거대 은하의 질량으로 인해 휘어진 시공간으로 인하여 실제 모습과는 달리 마치 렌즈에 의해 굴절된 것처럼 관찰되는 현상을 이야기한다. 여러 은하단들이 모여 있는 곳의 사진을 찍어보면 나선 팔 모양이나 혹은 타원 같은 은하의 전형적인 모습이 아닌, 끊어진 원호 모양의 빛줄기가 거대 은하단 주변에서 관측되는 현상을 가끔 볼 수 있다. 이것은 사실 실제로 은하단 주변에 이처럼 괴이한 모양의 은하가 있는 것이 아니다. 이상한 모양으로 보이는 은하들은 사실 이 거대 은하단보다 훨씬 더 먼 뒤편에 위치해 있는 것들이다. 또한 그들의 모양은 끊어진 원호 모양도 아니며 우리 주변에서 흔하게 볼 수 있는 전형적 패턴의 은하 모습을 하고 있다. 사실 거대 은하단의 바로 뒤편에 위치하고 있는 은하들은 우리 눈에 관측이 될 수 없다. 이는 높은 아파트 단지 뒤편에 위치해 있는 단독주택들이 아파트 단지 바로 앞에 살고 있는 사람들의 눈에 보일 리 없는 것과 같다. 그런데 거대 은하단 뒤에 숨겨져 있어 우리에게 보이지 말아야 할 은하들이 끊어진 원호 모양으로 관찰이 되는 것이다. 이것은 1919년 영국의 에딩턴 경이 태양 바로 뒤에 위치해 있어 지구에서는 관측이 되지 않아야 할 별이 지구에서 관측되는 것을 발견하며 시공간이 질량에 의해 휘어진다는 아인슈타인의 이론을 증명해낸 것과 같은 원리로 우리에게 관찰되고 있는 것이다. 다른 점이 있다면, 저 거대 은하단 뒤편에 존재하고 있는 은하들이 이상하게 일그러진 모습으로 은하단 주변에서 관찰되고 있다는 것이다. 이것은 거대한 질량을 가지고 있는 은하단으로 인하여 주변의 시공간이 휘어져 있기 때문에 발생하는 현상이다. 다만 이 과정에서 휘어진 공간을 통과한 빛으로 인하여 은하단 뒤에 있던 원래 은하들의 모습이 거대 은하단 주변에서 일그러지게 관찰이 되는 것이다. 물질(질량)에 의하여 시공간이 얼마나 휘어지는지는 아인슈타인의 중력 방정식에 의하여 정확하게 계산을 할 수 있다. 그리고 은하단이 가진 질량은 보이는 별들의 개수를 파악함으로써 대략적인 유추가 가능하다. 흥미로운 것은, 이렇게 관찰되는 거대 은하단의 질량을 계산하여 휘어지는 시공간을 계산해보면 은하단 뒤편에 있는 은하들이 보일 정도로 시공간의 휘어짐 곡률이 크지 않다는 것이다. 즉, 육안으로 관측되는 은하단의 질량만으로는 시공간의 휘어짐을 그렇게 크게 만들 수가 없는 것이다. 시공간의 휘어짐 곡률이 충분히 크지 못하면 이 거대 은하단의 뒤편 은하들은 결코 관찰될 수 없다.

그럼에도 불구하고 분명 우리에게 거대 은하단 뒤편의 은하들이 관찰되고 있다면 거대 은하단 주변 시공간의 휘어진 곡률은 우리의 계산보다도 훨씬 더 휘어져 있다고 보는 것이 옳을 것이다. 따라서 이것은 빛나는 별들 이외에도 눈에 보이지 않는 어떤 물질들이 은하단 내에 추가로 존재하기 때문에 더 큰 질량을 부과함으로 인해서 거대 은하단 뒤편의 은하가 관측될 정도로 충분한 시공간의 휘어짐을 만들어내고 있다고 봐야 하는 것이다. 혹시 이것이 중력 방정식이 가지는 계산상의 오류나 오차가 아닐까 생각하시는 분들도 계실 것이다. 하지만 단순한 계산상의 오차로 보기에는, 우리에게 관측되지 않는 암흑 물질로 존재해야 하는 질량의 값이 너무나도 크다. 놀랍게도 우리에게 관측되는 현상을 아인슈타인의 중력 방정식으로 설명하기 위해서는 보이지 않는 물질의 질량이 관측되는 별들의 질량보다 오히려 약 6배나 더 커야 하는 것이다. 이것은 단순히 계산식의 오차로는 나오기가 힘든 수치이다. 그러므로 이 우주 공간에는 빛으로는 관측되지 않지만 질량을 가진 어떤 물질이 존재한다는 것이 오히려 자연스러울 수밖에 없는 상황인 것이다. 만약 이것을 인정하게 된다면 이 세상은 사실 우리가 볼 수 있는 물질보다 볼 수 없는 물질이 무려 6배나 많다는 것을 의미한다. 뭐라고? 이 세상에는 우리의 눈에 보이는 것보다 볼 수 없는 물질이 6배나 많다고? 이 세상에서 우리가 눈으로 볼 수 있는 물질은 오히려 매우 적으며, 보고는 있으나 실제로는 보이지 않는 것이 우주를 구성하고 있는 물질의 대부분이라니… 이렇게 배보다 배꼽이 더 큰 것과 같은 기이한 우주의 속성은 영화 '유주얼 서스펙트'(1995)의 가장 마지막 장면을 보여주는 것과 같은 반전을 우리에게 선사한다. 이것은 이 세상에 존재하는 물질은 사실 눈에 보이는 것보다 보이지 않는 물질이 훨씬 더 많다는 것을 말해주기 때문이다. 내가 바라보고 있는 것이 전부가 아니다. 믿기지 않지만 우리 눈에 보이는 것은 단지 아주 일부이며 사실 그보다 훨씬 더 많은, 보이지 않는 무엇인가가 분명 거기에 존재하고 있다. 이처럼 과학이 발전함에 따라 우주를 바라보는 관측 기술이 발달하면 할수록 이 우주는 지속적으로 우리에게 기존에 가지고 있던 고정관념을 대대적으로 수정할 것을 요구하고 있다.

과학적으로 관측되며 존재감을 드러내는
보이지 않는 물질

아직까지 인류는 암흑 물질이 무엇인지는 잘 모른다. 이제 우리는 겨우 빛과 상호작용하지 않는 암흑 물질이라는 존재를 겨우 조금씩 깨달아가고 있는 수준인 것이다. 하지만 암흑 물질 또한 물질이기 때문에 자신이 가진 질량으로 시공간을 휘어지게 만들면서 지금도 자신의 존재감을 마음껏 우주 공간에 드러내고 있다. 최근의 학자들은 아무것도 없는 것으로 보이지만 빛을 통과시켰을 때 이 빛이 휘어진 시공간을 따라 움직이는 것을 관찰하며 암흑 물질이 그 공간에 어떻게 분포되어 있는지를 세부적으로 찾아내는 시도를 하고 있다. 아무것도 없어 보이는 빈 공간에 빛을 비추면 직진을 해야 한다. 하지만 빛이 직진 운동을 하지 않고 그 경로를 따라 여기저기 휘어지면서 나아가는 것이 관측되고 있는 것이다. 빛은 항상 직선 운동을 한다. 만약 빛이 휘어지는 것처럼 보인다면 그것은 빛 자체가 휘어지는 것이 아니라 주변의 시공간이 휘어져 있기 때문이다. 따라서 이러한 사실들은 암흑 물질의 존재를 객관적으로 증명해주는 또 다른 증거들인 것이다. 정확한 비유는 될 수 없겠지만 깨끗한 물속에 들어 있는 동전을 생각해보자. 물가에서 멀리 떨어져 있는 우리에게는 그곳에 물이 있다는 것이 보이지 않을 수 있다. 하지만 이때 바람에 수면이 잠시 흔들리면 물결의 이동에 따라서 우리 눈에는 동전의 일그러짐이 보이게 될 것이다. 실제 동전이 일그러지는 일은 일어나지 않는다. 다만 빛이 통과하는 매질인 물결이 이동하면서 빛이 휘어지기 때문에 일그러진 것처럼 보이는 것이다. 우리는 멀리 떨어져 있는 거리로 인하여 직접적으로 그곳의 물은 보이지 않지만 이러한 간접적인 관찰 결과를 통하여 그곳에 물이 있다는 것을 미루어 짐작할 수 있다. 이와 마찬가지로 우주 공간에서도 보이지 않지만 분명 존재하는 질량에 의하여 이렇게 빛이 휘어지는 현상이 항상 일어나고 있으며 그 휘어짐의 정도를 통하여 보이지 않는 암흑 물질의 존재를 유추해내고 있다.

만약 빛이 중력 방정식에 의하여 계산된 것보다 더 휘어져 있다고 하면 우리는 그곳에 암흑 물질이 어느 정도 존재한다는 것을 간접적으로 파악할 수 있다. 이렇게 빈 공간이라는 개념은 암흑 물질로 인하여 한 번 더 확장되었다. 우리가 밤하늘의 빈 공간이라고 생각한 저 은하와 그 주변은 사실은 보이지 않는 무거운 암흑 물질로 가득 차 있었던 것이다. 더군다나 암흑 물질이 가지고 있는 질량은 우리의 눈에 보이는 물질의 6배가 넘는다. 이 세상에 존재하는 물질은 우리가 볼 수 있는 것보다 볼 수 없는 것이 더 많다. 그리고 이 우주는 그 보이지 않는 물질에 의하여 휘어진 시공간의 지배를 받고 있다. 이러한 사실들만으로도 이 우주는 정말 불가사의하다는 생각이 든다. 그런데 놀랍게도 다음부터 이야기할 내용은 우리에게 이보다 더 많은 인내심을 요구하고 있다. 그러므로 큰 호흡과 함께 다음에 이어지는 이야기에 귀를 기울여보자.

암흑 에너지로 가득 채워져 있는 바다

우리는 조금 전까지 암흑 물질이라는 의문의 존재가 그동안 세상을 구성하고 있는 전부라고 생각했던 물질보다 6배나 많다는 사실에 적잖이 당황하였다. 그렇다면 이 우주는 우리 눈에 보이는 물질과 그보다 6배나 많은 보이지 않는 물질로 구성되어 있는 것일까? 반전이 계속되고 있는 지금의 상황에서 일부 독자들은 이미 예상하고 계셨을 수도 있겠지만 이에 대한 답은 '아니오'다. 연구에 따르면 이 세상은 단순히 물질로만 이루어져 있는 것이 아니라 에너지로 가득 채워져 있다고 한다. 다만 이 에너지는 아직까지 우리에게 그의 신비스러운 존재를 활짝 보여주지 않고 있다. 암흑 물질과 마찬가지로 우리는 이 미지의 에너지에 대해 알고 있는 것이 거의 없으므로 이를 암흑 에너지라고 부르고 있다. 놀라운 것은 이세상 자체가 '암흑 에너지'라고 불리는, 보이지도 않을 뿐만 아니라 어떤 질량이나 형체조차 없는 에너지로 가득 채워져 있다는 것이다. 에너지라는 것은 질량이 없다. 질량이 없다면 주변의 시공간에도 어떤 영향을 미치지 않는다. 따라서 보이지도 않고 주변의 시공간에도 아무런 영향을 미치지 않는 이 암흑 에너지를 우리가 감지해낼 수 있는 방법은 현재로서는 없다. 하지만 우리에게 관찰되는 관측 결과들은 우리가 그동안 아무것도 없다고 생각해왔던 공간 자체가 사실은 암흑 에너지라는 것으로 가득 채워져 있다는 것을 알려주고 있다. 이 세상은 마치 암흑 에너지로 가득 채워져 있는 바다와도 같다는 것이다. 관측 기술의 발달과 함께 얻어지는 자료가 많아지면 많아질수록 우리가 그동안 이 세상의 전부라고 믿어

의심치 않았던 물질들이 사실은 이 세상의 구성 성분 중 아주 작은 일부분에 불과하다는 결론과 마주하고 있다.

우리는 지금도 암흑 에너지의 영향을 받고 있다

이 세상에 암흑 물질 말고도 또 다른 미지의 존재가 더 있다고? 그리고 이번에는 육안으로 관측이 되지 않을 뿐만 아니라 질량이나 형체조차 없는 에너지의 형태를 가지고 있다니…. 혹자는 이렇게 이야기할 수도 있다. "우리 눈에 보이지도 않고 물질과 같은 형체나 질량조차 없어서 우리와 상호작용을 하지 않는다면 이러한 존재를 우리가 알 필요가 있을까? 그렇다면 그냥 그런 것은 없다고 무시해버리면 되는 것이 아닌가?" 분명 일리 있는 말이다. 하지만 이게 그렇게 간단한 일이 아니다. 우리는 아인슈타인의 유명한 공식인 $E=mc^2$을 통하여 질량과 에너지는 사실 하나의 서로 다른 모습이라는 것을 잘 알고 있다. 이는 곧 모든 질량은 에너지로 바뀔 수 있고 마찬가지로 에너지도 질량으로 전환될 수 있음을 나타낸다. 따라서 에너지의 형태를 가지고 있는 무엇이 있다면 그것은 질량과도 어떤 연결 고리가 될 수 있음을 의미함과 동시에 에너지 형태의 그 무엇인가는 지금 현재 우리의 우주에도 어떤 방식으로든 그 영향을 미치고 있을 것이기 때문이다. 아직 우리는 암흑 에너지가 정말로 존재하는지 여부를 실험적으로 직접 증명할 수 있는 방법을 알지 못한다. 그럼에도 불구하고 현재 학자들이 암흑 에너지가 존재한다고 확신을 하고 있는 이유는 우리의 천문 관측 기술이 발달함에 따라 얻어지고 있는 우주에 대한 연구 결과들이 암흑 에너지가 등장하지 않고서는 결코 해결될 수 없는 상황으로 계속 연출되고 있기 때문이다. 그것이 앞서 이야기한, 우주가 단순 팽창하고 있는 것이 아니라 팽창 속도가 점점 빨라지는 가속 팽창을 하고 있다는 사실이다. 이것이 암흑 에너지가 존재한다는 가장 강력한 증거가 되고 있다. 앞서 설명했던 것처럼 우주가 가속 팽창하고 있다는 것은 지금도 이 우주에 우주를 팽창시키는 힘이 이 세상에 지속적으로 가해지고 있다는 이야기이기 때문이다. 에너지의 형태로 우리에게 직접적인 모습을 드러내고 있지 않고 있는 암흑 에너지는 이러한 간접적인 방식으로 지금도 우리에게 영향을 주고 있는 것이다.

암흑 물질은 인력으로, 암흑 에너지는 척력으로
이 세상에 영향을 미치고 있다

그렇다면 암흑 에너지와 암흑 물질은 서로 어떻게 다를까? 이름은 비슷하게 붙어 있지만 이들은 매우 크게 다른 2가지 성질을 가지고 있다. 그것은 질량을 가지고 있는지 여부, 그리고 작용하는 힘의 방향이다. 암흑 물질은 보이지는 않지만 질량이 있다. 질량이 있기 때문에 암흑 물질의 존재는 주변의 시공간을 휘어지게 만든다. 즉, 빛과는 상호작용하지 않기 때문에 망원경과 같은 광학 기기로는 관측이 되지 않는 암흑 물질도 결국은 질량을 가진 물질이기 때문에 중력을 통하여 시공간을 휘어지게 만들면서 인력으로 이 세상에 영향을 미치고 있다. 이를 통해서 우리는 암흑 물질의 크기와 위치를 유추해낼 수 있다. 그런데 이와 달리 암흑 에너지는 물질이 아니기 때문에 질량이 없다. 질량이 없기 때문에 시공간을 휘게 만들지도 않는다. 즉, 암흑 에너지는 빛과도 상호작용하지 않을 뿐만 아니라 우리와 같은 물질과도 상호작용을 하지 않기 때문에 그 존재를 간파하기가 매우 힘든 것이다. 그리고 암흑 물질과 암흑 에너지의 또 다른 한 가지는, 앞서 이야기했던 작용하는 힘의 방향이다. 암흑 에너지가 발휘하는 힘은 물질과 같이 끌어당기는 인력이 아닌 밀어내는 힘인 척력이다. 이 암흑 에너지의 척력이 지속적으로 작용하고 있기 때문에 지금의 우주가 여전히 힘을 받으며 가속 팽창을 하고 있는 것이다. 이는 암흑 에너지가 앞서 언급했던 주행 중인 자동차에 지속적으로 연료를 공급하고 있는 것과 같은 방식으로 우주를 가속 팽창시키기는 역할을 하고 있기 때문이다. 이렇게 암흑 에너지는 척력으로 이 세상에 영향을 미치고 있다. 불행히도 아직까지 암흑 에너지에 대해서는 암흑 물질보다도 우리가 알고 있는 것이 더 없다. 우리는 비교적 최근에야 우주가 가속 팽창하고 있다는 사실을 발견하고서 이를 통하여 암흑 에너지가 존재한다는 간접 증거만을 확인했을 뿐이다.

어항 속의 물고기

더욱 놀라운 것은 연구 결과에 따르면 이 암흑 에너지가 우주를 이루고 있는 구성 성분의 무려 72%를 차지하는 것으로 여겨진다는 것이다. 무엇이라고? 암흑 에너지가 이 세상의 72%라고 하면 이 세상은 대부분 암흑 에너지로 채워져 있다는 것이 아닌가? 무엇인가 잠시만 정리가 필요할 것 같다. 앞서 우리는 우리 눈에 보이지 않는 암흑 물질이 우리처럼 눈에 보이는 물질보다 약 6배나 많다는 것에 적잖이 놀랐다. 그런데 그것도 모자라서 그 존재조차 관측하기 어려운 암흑 에너지가 이 세상의 절반을 훌쩍 넘는 72%를 구성하고 있다고? 그렇다! 정말 알아갈수록 기이한 일이지만 사실 이 우주의 대부분은 암흑 에너지로 채워져 있다. 나머지 24%는 눈에 보이지 않는 암흑 물질이고, 우리가 느끼고 만지며 볼 수 있는 물질은 단 4%에 불과하다. 그렇다! 우리가 그동안 대부분 빈 공간이라고 생각했던 저 어두운 우주 공간의 96%는 우리 눈에는 보이지 않는 물질과 에너지로 가득 채워져 있었던 것이다. 나와 우리 지구, 그리고 이 우주를 구성하며 이 세상의 주인공이라고 여겨졌던 저 밤하늘의 별들과 같은 눈에 보이는 물질들은 사실 이 우주의 고작 4%에 불과한, 보잘것없는 존재였던 것이다. 이 세상을 구성하고 있는 물질이 겨우 전체의 4%에 불과하다면 이 우주 공간 속에서 살아가고 있는 우리는 빈 공간을 이러한 물질들로 채우고 있던 것이 아니라 사실은 이미 무엇인가로(암흑 물질과 암흑 에너지) 이미 가득 채워져 있던 공간에 단지 섞여 들어가 있는 것뿐이다. 물로 가득 차 있는 어항 속을 헤엄쳐 다니는 물고기는 어항 속의 물을 인식하지 못한 채 자신의 생각으로는 빈 공간이라고 생각되는 어항 속을 유유히 돌아다닌다. 우주 공간 속에서 지구라는 안락한 행성을 타고 유유히 시공간을 유영하고 있는 우리도 혹시 암흑 물질과 암흑 에너지로 이루어진 거대한 어항 속을 홀로 돌아다니고 있는 물고기와 같은 존재는 아닐까? 혹시라도 우리 우주에 존재하는 암흑 물질과 암흑 에너지를 모두 바라볼 수 있는 또 다른 차원의 어떤 존재가 있다면 그들의 눈에는 우리의 지구가 마치 커다란 수조 속의 물속에서 헤엄치는 물고기와 같이 무엇인가로 가득 찬 공간을 헤집고 돌아다니는 모습으로 보일지도 모른다.

그만큼 비어 있다고 생각한 우주의 저 공간은 결코 비어 있는 공간이 아닌 것이다. 이제 학자들은 우리가 생각하는 빈 공간이 빈 공간이 아닐 수 있다는 사실을 현실로 받아들이고 있다. 사실 고대 그리스인들도 한때 빈 공간에 에테르라는 것이 가득 차 있다는 주장을 하기도 했다. 하지만 에테르라는 존재는 과학적 근거가 없이 단지 철학적인 수준에서 그 가능성이 이야기되던 것이었다. 그럼에도 불구하고 그 개념은 오랜 시간 동안 명맥을 유지하여 19세기까지도 많은 학자들이 빛이라는 파동이 이동하는 매질로서 공간을 가득 채우고 있는 에테르 개념을 믿고 있었다. 과학적인 근거가 더 이상 없다는 이유로 20세기 이후에는 거의 폐기되었던 에테르의 개념이 이제 암흑 에너지라는 의문의 존재로 인하여 다시 등장해야 할지도 모르는 상황이 되고 있다. 최근의 다양한 이론과 이를 증명하는 실험 및 관측 결과들로부터 우리가 관측할 수 있는 물질은 불과 4%밖에 되지 않는다는 것이 속속 밝혀지고 있다. 그리고 24%는 우리가 보지 못하는 암흑 물질로 은하 주변에 퍼져 있으며, 나머지 72%는 우리가 비어 있다고 생각해온 공간을 가득 채운 채로 시공간을 팽창시키는 암흑 에너지로 작용하고 있다. 우리는 아직 암흑 물질 및 암흑 에너지에 대하여 아는 것이 많지 않다. 하지만 이에 대한 연구는 많은 학자들에 의하여 지속적으로 진행되고 있다. 특히 질량조차 감지되지 않아 베일에 가려져 있는 암흑 에너지를 양자역학적인 관점에서 발생하고 있는, 생성과 소멸이 반복되는 양자적 요동으로 설명하려는 시도도 이어지고 있다. 하지만 우리가 이에 대해 이해하기 위해서는 아직은 시간이 더 필요할 것 같다. 어쨌든 명확한 것은, 그동안 아무것도 없는 절대 빈 공간이라고 생각했던 개념은 이제 폐기를 해야 한다는 것이다. 그리고 우리가 그동안 빈 공간이라고 생각했던 곳도 그 무엇인가로 가득 채워져 있다는 것을 인정해야만 하는 상황이 되고 있다.

암흑 물질과 암흑 에너지를 설명하는 열쇠

이처럼 암흑 물질과 암흑 에너지는 아직도 베일에 가려진 채 그 본연의 모습을 우리에게 보여주지 않고 있다. 앞서 언급했지만 이들이 암흑이라는 이름을 가지게 된 것은 색깔이 검기 때문이 아니라 우리가 이들에 대해 알고 있는 게 없기 때문이다. 우주 도처에도 이와 비슷한 대상이 존재한다. 바로 블랙홀이다. 블랙홀 하면 검은색이 연상되는 것은 이 천체가 빛조차도 흡수해버리기 때문이다. 블랙홀은 그 이름만큼이나 흥미로운 대상이며, 이 우주가 보여주는 신비로움의 상징이다. 그렇기 때문에 블랙홀은 항상 영화의 좋은 소재가 되기도 하며 무엇이든 흡수해버리는 상징적인 은유의 대상으로 사회, 교육, 예술 등 전반에 걸쳐 널리 활용되기도 한다. 하지만 우리가 살펴본 바와 같이 사실 블랙홀이라는 것은 예외적으로 생성되는 특이한 현상이 아니다. 그것은 단지 질량이 큰 별이 죽어가는 과정에서 발생할 수밖에 없는 무거운 천체의 마지막 흔적이며, 이 우주 공간 어디에든 존재하고 있는 실존하는 실체이다. 혹시 우주여행이 가능해지게 되는 먼 미래에는 이러한 블랙홀의 성질을 이용하여 시간과 공간을 변화시키는 다양한 기술들이 개발될지도 모를 일이다. 하지만 이를 위해서는 아직도 인류가 밝혀야 할 블랙홀의 신비로움이 너무나도 많이 남아 있다. 그러므로 블랙홀에 대한 우리의 이해는 블랙홀이라는 것이 실재한다는 것을 이제 막 깨닫게 된 수준에 불과하다고 봐야 할 것이다. 이 진리의 열쇠를 푸는 과정은 우리의 후대가 착실히 이어나가게 될 것이다.

필자는 블랙홀의 비밀을 푸는 열쇠가 지금까지 언급해온 암흑 에너지의 신비를 푸는 길과 묘한 상관관계를 가지고 있을지 모른다는 막연한 추측을 해본다. 거대한 질량이 모이고 모여서 공간이 찢어질 만큼의 작은 크기가 되는 순간 우리가 알고 있는 시공간은 의미를 잃고 무너지며 특이점으로 압축된다. 그렇다면 혹시 이러한 블랙홀들이 질량을 에너지로 바꾸는 전환 장치는 아닐까? 블랙홀에 의해 흡수된 거대한 질량은 에너지로 바뀌면서 암흑 에너지의 형태로 전환이 된다. 그러면 이렇게 전환된 암흑 에너지는 블랙홀의 중심인 특이점에서 우리보다 차원이 더 높은 심연에 숨겨지게 될 것이다. 우리가 살아가는 세상에서의 물질이 중력이라는 인력을 유발시킨다면, 블랙홀에 의해 에너지로 변환이 된 암흑 에너지가 그 반대의 힘인 척력을 가질 수 있다는 것도 자연스럽게 설명이 될 수 있는 부분이다. 즉, 블랙홀에 흡수된 물질들은 암흑 에너지로 전환이 된다. 이 과정에서 물질이 가지고 있던 인력은 그 반대의 힘인 척력으로 작용하게 된다. 별들이 태어나고 죽어가면서 서로 합쳐지는 과정을 통해 지금 이 순간도 많은 블랙홀들이 만들어지고 있으며 이 블랙홀들에 의하여 수많은 물질들이 특이점 속으로 삼켜지고 있다. 이러한 순환의 고리가 암흑 에너지를 점차 증가시키고 있으며 이런 방식으로 축적되고 있는 암흑 에너지가 지금 우리 우주를 가속 팽창시키기 위해 지속적으로 투입되고 있는 원동력이 아닐까? 만약 우리가 블랙홀에 의해 특이점으로 삼켜지는 물질의 양을 유추한 후에, 우주가 팽창되는 속도로부터 예측되는 암흑 에너지에 의한 척력의 양을 계산해낸 값이 서로 동일하다면 이 논리는 성립될 수도 있다. 그렇다면 블랙홀에 의하여 흡수되는 물질이 암흑 에너지의 증가로 이어지면서 지금의 우주 팽창 속도를 계속 가속시키는 것으로 활용되고 있다는 증거가 될 수 있을 것이다. 그리고 이러한 과정을 통해서 더 높은 차원의 세상에 축적된 암흑 에너지가 특정 임계점을 넘어서는 순간 또 다른 우주가 빅뱅을 일으키며 만들어지고 있을 수도 있는 것이다. 지금 시점에 이들에 대해 명쾌한 답을 줄 수 있는 사람은 아직 없다. 조금은 서운할 수도 있겠으나 이러한 비밀의 신비스러움을 간직하고 있기에 우리의 우주가 더 애틋하고 더 아름다워 보이는 것이라고 스스로 위안을 해볼 수도 있을 것 같다. 우리는 편안한 의자에 기대어 앉아 이처럼 훌륭하게 상상 속의 여행이 가능한 무대를 즐길 수 있으니 이 또한 좋지 아니한가? 이제 공은 우리 세대를 통해서 우리의 다음 세대에게 전달이 될 것이다. 우리는 우리의 후배들이 조금이라도 편안하게 공을 더 잘 다룰 수 있도록 관련된 정보를 조금씩 조금씩 축적시켜주기만 하면 된다. 그것이 현재를 살아가고 있는 우리의 역할이며 단지 그것만으로도 충분한 의미를 가진다. 이러한 노력들이 후대에 또 다른 뉴턴 혹은 또 다른 아인슈타인의 탄생을 돕는 씨앗임을 잊지 말아야 한다.

물질은 인력을 가지고 있고 공간은 척력을 가지고 있다

여기서 한 가지 재미있는 사실이 있다. 앞서 아인슈타인은 인력만이 존재하는 우주에서 안정적인 우주 상태를 유지시켜주기 위하여 그의 중력 방정식에 우주 상수를 추가했다고 하였다. 그런데 허블이 우주를 관측하면서 발견한 우주 팽창을 결국에는 인정하면서 아인슈타인은 이 우주가 한때 자신이 생각했던 것처럼 안정적이고 고요한 상태가 아니라는 것을 인정하였다. 따라서 그는 자신이 실수를 했음을 인정하고 그의 중력 방정식에 삽입했던 '우주 상수'를 공식적으로 철회하였다. 하지만 최근 계속 확인되고 있는 연구 결과들을 보면 아인슈타인이 본인 인생 최대의 실수라고 후회하며 철회했던 '우주 상수'를 중력 방정식에 다시 집어넣어야 된다는 증거들이 속속 나오고 있다. 물질이 지배하고 있는 것처럼 보이는 이 우주가 중력(인력)만을 가지고 있는 것이 아니라 서로 밀어내는 반중력(척력)도 근원적으로 가지고 있다는 것이 밝혀지고 있기 때문이다. 그런데 중력 방정식에서 이를 표현할 수 있는 것이 바로 아인슈타인이 자신의 실수를 인정하며 철회했던, 척력을 의미하는 '우주 상수'인 것이다. 아인슈타인 본인이 실수라고 인정하며 폐기했던 '우주 상수'가 그로부터 100여 년이 지나 실제 우주가 가지고 있는 속성임이 밝혀지고 있는 것이다. 비록 현대의 우리가 이야기하고 있는 '우주 상수'가 100년 전 아인슈타인이 만든 우주 상수와 정확히 동일한 의미를 가지지 않을지도 모르지만 이러한 결과만으로도 아인슈타인은 시대를 앞서는 엄청난 통찰력을 가진, 인류 역사상 전무후무한 대단한 천재임을 다시 한번 인정해야 할 것이다.

관측 기술이 발달하면서 우주에 대해 새롭게 알려지고 있는 사실은, 이 우주에 존재하는 힘은 중력이 가진 인력만이 아니라는 것이다. 이 우주에는 중력에 반대되는 척력을 가진 힘이 존재하며 이러한 척력으로 인하여 우리의 우주가 가속 팽창하고 있다는 사실이 밝혀지고 있다. 여기에서 한 가지 구분해야 할 것은 지금 이야기하고 있는 척력은 앞서 프리드만이 주장했던 것, 즉 우주가 만들어질 당시 초기 조건에 의하여 인위적으로 만들어진 그 척력과는 구분이 되어야 한다. 무슨 이유에서인지 아직은 모르지만 이 우주 공간은 자신의 속성에서 공간 자체가 척력을 가지고 있다는 것이다. 마치 물질이 자연적으로 중력이라는 인력을 가지고 있는 것처럼 말이다(자연이 가지고 있는 묘한 음양의 원리를 생각하면 자연적인 중력이 있으면 자연적인 척력도 존재하는 것이 오히려 자연스러워 보이기도 한다). 하지만 이것도 결국은 척력으로 작용하는 것인데 이것을 프리드만이 이야기한 척력과 구분해야 할 필요가 있을까 생각하시는 분도 계실 것이다. 하지만 여기에는 아주 큰 차이점이 있다. 프리드만이 주장했던 척력은 우주 초기 어떠한 조건에 의하여 인위적으로 만들어진 힘이기 때문에 앞서 담장 너머에서 철수가 하늘을 향해 던졌던 공처럼 언젠가는 사라지게 될 운명을 가지고 있다. 하지만 지금 이야기하고 있는 척력은 우주가 가진 공간의 속성 자체에 척력이 있다는 것이다. 따라서 우리 우주가 존재하는 한 거기에 척력이 사라지는 일은 없을 것이라는 이야기다. 이렇게 아인슈타인이 인생 최대의 실수라고 인정하며 철회했던 우주 상수는 최근 우주가 가속 팽창하고 있다는 사실이 확인되면서 화려하게 다시 부활했다.

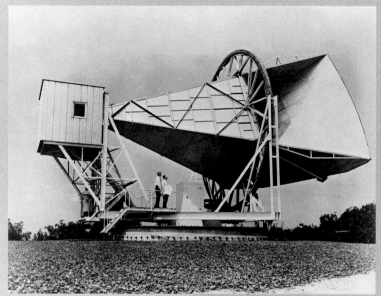

출처: Wikipedia

　우주배경복사의 존재를 처음으로 탐지해낸 전파 망원경. 우주배경복사는 전파 망원경을 설치하는 과정에서 아주 우연히 발견되었다. 전파 망원경에서 모든 방향으로부터 균일하게 탐지되었던 이 잡음은, 빅뱅 당시 빛이 물질로부터 해방되며 처음으로 분출되어 나온 흔적이 오랜 시간 동안 우주 팽창과 함께 냉각되어 전파의 형태로 남겨지게 된 것이었다. 이렇게 거대한 우주 공간이 어느 지역에서나 온도 차가 없이 거의 균일한 상태라고 한다면 우주 초장기에는 이 거대한 우주가 아주 작은 공간에 모두 모여 있어야만 했을 것이다. 우주의 역사를 알아가는 데 우주배경복사는 아주 중요한 의미를 가진다. 그런데 이러한 우주배경복사의 존재는 이처럼 아주 우연히 발견되었다. 하지만 이러한 행운도 앞선 선지자들의 놀라운 통찰력에 의한 우주배경복사라는 존재의 예견이 없었더라면 결코 일어나지 않았을 것이다. 우리는 이어질 진리로의 여정에서도 이 점을 결코 잊지 말아야 한다.

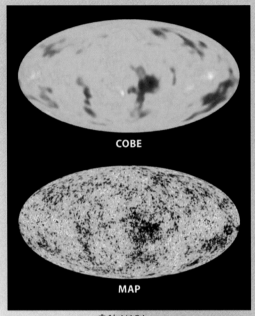

출처: NASA

위 사진은 1992년 발사된 COBE 위성이 측정한 것이며 아래 사진은 2003년 발사된 WMAP 위성이 촬영한 것이다. 이 연구로부터 학자들은 놀라운 결과를 얻을 수 있었다. 1965년 지구상에 설치되어 있던 전파 망원경을 통해서 우연히 발견되었던 우주배경복사는 전 우주가 매우 균일한 분포를 가지고 있었던 것처럼 보였다. 하지만 우주배경복사를 더욱 정밀하게 측정하기 위하여 우주 공간으로 나아가 우주 공간에 펼쳐져 있는 전파를 더 자세하게 분석해본 결과 위의 사진처럼 우주 공간은 균일한 것이 아니라 국부적으로 아주 미세하게 불균일한 온도 분포를 가지고 있었던 것이다. 처음에는 위성의 관측상 오차인 것으로 생각했으나 그 불균일한 분포가 바로 현재의 물질의 분포로 이어지게 되었다는 충격적인 사실을 발견하게 된다. 위 사진은 놀랍게도 바로 이 거대한 우주에서 은하들의 분포가 어떻게 이루어져 있는지를 나타내주는 우주의 지도였던 것이다. 위 이미지에 색깔이 매우 다르게 표현되었지만 이는 작은 온도 차이를 극대화하기 위하여 색깔을 극명하게 나눈 것이다. 실제 주변 영역과 차이가 나는 온도는 약 10만분의 1도에 불과하다. 처음에 발사되었던 COBE 위성보다 진보된 기술을 가진 WMAP 위성의 해상도가 훨씬 뛰어난 것을 볼 수 있다.

❺
우주배경복사

우연하게 발견된 빅뱅의 증거

우리는 앞서 조지 가모프가 그의 스승 프리드만의 연구를 이어받아 빅뱅 이론을 체계적으로 발전시켰다는 것을 알게 되었다. 당시에 그는 초기의 매우 뜨거운 세상에서 공간이 팽창하면서 물질이 만들어지기 시작하였고 공간 팽창에 따라 온도가 계속 떨어지면서 전자가 원자핵에 포획되는 순간 비로소 빛이 공간을 자유롭게 돌아다닐 수 있게 되었다고 생각하였다. 따라서 우주가 만들어진 이후 빛이 처음으로 공간을 자유롭게 돌아다닐 수 있게 된 흔적이 지금도 우주 전 영역에 걸쳐 남아 있을 것이라고 주장하였다. 당시에 우주가 작은 특이점에서 폭발하여 창조되었다는 가모프의 이론은 다소 황당하기까지 한, 파격적인 것이었고 수학적 추론만이 있을 뿐 객관적인 증거나 실험 결과가 없었으므로 별다른 호응을 받지 못하였다. 따라서 이러한 빅뱅의 증거가 될 수 있는 어떤 흔적이 우주 전역에 남아 있을 것이라는 주장 또한 조용히 묻히게 되었다.

이런 상황에서 우주 빅뱅의 직접적인 증거는 매우 우연히 발견되었다. 1964년 미국 벨 연구소의 아노 펜지어스와 로버트 윌슨은 우주의 별들을 탐사하기 위한 커다란 전파 망원경을 설치하는 업무를 맡게 되었다. 전파 망원경 설치가 예정대로 순조롭게 완료된 후 전파 망원경을 통하여 본격적으로 우주를 탐사하려는 시도를 하게 된다. 하지만 그들은 전혀 예상치 못한 문제를 만나게 된다. 많은 비용과 노력을 들여서 만들어낸 전파 망원경에서 어떤 출처를 알 수 없는 잡음이 지속적으로 잡히는 것이었다. 특이한 점은 이 잡음이 특정한 어느 한 곳이 아니라 망원경을 어떠한 방향으로 돌리더라도 하늘의 모든 방향에서 균일하게 들려온다는 것이었다. 전파 망원경을 어느 방향으로 돌리든지 같은 파형으로 잡히는 잡음이 있다면 그것은 전파 망원경 자체에 어떤 문제가 있거나 아니면 정말로 모든 방향에서 어떠한 전파가 나오고 있다고 봐야 할 것이다.

처음에 그들은 설치된 전파 망원경 자체에 붙어 있을지도 모르는 이물질들이 이러한 잡음을 만들어냈다고 생각하였다 그래서 망원경을 매일 깨끗이 청소하였을 뿐만 아니라 혹시나 근처를 날아다니는 새들의 배설물들이 떨어지지 않게 하기 위하여 주변에 새들이 오지 못하도록 쫓아내는 일까지도 했다고 한다. 그들의 이러한 노력에도 불구하고 모든 방향에서 들려오는 동일한 파형의 잡음은 도저히 제거할 수 없었다. 그러던 중 아노 펜지어스는 몬트리올에서 열리는 어느 천문 학회에 참석하여 메사추세스 공과대학의 한 연구원과 전파 망원경에서 발생하는 이상한 잡음에 관한 이야기를 하게 된다. 아노 펜지어스의 이야기를 듣고 있던 그 연구원은 이 잡음이 자기 학교의 한 교수팀이 애타게 찾고 있는 빅뱅 우주론의 증거가 될 수 있는 우주배경복사일지도 모른다고 생각하고 아노 펜지어스를 이들과 연결시켜준다. 이것이 빅뱅의 가장 직접적인 증거인 우주배경복사가 마침내 세상에 알려지게 되는 순간이었다. 천문학계의 큰 전환점이 되는 우주배경복사는 이처럼 우연하게 그 존재가 드러나게 되었지만 프리드만으로부터 시작되었던 진리로의 꾸준한 여정이 있었기에 가능한 일이었다는 것 또한 잊지 말아야 한다. 우연이 필연처럼 보이는 것은 결국 준비된 자에게만 주어지는 특혜인 것이다. 이 우주배경복사를 발견한 공로로 이들은 1978년 노벨상을 수상하게 된다.

지금도 우리 머리 위에 쏟아지고 있는 빅뱅의 증거

아노 펜지어스와 로버트 윌슨을 그토록 괴롭혔던 것은 단순한 잡음이 아니었다. 우주 공간 어디를 쳐다보더라도 균일하게 발산되고 있는 전파의 메아리는 우리 우주가 한때는 아주 작은 공간에서 같이 출발하였다는 빅뱅 우주론의 아주 강력한 증거였던 것이다. 빅뱅 이후 38만 년이 지나자 요동치던 전자가 원자핵에 포획되며 원자가 만들어지면서 비로소 자유를 얻은 빛이 사방으로 퍼져나왔다. 그때 퍼져나온 뜨거웠던 빛이 오랜 시간 동안 팽창을 거치면서 차갑게 식어갔다. 하지만 그렇게 처음으로 세상에 흩어져 나온 빛은 여전히 전파의 형태로 남아 우주 공간 전체에 각인되어 온 우주에 동일하게 자신의 흔적을 드러내고 있는 것이다. 이렇게 관측이 되는 전파를 온도로 환산해보면 우주의 온도는 절대온도 3도 정도가 된다. 실제로 지구에 있는 우리가 우주의 어느 방향을 관찰하더라도 우주의 온도는 3도로 균일하게 측정이 된다. 만약 아주 작은 공간에 함께 있지 않았다면 이처럼 거대한 우주 공간이 어떻게 이렇게 균일한 온도로 가득 차 있다는 말인가? 만약 이 우주가 처음부터 지금처럼 거대했다고 해보자. 높은 곳에서 낮은 곳으로 확산되는 온도의 특성으로 인하여 어느 공간은 뜨겁고 또 어느 공간은 차가워야 할 것이다. 마치 지구에 살고 있는 우리에게 추운 극지방과 더운 적도 지방이 있는 것처럼 말이다. 그런데 지금 우주 사방에서 쏟아지는 전파를 분석해보면 우주는 어느 지역이나 거의 동일한 온도를 보여주고 있는 것이다.

이해를 돕기 위하여 바다에 잉크를 풀어놓는다고 생각해보자. 잉크는 바다를 통해서 계속 확산될 것이다. 따라서 바다의 여러 지점을 임의로 골라서 잉크의 농도를 측정한다면 그 농도는 지역마다 차이를 보일 것이다. 본명 잉크가 처음 뿌려진 곳의 농도가 가장 높을 것이고 이로부터 거리가 멀어질수록 농도는 낮아질 것이다. 이와 동일한 원리로 이 거대한 우주도 지역마다 온도의 차이를 보여주는 게 자연스러운 것이다. 그런데 만약 모든 바다가 처음에는 단지 작은 비이커 하나 속에 모두 들어가 있었다고 생각해보자. 이때 비이커 안에 잉크를 뿌렸다면 잉크는 순식간에 비이커의 작은 공간 속에서 내부로 확산하며 빠른 시간 안에 전 영역에 걸쳐 비교적 균일한 농도를 만들어낼 것이다. 이런 균일성이 만들어진 이후 어떤 이유에서 비이커 자체가 한없이 커지게 되었다고 생각해보자. 그러면 이 거대한 바다의 모든 지점에서 잉크 농도가 균일하게 같다는 것이 설명될 수 있는 것이다. 이것이 우주배경복사가 빅뱅 이론의 강력한 증거인 이유 중 하나이다. 우주배경복사는 지구가 만들어지기 훨씬 이전부터 온 우주를 뒤덮고 있었으며 지금도 당신의 머리 위에 그렇게 떨어지고 있다. 혹시 지금도 하늘에서 쏟아지고 있는 우주배경복사를 한번 경험해보고 싶으신 분이 있는가? 그렇다면 지금 바로 TV를 틀어서 방송이 나오지 않는 번호로 이동해보도록 하자(케이블 TV가 아닌, 전파를 안테나를 통하여 직접 수신하는 경우만 가능하다). TV 화면에 보이는, 정체를 알 수 없는 지글거리는 화면은 지금도 쏟아지고 있는 우주배경복사의 일부가 TV 안테나에 잡힌 것이다. 이 지글거리는 화면은 당신이 지구 반대편에 있다고 하더라도 동일한 모양으로 당신에게 관찰된다. 뿐만 아니라 태양계 가장 끝 해왕성이나 안드로메다 은하, 심지어 우주 반대편 저 끝 지점에 가더라도 항상 동일한 모습으로 여전히 당신에게 관찰될 것이다. 당신이 지금 TV를 통하여 목격하고 있는 빅뱅의 증거는 온 우주에서 동일하게 동시 상영되는 생중계 방송이나 마찬가지인 셈이다.

우주배경복사의 미세한 불균일

이렇게 우연히 발견된 우주배경복사는 우주를 연구하는 많은 학자들을 매우 흥분하게 만들었다. 이 거대한 우주의 배경에 언제나 동일한 전파를 발산하고 있는 빅뱅 초기 빛의 흔적이 각인 되어 있다니…. 우주배경복사는 우리에게뿐만 아니라 전 우주 어디에서나 항상 동일한 모습으로 지금도 내려오고 있다. 어디에선가 존재할지도 모르는 외계 문명의 머리 위에도 지금 우리에게 보이는 동일한 우주배경복사가 내려앉고 있는 것이다. 만약 이 우주에 우리말고도 또 다른 지적 생명체가 존재한다면 우주 안에 존재하는 모든 지적 생명체들은 지금 공통적으로 모두 같은 형태의 빅뱅의 흔적을 바라보고 있을 것이다. 이렇게 우주배경복사의 발견은 우리 우주의 기원에 대하여 큰 진보를 가져다줄 전환점이 되는 발견이었다. 하지만 지표면에서는 주변에서 발생되는 전파, 건물, 그리고 기후 등 다양한 인자로 인한 간섭으로 우주배경복사에 대해 정밀한 관측이 어려울 수밖에 없다. 따라서 우주배경복사를 더 정밀하게 관측하기 위하여 우주배경복사의 정밀 관측을 위한 위성을 우주 공간에 쏘아올리게 된다. 연구진들은 1989년 첫 번째 우주배경복사 위성 코비를 쏘아올렸다. 이때 코비가 관측해낸 우주배경복사의 온도는 절대온도 약 2.73도였다. 빅뱅 초기 빛이 물질로부터 해방되면서 엄청나게 높은 온도로 세상에 뿌려진 빛의 흔적이 오랜 시간 동안 우주가 팽창되면서 서서히 식어가며 지금은 2.73도의 차가운 전자기파의 형태로만 남아 그 흔적을 우리에게 보여주고 있는 것이다. 코비를 통하여 학자들은 사방에서 쏟아지는 우주배경복사를 좀 더 정밀하게 측정할 수 있게 되었다. 이 과정에서 학자들은 우주배경복사가 가지는 또 다른 매우 중요한 사실을 하나 더 알게 된다. 그것은 우주 모든 지역에서 동일한 세기로 뿌려지고 있는 것처럼 보였던 우주배경복사도 자세하게 관찰을 해보면 국부적으로 미세한 차이를 보인다는 것을 알게 된 것이다. 그렇다면 이 미세한 온도 차이가 의미하는 것은 무엇일까?

우주배경복사의 중요성을 잘 알고 있었던 학자들은 좀 더 세밀한 관찰을 위하여 2001년 더 진보된 기술을 가진 WMAP 위성에 이어서 2009년에도 플랑크 위성을 연달아 쏘아올리면서 더 정밀한 방법으로 우주배경복사를 세밀하게 측정하였다. 많은 예산이 소요되는 이런 거대 프로젝트를 동일한 목적으로 반복해서 실행시킨다는 것은 그만큼 우주배경복사가 가지는 의미가 매우 중요하다는 것을 반증한다. 즉, 그만큼 가치가 있는 연구라는 것을 의미한다. 그리고 이러한 위성들이 가지고 온 결과들은 과연 한층 더 놀라운 것들이었다.

별들의 분포를 나타내는 우주 지도

모든 방향에서 균일하게 들려오는 것으로 생각했던 전파들을 좀 더 정밀하게 분석한 결과 우주의 전체 온도가 거의 비슷한 것으로 보이지만 국부적으로는 약 십만 분의 1도 정도의 미세한 차이가 있다는 것이 확인된 것이다. 빅뱅 이후 오랜 시간 동안 팽창을 거치면서 온 우주가 약 2.7도 정도의 차가운 온도로 균일하게 식어버린 것으로 생각했던 우주 공간이 지역적으로는 아주 미세한 온도 차이를 보여주고 있던 것이다. 그렇다면 이 미세한 온도 차이가 의미하는 것은 무엇일까? 왜 이 우주는 이렇게 미세한 불균일성을 보여주는 것일까? 많은 학자들이 이 미세한 온도 차이를 분석한 결과 놀라운 결과를 발견하게 된다. 이것이 현재의 별들 및 은하 밀도의 분포와 매우 잘 일치하는 것이었다. 즉, 현재 우주에 펼쳐져 있는 미세한 온도의 분포가 현재 우리 우주가 가지고 있는 별들의 밀도와 정확히 일치해 있던 것이다. 만약 빅뱅 초기에 탄생한 전 우주 공간이 모두 완벽히 균일한 밀도를 가지고 있었다면 절대 별이나 은하는 만들어질 수 없었을 것이다. 하지만 어딘가에서 나타난 아주 작은 미세한 불균일에 의하여 물질들이 많이 있는 곳과 그렇지 못한 영역이 생겨나게 되었다. 물질들이 상대적으로 많이 몰려 있는 지역에서는 서로 간의 간섭에 의하여 온도가 올라가게 된다. 이렇게 물질의 밀도가 높아진 곳은 차츰 성장하여 주변의 물질들을 더욱 끌어당기면서 중력의 영향으로 별들이 활발하게 탄생하는 원천이 된다.

즉, 우주배경복사는 초기 우주에서 물질의 밀도 분포가 어떠했는지를 지금 우리에게 보여주면서 현재 우리의 우주가 이런 모습으로 발전이 된 경로를 적나라하게 보여주고 있었던 것이다. 쉽게 이야기하면 우주배경복사는 지금 우리 우주 공간의 별들(물질)이 어디에 많이 있는지 혹은 적게 있는지의 분포를 거의 완벽하게 설명해주고 있다. 마치 바다 위에 육지의 분포가 어떻게 되어 있는지를 나타내주는 우리의 지도처럼 말이다. 그렇다! 우주배경복사는 바로 이 거대한 우주 공간에 별의 분포가 어떻게 되어 있는지를 보여주는 우주의 지도였던 것이다. 과거 인류는 지구의 지도를 완성하기 위하여 산을 넘고 바다를 건너는 힘든 여정을 오랜 시간 동안 해왔다. 그러다가 지금은 과학기술을 이용하여 위성 사진을 통해서 훨씬 간단하고 더 정확한 방법으로 지구의 지도를 완성하였다. 쉽게 달성한 듯 보이는 지구의 지도 완성은 호모사피엔스가 출현한 이후 약 20만 년이라는 시간이 걸렸다. 그런데 지금 우리는 이 지구의 완벽한 지도를 완성한 지 얼마 되지 않아 거의 무한한 것으로 여겨지는, 거대한 우주 공간의 지도를 바로 눈앞에서 발견한 것이다. 신비스럽게도 우주의 지도는 어느 은밀한 곳에 고이 숨겨져 있던 것이 아니었다. 우주의 지도는 우주가 탄생한 바로 그 순간부터 지금까지 쭉 우리의 눈앞에 그렇게 펼쳐져 있었다. 그동안 우리가 이 지도를 발견하지 못했던 것은 숨겨진 자연의 속성을 바라보는 우리의 관찰 능력이 부족했기 때문이었다. 이러한 사실은 같은 것을 바라보더라도 얼마나 알고 있느냐에 따라 그것으로부터 얻을 수 있는 것에는 엄청난 차이가 있다는 교훈을 우리에게 다시 한번 알려준다. 이렇게 우주배경복사는 우리 인류뿐만 아니라 전 우주에 걸쳐져 있는, 존재할지 모르는 지적 생명체들에게도 동일한 모습으로 우주의 지도를 보여주고 있다. 따라서 먼 훗날 우주 각지에서 존재하는 외계인들이 성간 혹은 은하 간 여행을 한다면 그들은 별도로 우주 지도를 들고 다닐 필요가 없을지도 모르겠다. 우주의 지도는 항상 그렇게 우리 모두의 머리 위에서 지금도 그렇게 펼쳐져 있기 때문이다.

혹시 우주배경복사가 정말 우주의 구조를 나타내는 지도를 의미하는 것일까 하는 의문을 가지는 분들도 계실 것이다. 합리적 근거로 해서 가지는 의문은 아주 좋은 습관이다. 그러한 습관이 지금 우리의 문명을 만들어주었기 때문이다. 다행히도 우주배경복사에 대하여 이와 같은 의문을 가진 학자들도 많이 있었다. 그래서 우주 공간에서 쏟아지고 있는 우주배경복사가 정말 우주의 지도가 맞는 것인지에 대해 많은 연구가 진행되었다. 이런 과정에서 그동안 수많은 학자들이 연구를 통해서 밝혀낸 자료들을 바탕으로, 빅뱅으로 태어난 초기 우주가 가졌던 공간의 크기와 물질의 분포를 계산하여 우주가 점차 팽창을 하면서 발전하게 되는 과정을 이론적으로 예상해보는 시뮬레이션이 여러 곳에서 진행되었다. 그결과 우주배경복사를 기반으로 이론적으로 예측되는 우주의 모습이 지금 우리가 알고 있는 우주 거대 구조의 모습으로 그대로 재현이 되어 많은 사람들을 놀라게 하였다. 즉, 현재 우주배경복사에 의하여 우주 공간에서 보여지는 각 지역 간의 온도 분포가 우연히 그렇게 된 것이 아니라 우주가 처음 만들어진 빅뱅의 순간부터 지금의 결과로 되도록 예정이 되어 있었던 것이다. 더욱 놀라운 것은 이 시뮬레이션을 구동할 때에 입력하는 기본 정보에는 우주를 구성하는 성분이 암흑 에너지 72%, 암흑 물질 24% 그리고 물질 4%로 되어 있다는 전제로 계산이 되었다는 것이다. 학자들이 세대를 거치며 밝혀내었던 많은 우주의 탄생과 비밀의 조각난 정보들이 우주배경복사를 연구하는 과정에서 하나의 큰 퍼즐로 자연스럽게 맞춰지는 마법이 연출된 것이다.

인류는 오랜 시간 동안 우주의 비밀을 탐구하고자 하는 여정을 걸어왔다. 이 오랜 여정이 우주배경복사라는, 우주에 각인되어 있는 미세한 온도 차이를 연구하는 과정에서 그동안 쌓여왔던 연구 결과들이 함께 결합되며 막혔던 실타래를 풀듯이 해결이 되고 있는 것이다. 빅뱅이라는 사건을 통하여 만들어진 우주는 팽창을 거듭하여 현재의 우주 구조를 만들었으며 그 우주를 구성하고 있는 것은 우리가 알고 있던 물질 4%와 이제야 겨우 그 존재를 확인하게 된 96%의 암흑 에너지와 암흑 물질이었던 것이다. 이 놀라운 발견으로 우주배경복사에 대한 연구는 2019년 다시 한번 노벨상을 수상하게 된다. 이처럼 관측 위성들을 통하여 보다 정밀하게 관측된 우주배경복사는 빅뱅 이후 우주가 이러한 모습으로 형성되었을 것이라는 것을 보여줌과 동시에 빅뱅 이론에서 이론적으로 예견한 우주의 모형과 너무나도 잘 일치되고 있기 때문에 빅뱅 이론의 가장 강력한 근거로 받아들여지고 있다.

직접 보지 않고도 어떤 일이 있었는지를 추정할 수 있다

혹자는 이렇게 이야기할 수도 있다. 우리가 우주 탄생의 과정을 직접 지켜본 것도 아닌데 수학적 예측과 관측 결과를 기반으로 한 추론만으로 어떻게 우주 탄생의 과정이 그러했다는 것을 자신할 수 있느냐고…. 충분히 나올 수 있는 질문이다. 그런데 이런 상황을 한번 생각해보자. 당신이 외출했다가 집에 돌아왔다고 해보자. 그런데 나갈 때는 분명히 잠그고 나갔던 현관문이 열려 있고 집안의 물건들은 어지럽게 흩어져 있으며 당신이 가장 아끼던 물건들이 없어졌다고 해보자. 당신은 분명히 집에 도둑이 들었다고 확신을 할 것이다. 당신은 도둑을 본 적도 없으며 도둑이 당신의 물건을 훔쳐 가는 현장은 더더욱 직접 확인하지 못했다. 하지만 난장판이 된 집과 갑자기 없어진 귀중품들을 간접 근거로 하여 도둑이

들었다는 확신을 가질 수 있었던 것이다. 우리의 과거를 연구하는 학문도 그러하다. 어떠한 결과를 이끌어낼 수 있는 논리적인 설명과 그것을 뒷받침해주는 관측 결과가 있다면 우리는 직접 보지 못한 일도 어떠한 상황이 있었을 것이라고 미루어 짐작할 수 있는 것이다. 우주배경복사가 빅뱅 우주론의 가장 강력한 증거인 이유가 바로 여기에 있다.

지금의 이 거대한 우주가 한때는 아주 작은 공간에 같이 있었던 경우가 아니라면 지금도 도처에 균일하게 그 흔적이 박혀 있는 우주배경복사를 설명할 방법이 없다. 또한 우주배경복사가 보여주는 미세한 비균일성은 지금 우리 우주의 구조와 놀라울 정도로 동일하다. 따라서 이것은 우주 탄생 초기 조건과 물질의 창조 이후 별과 은하로 진화되어온 우주의 역사를 설명해주는, 살아 있는 증거인 것이다. 그래서 우주배경복사는 우주의 지도라고도 표현이 되는 것이다. 이러한 우주배경복사를 토대로 저 우주의 별과 은하들의 분포와 위치도 자연스럽게 파악할 수 있기 때문이다. 이러한 큰 의미를 가지고 있는 우주배경복사는 의도치 않게 우연히 발견되었다. 하지만 가모프가 빅뱅 이론을 주장한 이후 소수이긴 했지만 그의 연구를 계속 이어서 해왔던 학자들이 없었다면 온 우주에 이미 존재하고 있었던 우주배경복사는 더 오랜 시간 동안 어둠 속에 계속 숨겨져 있었을지도 모른다. 이렇게 우주배경복사의 발견은 우주의 기원이 빅뱅의 과정을 통해서 시작되었다는 것으로 학계 주류의 인식이 전환되는 계기가 되었다.

❻
우주의 운명

　우리는 지금까지 우리 우주가 어떻게 시작되었으며 지금의 태양
계를 비롯한 현재 우리의 우주가 어떠한 방식으로 진화를 하고 있
는지 우주의 시작과 과거 그리고 현재를 살펴보았다. 우리 우주는
언제나 항상 우리 눈앞에 존재하고 있었지만 그 기원과 성장 과정,
그리고 현재의 모습은 우리가 상상하는 것 이상의 경이로움과 신
비함을 우리에게 보여주고 있다. 매일 밤마다 펼쳐지는 아름다운
별들의 교향곡은 과거의 모습을 생생하게 보여주며 우리에게 무한
한 영감을 제공해주고 있는 것이다. 저기 저곳에서 밝게 빛나고 있
는 별들은 어느 누군가에게는 따사로운 온기일 수도 있으며 어느
누군가에게는 무서운 태양풍을 내뿜는 공포의 대상일 수도 있다.
머나먼 곳을 쳐다볼수록 더 먼 과거를 눈앞에서 직접 관찰하고 있
는 우리는 지금의 저 별과 그 주변은 어떠한 모습을 하고 있을까
하는 무한한 궁금증과 호기심에 사로잡히기도 한다. 밤하늘에 저
렇게 요동 없이 안정적으로 보이는 우주도 격변과 대혼돈의 시기
를 거쳐 지금에 이르렀다. 아무런 미동도 없이 고요하게 보이는 저
별들은 시간을 매우 빨리 돌린다면 이곳저곳을 활발하게 요동치며

이동하다가 결국은 불빛이 꺼지는 작은 입자처럼 보일 것이다. 그렇다면 이와 같은 방식으로 매우 빠르게 시간을 돌려본다면 우리 우주의 미래 모습은 어떻게 될까? 이런 우주의 미래 모습을 한번 상상해보는 것으로 이제 길었던 우리의 우주여행은 막을 내리게 될 것이다.

빅뱅의 초기 조건에 따라 달라지는 우주의 운명

필자는 학창 시절부터 우주에 대한 관심이 많았다. 그래서인지 몰라도, 놀랍게도 몹시 기다려지는 수업 시간이 있었는데 그것은 바로 지구과학이었다. 그래서 지구 및 우주에 대한 역사를 알아가고 이론적 접근을 처음 하게 되면서 느꼈던 자연의 신비에 대한 그때의 벅찬 감정을 지금까지 잊지 못하고 있다. 필자의 고등학교 시절 교과 과정에서 우주론을 배울 때만 하더라도 이 우주의 미래는 지속적으로 팽창하거나 어느 순간 팽창을 멈추고 현상 유지를 하든지 혹은 수축을 하는 3가지 시나리오가 있다고 하였다. 1929년 허블에 의하여 우주가 팽창한다는 것이 확인되었지만 이것만으로 우주가 앞으로도 영원히 팽창한다는 것을 의미하지는 않는다. 이것은 단지 현재 시점에서 우주가 팽창하고 있다는 현상만을 보여주기 때문이다. 우주의 미래는 지금의 우주가 초기에 어떠한 조건을 가지고 창조되었는지에 따라 결정된다. 앞서 언급했던 담장 너머의 철수가 어떠한 힘을 가지고 공을 던져올렸느냐에 따라 공이

다시 땅으로 떨어질지 혹은 지구 궤도에 사로잡혀 영원한 공전을 하게 될지, 그렇지 않으면 지구를 벗어나 저 먼 우주로 나아가게 될지가 결정되는 것과 같다. 이처럼 우리 우주도 초기에 어떠한 조건을 가지고 빅뱅이 일어났는지에 따라 그 미래도 바뀌게 되는 것이다. 지금의 우주가 미래에 수축되면서 붕괴될지, 혹은 영원히 팽창을 하면서 결국은 모든 것이 분리되는 세상이 될지, 혹은 수축도 팽창도 아닌 적절한 균형을 유지할지는 우주가 탄생하던 순간의 조건이 어떠했느냐에 따라 결정이 된다는 의미이다.

초기에 분명 어떤 이유에서인지 거대한 폭발이 발생하며 우주가 탄생하였다. 이 우주를 창조시킨 그 거대한 폭발력은 밀어내는 힘(척력)으로 이 세상을 급격하게 팽창시켰다. 하지만 그 폭발력을 유발시킨 척력이 영원히 유지될 수는 없을 것이다. 초기에 폭발력이 아무리 컸다고 하더라도 시간이 지나면서 그 폭발력은 조금씩 감소될 것이기 때문이다. 그렇게 되면 초기에 발생된 척력은 점점 감소되어 결국은 물질이 만들어내는 중력보다도 작아지는 순간이 오게 될 것이다. 그 지점부터 이 우주는 팽창을 정지하고 수축을 시작하게 된다. 우주가 수축을 시작하게 된다는 것은 우주를 이루고 있던 공간 자체가 줄어드는 것을 의미한다. 따라서 공간이 수축되면 될수록 그 안에 들어 있는 물질이 발휘하는 중력의 영향성은 더욱 커지게 된다. 이렇게 커지는 인력의 영향으로 수축은 더욱 가속화되어 영겁의 시간이 지나면 우리는 다시 우리가 태어났던 그 좁쌀만 한 크기로 수축되어버릴 것이다. 우리의 우주는 그가 태어났던 그 상태로 다시 돌아가게 되는 것이다. 그렇게 되면 우리의 우주를 이루고 있는 모든 물질은 서로 충돌하여 하나의 점으로 수축해버릴 것이다. 이와는 반대로 초기 우주 조건에서 발생한 척력(폭발력)이 너무나도 강력하여 물질이 가지고 있는 중력의 총합을 초과해버리게 되는 경우도 발생할 수 있을 것이다. 이렇게 되면 우주는 점점 팽창을 거듭하여 확장되면서 중력의 영향은 점점 더 작아져서 우주에 존재하는 모든 물질이 산산이 흩어지며 최후를 맞이하게 될 것이다. 또 경우의 수가 매우 낮긴 하지만 혹시라도 우주의 초기 조건이 정확하게 평형이 맞춰지는 조건이었다면, 철수가 던진 공이 지구의 공전 궤도를 안정적으로 영원히 공전하듯이 팽창을 하던 우리의 우주도 어느 순간에는 팽창을 멈추고 수축도 팽창도 하지 않는 힘의 균형을 이루면서 안정적인 정상상태를 유지하게 될 것이다. 물론 이런 절묘한 힘의 균형이 우주 탄생의 초기 조건일 확률은 극단적으로 낮겠지만 어느 곳에서나 묘한 대칭성을 이루고 있는 자연의 이치를 생각한다면 충분히 가능한 시나리오라고 할 수 있다.

갓 태어난 아기 모습의 우주

여기까지가 과거 학창 시절에 필자가 배운 내용이었다. 그런데 과학기술이 발전함에 따라서 새롭게 관측되고 있는 관측 결과들은 이와는 좀 다른 상황이 벌어지고 있음을 우리에게 알려주고 있다. 앞서 이야기했던 것처럼 바로 이 우주는 단순히 팽창을 하고 있는 것이 아니라 그 팽창의 속도가 점점 빨라지고 있는 '가속 팽창'을 하고 있다는 것이 새롭게 발견되었기 때문이다. 왜인지는 아직 잘 모르지만 척력으로 작용하는 어떠한 힘이 지속 작용하면서 우주의 팽창 속도가 지금도 증가하고 있는 것이다. 만약 이러한 현상이 계속 지속된다면 우리 우주의 운명은 어떻게 될까? 무엇인지 아직까지는 잘 모르는 척력의 근원인 암흑 에너지가 갑자기 소멸되거나 줄어들지 않는다면 우리 우주는 영원히 팽창을 거듭해나갈 것이다. 즉, 앞서 이야기했던 것처럼 다시 수축하거나 평행을 유지하는 우주와는 전혀 다른 길을 걷게 되는 것이다. 우주가 팽창하면 팽창할수록 중력이 미치는 영향은 더욱 작아지고 척력의 힘은 오히려 점점 더 강해질 것이다. 그리고 이것은 수많은 별들의 집합인 은하의 무리조차 산산이 분리시킬 것이다. 이렇게 되면 우리가 밤하늘에서 바라볼 수 있는 별들의 개수는 급격하게 줄어들게 될 것이다. 그리고 오랜 시간이 지나면서 별의 중심에서 핵융합을 통하여 뜨거운 생명력을 불어넣어주던 수소도 점차 그 비중이 줄어들게 되면서 소멸된다. 그렇게 되면 그나마 드물게 보이던 빛나는 별들도 조금씩 자취를 감추게 될 것이다. 지속적으로 늘어나는 공간의 팽창으로 인하여 성운의 밀도는 더욱 낮아지게 되고 그렇게 되면 많은 성운을 모아서 거대한 몸집을 만들어 폭발적인 빛을 내던 푸른 빛깔의 별들이 가장 먼저 사라지게 될 것이다. 이렇게 거대한 푸른 별들의 수명은 1억 년을 넘기기가 힘들기 때문에 먼 미래의 우주에는 가장 먼저 푸른 빛으로 빛나는 별들을 볼 수 없게 된다. 하지만 상대적으로 크기가 작은 붉은 색의 별들은 훨씬 더 오래 남아 여전히 급속하게 팽창하고 있는 우주 공간을 한동안 비춰줄 것이다. 이런 작은 붉은 별들 중에서 크기가 유난히 작은 별들의 수명은 수백억 년에서 길게는 수천억 년에 이른다. 수천억 년이라고? 지금 우리 우주의 나이가 이제 겨우 138억 년인 것을 생각해본다면 앞으로 나아가게 될 우주의 일생에서 지금의 우주는 이제 어머니 배에서 세상에 처음 나와 첫울음을 터뜨리고 있는 시점이나 마찬가지인 것이다. 즉 우리는 지금 아기 모습을 한 우주에서 살아가고 있는 셈이며, 우리 우주의 역사는 이제 막 시작된 셈이다.

하지만 이렇게 작고 붉은 별의 수명이 아무리 길다고 하더라도 수천억 년이 지난 후에는 우주의 한 시대를 호령하였던, 핵융합으로 불타오르는 별들의 시대는 서서히 막을 내리게 된다. 이 정도의 시간이 흐르면 우주 공간에서는 더 이상 빛나는 별들을 찾아보기 힘들게 될 것이다. 다만 이렇게 빛나던 별들이 적색 거성을 거쳐 죽고 나서 남게 되는 백색 왜성만이 남아 한없이 거대해진 공간의 곳곳에서 아주 은은한 빛과 함께 작은 온기를 불어넣고 있을 것이다. 이러한 백색 왜성들의 시대는 지난 별들의 시대보다도 더 오래 지속되면서 최소 수조 년 동안 더 넓어진 우주 공간에 반딧불처럼 작고 초라한 빛만을 유지하게 될 것이다. 하지만 더 시간이 흐르면 마지막으로 남아 있던 백색 왜성의 온기도 식어 그 은은했던 빛조차 꺼진 차가운 흑색 왜성으로 변하게 된다. 이제 우주는 별들의 흔적조차 보이지 않는, 거대하고 어두운 사막 같은 존재가 되어가고 있다. 그럼에도 우주의 팽창은 멈추지 않고 지속되면서 이제는 우주 공간에 희미하게 뿌려져 있는 작은 물질의 입자마저도 점차 붕괴되는 상황으로 흘러가게 될 것이다. 이렇게 모든 별마저도 꺼져버린 검은 우주 공간에 가장 마지막까지 살아남는 것은 결국은 블랙홀이 될 것이다. 흥미로운 것은, 모든 별들은 이미 수명을 다하여 그 흔적조차 없어진 지 이미 오래지만 모든 빛조차도 흡수하면서 우리에게 관찰조차 되지 않는 블랙홀이 이 삭막한 우주 공간에 약간의 빛을 만들어내는 마지막 존재가 된다는 것이다. 블랙홀이 오랜 시간 우주 공간을 돌아다니다가 혹시나 주변에 남아 있는 물질이나 또 다른 블랙홀을 만나게 되면 이들이 블랙홀로 빨려들어가게 되면서 강착원반을 형성하게 된다. 이때 거대한 마찰 에너지로 인하여 소용돌이 모양의 붉은 빛이 발생한다. 이 가녀린 불빛이 오랜 시간 동안 암흑으로 유지되고 있던 우주 공간을 잠시나마 밝혀주는 마지막 존재가 될 것이다.

하지만 최소 수백조 년이 넘어 우리가 상상하기도 힘든 많은 시간이 흐르면 블랙홀의 시대도 결국은 막을 내리게 된다. 앞서 설명한 대로 블랙홀도 호킹 복사를 통하여 조금씩 에너지를 방출하기 때문이다. 이런 과정을 거쳐 우주 공간에 마지막 남아 있던 블랙홀조차 소멸되는 순간 비로소 우주는 모든 영역에서 절대온도 0도에 이르며 빛도 열도 없는 완전한 열적 죽음 상태를 맞이하게 될 것이다. 우주가 만들어지면서부터 영겁의 시간을 순환하며 존재해왔던, 지금의 나를 이루고 있는 물질들도 이 시점이 되면 그 흔적조차 찾아보기 힘든 고요한 세상이 도래하게 되는 것이다. 이런 우주의 마지막 모습은 결국 물질의 시대에 종말이 왔음을 의미하는 것이다. 이런 시점이 되면 극적으로 팽창된 공간으로 인하여 암흑 에너지는 최대가 되고 혹시 이렇게 열적 죽음을 맞이하게 되는 시점이 암흑 에너지로부터 다시 물질이 만들어지는 시점이 되지는 않을까 하는 실없는 상상도 해본다.

이것이 우리가 현시점에서 예측해볼 수 있는 우리 우주의 미래이다. 조금 우울해 보이기까지 하는 우리의 이 미래는 빛과 생명을 잃고 다시 '無'의 세계로 돌아가는 느낌을 받기도 한다. 영겁처럼 느껴지는 긴 시간도 시간의 상대적 속성을 이해한다면 또 다른 우주 어느 누군가에는 이 긴 영겁의 시간조차도 찰나처럼 느껴질 수도 있을 것이다. 물론 지금까지 이야기한 우리 우주의 미래 모습은 지금도 연구되는 결과들에 의해서나 혹은 미래에 나오게 될 걸출한 학자에 의하여 우리가 상상하는 것과는 다른 모습으로 묘사될 수도 있을 것이다. 하지만 걱정할 필요는 없다. 그러면 그때마다 우리는 또 다른 새로운 우주관을 가지고 변화무쌍한 우주의 미래를 상상하며 또다시 새로운 우주여행을 시작하면 될 것이기 때문이다. 확실한 것은, 우리 우주는 그 일생에서 이제 막 태어난 아기와 같은 존재이며 이 우주의 미래가 어떻게 될 것인지는 당신이 알고 있는 그 우주관에 의하여 수많은 모습으로 모두의 머릿속에 자신만의 방식으로 존재하게 될 것이다.

내 방에서 떠나는 우주여행은 계속될 것이다

우리는 지금까지 먼 여정을 같이해왔다. 한 저명한 인류학자는 인류가 지금과 같은 만물의 영장이 될 수 있었던 가장 중요한 이유로 상상이라는 것을 할 수 있는 능력을 꼽았다. 단지 눈앞에 있는 것만을 보고 듣고 느끼고 행동하는 다른 동물들과는 달리, 오직 인간만이 상상이라는 것을 할 수 있다는 것이다. 그리고 이것이 인류가 지금의 문명을 만들어낸 원동력이라는 것이다. 이런 인류가 상상이라는 것을 처음 시작할 수 있게 된 시점부터 우리는 지구의 지평선을 바라보며 그 너머에는 무엇이 있을지에 대한 호기심을 가져왔다. 인류가 가졌던 이러한 호기심은 결국 자연에 대해 이해하기 위한 노력으로 세대와 세대를 거쳐 이어져 현대에 이르러 이제는 지구가 아닌 우주의 지평선을 바라보며 그 세상 너머를 고민하는 단계로까지 발전을 하였다. 물론 그 과정이 결코 순탄하기만 했던 것은 아니었다. 진리로의 여정에서 우리는 때로는 길을 잃고 방황하기도 하였으며, 종교와 사상에 가로막혀 눈앞에 놓인 진실을 외면해야 할 때도 있었다. 하지만 그 과정 속에서도 세대를 통한 지식의 계승은 끊임없이 지속되었다. 그리고 결국 이런 방식으로 응축된 지식은 때때로 통찰력 있는 선구자들에 의해 한꺼번에 터져나오며 순간적으로 큰 도약을 하는 계기를 만들기도 하였다. 물론 이러한 큰 변혁이 주로 천재 같은 선구자들에 의해 주도된 것임은 틀림없다. 하지만 그러한 그들의 업적이 가능해진 것은 과거로부터 작은 지식들이 켜켜이 쌓이며 응축되어가다가 이러한 작은 조각들에 영감을 받은 어느 걸출한 천재로 인해 이루어진 것 또한 부인할 수 없을 것이다.

결국 지금 우리가 가지게 된 높은 수준의 과학 발전은 통찰력 있는 선구자들뿐만 아니라 우리 같은 평범한 인류 모두가 함께 쌓아올린 금자탑인 것이다. 지금 내가 생각하고 행동하며 나도 모르게 주변에 전달하는 어떠한 정보가 훗날 거대한 발견의 씨앗이 될 수 있음을 우리는 잊지 말아야 한다. 이것만으로도 우리 모두가 진리로의 여정에 관심을 가질 충분한 이유가 된다. 우리에게 필요한 것은 단지 우주를 여행하기 위한 기본 지식과 따끈한 차 한잔, 그리고 조용히 사색을 할 수 있는 내 방이라는 공간뿐이다. 우리는 그렇게 내 방에서 지구를 벗어나 행성과 여러 가지 성운, 별, 그리고 은하를 감상하며 우주의 끝까지 여행을 할 수 있다. 이 여행은 일체의 비용도 들지 않을 뿐만 아니라 별도의 예약도 요구되지 않는다. 돈, 명예, 권력, 학력, 인종, 나이, 국적, 신체적인 능력, 외모, 성별과는 상관없이 이 지구상에 존재하는 모든 사람들에게 평등하게 오직 상상 속의 여행만을 허용한다. 따라서 이 여행에서는 어떠한 차별도 존재하지 않는 것이다. 각자가 자신의 상상력만으로 시간과 장소에 상관없이 여행을 즐길 수 있는 것이다. 이러한 여행에서 유일한 차별점이 있다면 내가 많이 아는 만큼 더 많이 즐길 수 있다는 점이다. 혹시나 지난번 여행에서 조금 만족하지 못했다면 우주에 관련된 책을 한 번 더 읽고 다시 한번 여행을 떠나보도록 하자. 분명 지난번의 여행보다 더 큰 만족감을 당신에게 선사해줄 것이다. 자, 떠날 준비가 되었는가? 지금 이 순간도 내 방에서 출발 준비 중인 상상의 우주선을 타고 저 머나먼 우주로의 항해를 다시 시작해보도록 하자.

에필로그

우리는 진리의 바다를 향한 여정을 지금도 계속하고 있다. 저 우주는 아직도 우리에게 자신의 모습을 온전히 드러내지 않은 채 우리의 여정을 지켜보고 있다. 때로는 우리가 옳다고 생각했던 것들이 진리가 아님을 알게 되었을 때 좌절하기도 하고 때로는 의도치 않았음에도 불구하고 진리의 여정에 한걸음 더 다가가게 되었을 때 환호하기도 했다. 지금까지 많은 여정을 거쳐왔지만 우리 앞에 펼쳐져 있는 저 진리의 바다는 아직도 우리에게 그 끝을 보여주지 않고 있다. 끝을 아직 볼 수 없는 이런 진리의 여정 속에서 아직 확실한 것은 없다. 우리는 우리 배의 목적지가 어디인지조차도 아직 알지 못한다. 따라서 이러한 여정 속에서는 상대방이 알고 있는 사실이 나와 다르다고 해서 그가 틀렸다고 함부로 속단해서는 결코 안 된다. 그가 틀린 것이 아니라 단지 나와 생각이 다른 것일 뿐이다. 진리를 향한 여정에서 결과를 함부로 속단하는 것이 얼마나 위험한 것인지 우리는 지난 여정을 통하여 수없이 경험해왔다. 우리 모두는 이 진리를 향한 여정의 배에 함께 올라탄 승객들이다. 이 여정에서 서로의 다양한 생각을 자유롭게 나누며 서로 다른 관점에서 저 진리의 바다를 바라볼 수 있다는 것이 얼마나 매력 있는 것인가를 한번 생각해보라. 그러면 저 거대한 진리의 바다

앞에서 자신이 알고 있는 것이 얼마나 미미한 것인지 깨닫게 된다. '내가 맞고 당신이 틀리다'라는 소모적인 논쟁보다는 모든 것을 수용하는 자세로 이야기를 나누며 저 진리의 바다를 함께 바라보도록 하자. 이런 과정을 통하여 우리 모두는 진리의 바다 끝을 향한 여정에 한 발자국 더 나아갈 수가 있는 것이다. 내가 모든 것을 알고 있다고 생각하는 순간 더 이상 발전의 여지는 없다. 먼 미래 우리의 후손들이 저 진리의 바다를 향한 여정을 위하여 우주선을 타고 직접 별과 별 사이를 여행하는 모습을 상상해보라. 지금의 우리는 이제야 만물의 탄생 및 원리에 대하여 실마리를 찾기 위한 여정의 본격적인 첫걸음을 내디뎠을 뿐이다. 혹시라도 지금까지의 성과만으로 이미 만물의 원리를 모두 알고 있다는 오만함을 가지게 되는 순간 진리로의 우리 여정은 멈춰지며 실체적 진실을 위한 여정은 기나긴 갈림길 속에서 다시 방황하게 될 것이다. 나의 인생 영화 중의 하나인, 크리스토퍼 놀란 감독의 '인터스텔라'의 도입부에는 이런 이야기가 나온다.

"과학은 모르는 것을 인정하는 것에서부터 시작된다."

그렇다. 우리가 모든 것을 알고 있다고 생각하는 순간 더 이상의 발전은 없는 것이며 과학은 그 한계와 마주하게 된다. 과거 현자들의 노력으로 밝혀진 진리의 실체들을 현 세대의 우리는 더욱 발전시켜나가고 있다. 하지만 이 우주의 신비와 만물의 이론을 찾기 위해서는 아직도 갈 길이 멀다. 어쩌면 우리는 영원히 만물의 이론을 찾을 수 없을지도 모른다. 그러나 그 만물의 이론을 찾는 여정에서 우리는 또한 의도치 않았던 많은 것을 새롭게 느끼며 배우게 될 것이기에 지금도 분명 앞으로 나아가고 있다는 신념을 버려서는 안 된다. 이 세상에 대한 우리의 관심 하나하나가 저 희미하게 가려져 있는 우주에 대한 진실의 문을 열 수 있는 토대가 될 수 있음을 기억했으면 하는 바람이다. 가끔은 시간을 내서 저 밤하늘의 별들을 유심히 관찰하는 시간을 가져보자. 사랑하는 사람, 마음이 통하는 친구와 함께라면 좋겠지만 혼자라도 상관없다. 그리고 살며시 눈을 감고 이 무한한 공간 속에서 수없이 빛나고 있는 저 별들이 펼쳐진 세상의 과거, 현재, 미래를 한번 생각해보자. 내 방의 의자에 편안히 앉아 나는 지구를 벗어나 태양계를 넘어 우주 저편의 이제 막 태어나고 있는 별들 위를 여행할 수 있으며, 영겁의 시간을 거슬러 이 우주가 태어난 바로 그곳까지도 가볼 수 있다. 이 여행이 얼마나 흥미로울지는 당신이 저 우주에 대해 얼마나 알고 있느냐에 달려 있다. 그리고 당신이 경험한 이런 여행을 친구들 혹은 자녀들이나 우리 주변 사람들과 나누어보도록 하자. 이런 과정이 분명 당신의 다음 여행을 훨씬 풍요롭게 해줄 것이다. 우리가 떠나는 여행에는 어떠한 차별도 없다. 필요한 것은 단지 이 우주에 대해 각자가 알고 있는 지식과 풍부한 상상력이다. 지금 당장 저 우주로 상상의 여행을 한번 떠나보는 것은 어떨까. 오늘밤도 나는 내 방에 앉아 상상의 우주선을 타고 미지의 별들을 여행한다…

원영은